面向新工科普通高等教育系列教材

高级算法

林　海　编著

机 械 工 业 出 版 社

本书的内容主要包括两个方面：一是困难问题（NPC 问题）；二是人工智能的关键问题（图问题）。包括：困难问题的概念和证明；困难问题的常用模型，如线性规划和整数规划；困难问题的常用算法，如近似算法、随机算法、在线算法、启发式算法。本书在所有算法讲解中都贯穿了图问题，同时还专门介绍了高级图算法，其中，中心性算法和社群发现算法是人工智能的基础。此外，本书的每章都给出了相关算法的应用实例。

本书可作为高等院校计算机类专业的研究生算法课程的教材，也可作为各行业从事算法设计和开发技术人员的参考书。

本书配有授课电子课件，需要的教师可登录机械工业出版社教育服务网 www.cmpedu.com 免费注册，审核通过后下载，或联系编辑索取（微信：13146070618，电话：010-88379739）。

图书在版编目（CIP）数据

高级算法 / 林海编著 . -- 北京：机械工业出版社，2024.8. -- （面向新工科普通高等教育系列教材）.
ISBN 978-7-111-76447-2

Ⅰ. TP301.6

中国国家版本馆 CIP 数据核字第 2024CH5541 号

机械工业出版社（北京市百万庄大街 22 号　邮政编码 100037）
策划编辑：郝建伟　　　　　责任编辑：郝建伟　赵晓峰
责任校对：曹若菲　薄萌钰　责任印制：任维东
河北鑫兆源印刷有限公司印刷
2024 年 11 月第 1 版第 1 次印刷
184mm×260mm・13 印张・330 千字
标准书号：ISBN 978-7-111-76447-2
定价：59.00 元

电话服务　　　　　　　　　　网络服务
客服电话：010-88361066　　　机　工　官　网：www.cmpbook.com
　　　　　010-88379833　　　机　工　官　博：weibo.com/cmp1952
　　　　　010-68326294　　　金　书　网：www.golden-book.com
封底无防伪标均为盗版　　　机工教育服务网：www.cmpedu.com

前言

本书断断续续写了三年左右，总算完稿，远比计划的时间要长得多，主要是很多知识点不仅需要查阅大量的文献，而且需要对这些知识点进行验证、总结，这些都需要花费大量的时间。撰写本书的起因主要有两方面：一是从事研究生高级算法教学多年，感觉缺少专门针对研究生的算法教材，导致这门课一直没有合适的教材可用，而高级算法作为计算机类专业研究生的基础课，学生需要一本好的教材来系统学习和掌握相关算法知识；二是从事算法项目和研究的过程中，发现很多算法相关的从业人员急需一本能够查阅关于如何解决困难问题的技术参考书（实际工作中遇到的问题大多数是困难问题），而目前也缺少系统介绍此方面算法的书籍。

本书的编写主要围绕解决困难问题（NPC问题）和图问题来展开，人们在研究和工作过程中碰到的困难问题，是没有办法用基础算法（如动态规划、回溯等）来解决的；而图问题在新的社交模式下以及人工智能时代起着越来越重要的作用，社交网络、生物网络等都可以用图来描述，特别是图神经网络几乎是目前深度学习中最重要的研究热点，而其基础就是图模型的特征提取。

本书首先讨论线性规划和整数规划，很多困难问题都可以建模成整数规划问题，所以求解整数规划对于求解困难问题有着重要的意义，为此，第1章重点描述了原始-对偶算法。第2章，对图问题展开了讨论，其中图的中心性算法是图特征提取的重要手段，而社群发现算法则解决了图聚类问题。有了线性模型和图模型后，第3章对NP问题进行了详细的介绍，其中讨论了多个图相关问题，如最大团问题、哈密顿回路问题等。第4章讨论了解决NPC问题的重要算法——近似算法，其中需要重点掌握的是近似算法的分析。第5章讨论了随机算法，因随机算法的一个重要作用是降低算法复杂度，所以其也可以用于困难问题的求解。同时，随机算法在图特征提取中起到重要的作用，为此，在此章中，我们讨论了随机游走在图嵌入中的应用。第6章讨论的在线算法主要用于解决在线问题，尽管目前的在线问题很多都采用深度学习方法来解决，但是了解在线问题的基本算法及其分析手段，对我们设计好的深度学习方法具有指导作用。最后，在第7章讨论了启发式算法，启发式算法既是人工智能的基础算法，又是解决NPC问题的关键方法，所以在实际中有着广泛的应用。为了让读者能够初步应用所学的算法，本书在每章的最后一节都给出了算法的应用案例，这些案例包含了一些经典案例，也包含了作者科研项目中碰到的一些实际问题。标题加"*"符号的章节，学习难度较大。

高级算法是本科的"算法设计与分析"课程的延续和深入，所以了解基础算法是阅读本书的前提，和本书配套的基础算法可以参考本人编写的《算法设计与应用》一书。为了让读者能够更好地学习书中的知识，本人对课堂教学进行了实录，目前录课已经发布在B站，账号为foretmer，有兴趣的读者可以结合视频来学习本书。同时，和本书相关的课件、课后习题也会在B站上发布。

本书的编写得到了武汉大学研究生院和武汉大学网络安全学院的支持，在此一并感谢。同时还要特别感谢本人教过的历届学生，在和学生上课、讨论的过程中，他们提供了很多灵感并帮助修改了一些问题，如伪代码错误、公式错误等。另外，感谢本书编辑对本书全文进行了认真的校对。

尽管本人已经尽了最大的努力去避免错误，但由于时间和能力的原因，书中难免存在不妥之处，如读者发现错误，还请指出，不胜感激。作者联系邮箱：2219266744@qq.com。

林 海

2024 年 5 月

目录

前言
第1章 线性规划 ... 1
1.1 基本概念 ... 1
1.2 标准型和松弛型 ... 2
1.3 单纯形法 ... 4
1.3.1 单纯形法原理 ... 4
1.3.2 单纯形法步骤 ... 5
1.3.3 单纯形表 ... 6
1.4 对偶 ... 9
1.4.1 什么是对偶 ... 9
1.4.2 对偶怎么来的 ... 11
1.4.3 对偶的性质 ... 13
1.4.4 对偶实例* ... 17
1.5 整数规划 ... 19
1.5.1 分支限界 ... 20
1.5.2 0-1整数规划 ... 23
1.6 原始-对偶算法（Primal-Dual Algorithm） ... 24
1.7 原始-对偶算法的应用：顶点覆盖 ... 26
1.8 本章小结 ... 27

第2章 高级图算法 ... 29
2.1 最大流问题 ... 29
2.1.1 Ford-Fulkerson 算法 ... 29
2.1.2 最大流最小割定理 ... 32
2.1.3 Edmonds-Karp 算法 ... 34
2.1.4 对偶性质* ... 39
2.2 图的中心性算法 ... 42
2.2.1 度中心性 ... 42
2.2.2 紧密中心性 ... 43
2.2.3 中介中心性* ... 44
2.2.4 特征向量中心性 ... 50
2.2.5 PageRank ... 52
2.3 社群发现算法（Community Detection Algorithms） ... 55
2.3.1 基于模块度的算法 ... 55
2.3.2 基于标签传播的算法 ... 61
2.3.3 基于团的算法 ... 66
2.4 社群发现在物流仓储中的应用 ... 68
2.5 本章小结 ... 69

第3章 NP问题 ... 70
3.1 基本概念 ... 70
3.1.1 P问题、NP问题、NP难问题和NPC问题 ... 70
3.1.2 归约性 ... 72
3.2 P问题的证明 ... 73
3.3 3CNF可满足性问题 ... 75
3.4 最大团问题 ... 77
3.5 顶点覆盖问题 ... 79
3.6 最大公共子图 ... 80
3.7 哈密顿回路* ... 81
3.8 本章小结 ... 87

第4章 近似算法 ... 88
4.1 基本概念 ... 88
4.2 旅行商问题 ... 88
4.3 子集和问题 ... 91
4.4 集合覆盖 ... 94
4.4.1 简单集合覆盖 ... 94
4.4.2 带权重的集合覆盖（广义集合覆盖）* ... 97
4.5 集合覆盖-整数规划 ... 98
4.6 斯坦纳最小树 ... 102
4.7 近似算法在作业调度中的应用 ... 105
4.8 本章小结 ... 107

第5章 随机算法 ... 108
5.1 基本概念 ... 108
5.2 避免落入最坏情形 ... 110
5.2.1 随机快速排序 ... 110

5.2.2 随机快速选择（Random Quick Select） ·············· 111
5.2.3 最小圆覆盖 ·············· 114
5.3 降低算法复杂度 ·············· 118
5.3.1 弗里瓦德算法（Frievald's Algorithm） ·············· 118
5.3.2 惰性选择（Lazy Select）* ·············· 119
5.3.3 集合覆盖 ·············· 124
5.3.4 最小割 ·············· 126
5.4 随机游走及其应用 ·············· 132
5.4.1 2CNF-SAT ·············· 133
5.4.2 图嵌入和集卡问题 ·············· 134
5.5 本章小结 ·············· 136

第6章 在线算法 ·············· 137
6.1 基本概念 ·············· 137
6.2 确定性在线算法 ·············· 139
6.2.1 在线最小生成树 ·············· 139
6.2.2 在线装箱问题* ·············· 140
6.2.3 时间序列搜索 ·············· 147
6.3 随机在线算法 ·············· 150
6.3.1 租买问题 ·············· 150
6.3.2 在线二分图最大匹配* ·············· 154
6.4 在线算法在物流中的应用：装车问题 ·············· 162
6.5 本章小结 ·············· 164

第7章 启发式算法 ·············· 165
7.1 基本概念 ·············· 165
7.2 局部搜索 ·············· 166
7.2.1 2-opt算法 ·············· 166
7.2.2 3-opt算法 ·············· 167
7.3 模拟退火 ·············· 168
7.4 禁忌搜索（Tabu Search） ·············· 172
7.5 蚁群算法 ·············· 175
7.5.1 基础蚁群算法 ·············· 177
7.5.2 蚁群系统 ·············· 178
7.5.3 最大-最小蚁群系统 ·············· 180
7.6 遗传算法 ·············· 181
7.6.1 遗传算法概念和流程 ·············· 182
7.6.2 求解函数的最大/最小值 ·············· 187
7.6.3 旅行商问题 ·············· 188
7.6.4 遗传算法变体* ·············· 192
7.7 遗传算法在多目标优化中的应用 ·············· 195
7.8 本章小结 ·············· 199

参考文献 ·············· 200

第1章 线性规划

我们在基于矩阵的匈牙利算法[注]中初步接触了线性规划模型,也就是一个指派问题可以建模成线性规划问题。实际上,线性规划在算法中起着重要的作用。不仅仅是指派问题,很多算法问题都可以建模成线性规划问题或者整数规划问题,如 0-1 背包问题、旅行商问题、最大流问题等,也就是说对这些问题,我们可以通过线性规划(或整数规划)的方式进行求解。经过多年的研究,线性规划问题目前已经可以在多项式时间内求解(可以理解为线性规划问题是比较容易的问题,目前的计算可以在比较短的时间内解决复杂的线性规划问题),但整数规划问题(0-1 背包问题和旅行商问题都是整数规划问题)是一个非常复杂的问题,目前的计算机没有办法在较短的时间内解决复杂的整数规划问题。本章会给出整数规划的分支限界算法,但这个算法只能求解比较简单的整数规划,对于复杂的整数规划是无能为力的。对于整数规划问题,通常只能求一个近似解,还有一个普遍的方法是将整数规划问题松弛为线性规划问题,再通过线性规划的解来近似得出整数规划的解。线性规划有一个非常重要的概念:对偶。一个线性规划问题通常存在一个对偶问题,它们之间息息相关,这种关系可以帮助我们对线性规划和整数规划进行求解。同时,本章会讲解一个重要的算法,原始-对偶算法,就是利用对偶的性质来求解整数规划近似解,我们会在第 4 章继续讨论这个算法。

1.1 基本概念

例 某公司生产的产品 A 和产品 B 需要使用 α 和 β 两种原料,α 和 β 两种原料的最大日可用量分别为 13t(吨)和 10t,产品 A 每吨利润为 8 万元,需要消耗 5t 的 α 原料和 2t 的 β 原料;产品 B 每吨利润为 5 万元,需要消耗 4t 的 α 原料和 3t 的 β 原料。而市场对产品 A 的最大日需求量为 5t,同时产品 A 的日需求量小于等于产品 B 的日需求量加 2t。该公司需确定产品 A 和产品 B 的日生产量,达到日总利润最大。

解:定义变量:x_1 为产品 A 的日生产量,x_2 为产品 B 的日生产量。

则总利润为

$$8x_1+5x_2$$

约束条件为

α 原料的日可用量为 $5x_1+4x_2 \leq 13$

β 原料的日可用量为 $2x_1+3x_2 \leq 10$

[注] 参考《算法设计与应用》中匹配与指派章节。

产品 A 的最大日需求量为 $x_1 \leq 5$

产品 A 和产品 B 的关系为 $x_1 \leq x_2+2$

隐含变量的非负限制 $x_1, x_2 \geq 0$

写成线性规划的形式为

$$\begin{aligned}
\max \quad & 8x_1+5x_2 \\
\text{s.t.} \quad & 5x_1+4x_2 \leq 13 \\
& 2x_1+3x_2 \leq 10 \\
& x_1 \leq 5 \\
& x_1-x_2 \leq 2 \\
& x_1, x_2 \geq 0
\end{aligned} \tag{1-1}$$

定义 1.1.1 线性规划（Linear Programming，LP）就是对满足有限多个线性等式或者不等式约束条件的决策变量，求它们的一个线性目标函数最大值或者最小值的优化问题。

在式（1-1）中，(x_1, x_2) 称为**决策变量**，$\max 8x_1+5x_2$ 称为**目标函数**，不等式 $5x_1+4x_2 \leq 13$，$2x_1+3x_2 \leq 10$，$x_1 \leq 5$，$x_1-x_2 \leq 2$，$x_1, x_2 \geq 0$ 称为**不等式约束**，$x_1, x_2 \geq 0$ 称为**非负约束**（变量约束）。下面再定义相关的几个基本概念。

定义 1.1.2 可行解 满足约束条件（不等式约束和非负约束）的决策变量称为可行解。

定义 1.1.3 可行域 可行域包含了所有的可行解，即可行解的集合。

定义 1.1.4 最优解 可行域中，使得目标函数的值最大（最小）的解，称为最优解。

定义 1.1.5 最优值 最优解对应的目标函数的值，称为最优值。

1.2 标准型和松弛型

当建立线性规划模型时，模型的形式会多种多样，为了便于模型和解决方案的统一化，定义了线性规划模型的标准型。

定义 1.2.1 标准型 在线性规划模型中，目标函数为最大化，所有的不等式约束为小于等于约束，所有的变量为非负约束，这样的模型称之为标准型的线性规划，标准型格式为

$$\begin{aligned}
\max \quad & \sum_{j=1}^{n} c_j x_j \\
\text{s.t.} \quad & \sum_{j=1}^{n} a_{ij} x_j \leq b_i, i=1,2,\cdots,m \\
& x_j \geq 0, j=1,2,\cdots,n
\end{aligned}$$

写成矩阵形式为

$$\begin{aligned}
\max \quad & \boldsymbol{c}^\mathrm{T} \boldsymbol{X} \\
\text{s.t.} \quad & \boldsymbol{AX} \leq \boldsymbol{b} \\
& \boldsymbol{X} \geq \boldsymbol{0}
\end{aligned}$$

其他形式（非标准型）的线性规划是否都可以化成标准型？答案是肯定的。通常非标准型包括：①目标函数不是最大化，而是最小化；②约束条件是大于等于约束；③约束条件是等式约束；④存在一些变量没有非负约束。

例 1.2.1 将非标准型转换为标准型的线性规划。非标准型的线性规划为

$$\begin{aligned} \min \quad & -8x_1+6x_2 \\ \text{s.t.} \quad & 4x_1+3x_2 \leq 13 \\ & 2x_1-3x_2 \geq 10 \\ & x_1-x_2=2 \\ & x_1 \geq 0 \end{aligned}$$

解：

1）目标函数为最小化。 直接将目标函数取负即可，例 1.2.1 的目标函数转化为

$$\max \quad 8x_1-6x_2$$

2）大于等于约束。 直接将相关的约束不等式两边乘以 -1，如例 1.2.1 中大于等于约束 $2x_1-3x_2 \geq 10$ 乘以 -1，转化为

$$-2x_1+3x_2 \leq -10$$

3）等于约束。 先将等于约束转化为大于等于约束和小于等于约束，之后将其中的大于等于约束按照第 2）条规则转化为小于等于约束，如例 1.2.1 中 $x_1-x_2=2$，先转化为

$$x_1-x_2 \leq 2, \quad x_1-x_2 \geq 2$$

再将 $x_1-x_2 \geq 2$ 按照第 2）条规则转化为 $-x_1+x_2 \leq -2$。

4）变量无约束。 用两个非负变量 x' 和 x'' 的差来替换无约束的变量 x，两个非负变量 x' 和 x'' 的差可以为任意一个值，例 1.2.1 中 x_2 无约束，用 $x_2=x_2'-x_2''$ 来替换例子中所有出现 x_2 的地方。

最终，上面非标准型线性规划转化为标准型线性规划：

$$\begin{aligned} \max \quad & 8x_1-6x_2'+6x_2'' \\ \text{s.t.} \quad & 4x_1+3x_2'-3x_2'' \leq 13 \\ & -2x_1+3x_2'-3x_2'' \leq -10 \\ & x_1-x_2'+x_2'' \leq 2 \\ & -x_1+x_2'-x_2'' \leq -2 \\ & x_1,x_2',x_2'' \geq 0 \end{aligned}$$

定义 1.2.2（松弛型） 对于线性规划问题，如果除了非负约束，其他约束都是等式约束，则此线性规划为松弛型。

为了将标准型中的不等式约束变为等式约束，我们需要引入新的变量，使得不等式约束通过此变量转化为等式约束。如对第 i 个不等式约束 $\sum_{j=1}^{n} a_{ij}x_j \leq b_i$，即 $b_i - \sum_{j=1}^{n} a_{ij}x_j \geq 0$ 引入变量 $x_{n+i} \geq 0$，将此不等式约束改为 $x_{n+i} = b_i - \sum_{j=1}^{n} a_{ij}x_j$，这里 x_{n+i} 被称为松弛变量。

例 1.2.2 将下面的标准型线性规划转化为松弛型线性规划。

$$\begin{aligned} \max \quad & 8x_1-6x_2+6x_3 \\ \text{s.t.} \quad & 4x_1+3x_2-3x_3 \leq 13 \\ & -2x_1+3x_2-3x_3 \leq -10 \\ & x_1-x_2+x_3 \leq 2 \\ & x_1,x_2,x_3 \geq 0 \end{aligned} \quad (1-2)$$

解：引入松弛变量 x_4, x_5, x_6，式（1-2）转化为松弛型

$$\begin{aligned} \max \quad & 8x_1 - 6x_2 + 6x_3 \\ \text{s.t.} \quad & x_4 = 13 - 4x_1 - 3x_2 + 3x_3 \\ & x_5 = -10 + 2x_1 - 3x_2 + 3x_3 \\ & x_6 = 2 - x_1 + x_2 - x_3 \\ & x_1, x_2, x_3, x_4, x_5, x_6 \geq 0 \end{aligned} \quad (1\text{-}3)$$

在松弛型中，等式左边的变量 x_4, x_5, x_6 被称为**基变量**，等式右边的变量 x_1, x_2, x_3 被称为**非基变量**。将式（1-3）写成矩阵形式为

$$\begin{aligned} \max \quad & \boldsymbol{c}^\mathrm{T} \boldsymbol{X} \\ \text{s.t.} \quad & \boldsymbol{X}' = \boldsymbol{b} - \boldsymbol{A}\boldsymbol{X} \\ & \boldsymbol{X}, \boldsymbol{X}' \geq \boldsymbol{0} \end{aligned}$$

式中，$\boldsymbol{c} = (8, -6, 6)$ 为目标函数的系数项；$\boldsymbol{X} = (x_1, x_2, x_3)^\mathrm{T}$ 为非基变量；$\boldsymbol{X}' = (x_4, x_5, x_6)^\mathrm{T}$ 为基变量；$\boldsymbol{b} = (13, -10, 2)^\mathrm{T}$ 为约束条件中的常量；$\boldsymbol{A} = \begin{pmatrix} 4 & 3 & -3 \\ -2 & 3 & -3 \\ 1 & -1 & 1 \end{pmatrix}$ 为约束条件中的系数。

再令 v 为目标函数的常量项，则可以用一个 6 元组 $(\boldsymbol{X}, \boldsymbol{X}', \boldsymbol{A}, \boldsymbol{b}, \boldsymbol{c}, v)$ 来表示松弛型。

1.3 单纯形法

扫码看视频

上面定义了线性规划的基本形式，本节将求解线性规划。线性规划的重要求解方法是单纯形法，虽然单纯形法并不是多项式时间算法，但在绝大多数情况下，单纯形法的求解效率是很高的。顺便提一下，第一个线性规划的多项式时间算法是椭球算法，是 1979 年由数学家哈奇扬（Khachiyan）提出的，但椭球算法的效率不高、无法用于求解实际的问题。之后，1984 年，印度数学家卡马卡（Karmarkar）提出了一个实用的多项式时间算法——内点算法，这是真正可用于求解实际中大规模线性规划问题的算法。然而，单纯形法不仅仍然是求解线性规划的重要方法，也是我们理解线性规划求解的一个重要手段。本节首先分析单纯形法求解的原理，再通过具体的例子说明单纯形法的步骤。

1.3.1 单纯形法原理

线性规划目标函数为

$$\max \quad c_1 x_1 + c_2 x_2 + \cdots + c_i x_i + v \quad (1\text{-}4)$$

式中，v 是一个常数；$c_1, c_2, \cdots, c_i \geq 0$，如果我们能够将式（1-4）的所有变量的系数全部转换为负数，如

$$\max \quad -c_1' x_1' - c_2' x_2' - \cdots - c_j' x_j' + v'$$

式中，v' 是一个常数；$c_1', c_2', \cdots, c_j' \geq 0$，那么很容易得出这个目标函数的最优值是 v'，此时所有的变量取 0（依据变量的非负约束）。

那么关键的问题是如何能够让系数成为负的？单纯形法主要是通过对正系数的变量进行调整，来增大这些变量（因系数为正，增大变量肯定也会增大目标函数）。增大到什么时候为止？依据约束条件，增大到不能增大为止。之后将这些变量（增加到最大的变量成为基变量）替换成其他变量（非基变量），重复此过程，直到目标函数所有变量的系数都为负

为止。

1.3.2 单纯形法步骤

下面,通过求解 1.1 节提出的例子来描述单纯形法,例子的线性规划为

$$\max \quad 8x_1+5x_2$$
$$\text{s.t.} \quad 5x_1+4x_2 \leqslant 13$$
$$2x_1+3x_2 \leqslant 10$$
$$x_1 \leqslant 5$$
$$x_1-x_2 \leqslant 2$$
$$x_1,x_2 \geqslant 0$$

转化为松弛型

$$\max \quad 8x_1+5x_2$$
$$\text{s.t.} \quad x_3=13-5x_1-4x_2$$
$$x_4=10-2x_1-3x_2$$
$$x_5=5-x_1 \qquad\qquad (1-5)$$
$$x_6=2-x_1+x_2$$
$$x_1,x_2,x_3,x_4,x_5,x_6 \geqslant 0$$

在单纯形法中,一个松弛型线性规划的**基本解**是:所有的非基变量都为 0,而基变量由等式约束得出。所以上面的线性规划的基本解为 $(x_1,x_2,x_3,x_4,x_5,x_6)=(0,0,13,10,5,2)$,在此基本解下,目标函数的值为 0。但显而易见的是,因为 x_1 和 x_2 的系数为正,我们完全可以通过增大 x_1 或 x_2 来使目标函数 $8x_1+5x_2$ 变大。

那么应该增大 x_1 还是 x_2?依据目标函数中 x_1 的系数大于 x_2,选择增大 x_1。显然 x_1 越大越好,但 x_1 的范围受限于以下约束条件。

1)约束条件 1:$x_3=13-5x_1-4x_2$,决定了 x_1 最大只能增加到 $\frac{13}{5}$(x_3 必须大于等于 0)。

2)约束条件 2:$x_4=10-2x_1-3x_2$,决定了 x_1 最大只能增加到 5。

3)约束条件 3:$x_5=5-x_1$,决定了 x_1 最大也只能增加到 5。

4)约束条件 4:$x_6=2-x_1+x_2$,决定了 x_1 最大只能增加到 2。

通过以上比较可知,x_1 受约束条件 4 的约束最紧凑,接着,我们要做的一件事是将约束条件 4 中的 x_1 替入基变量(称之为替入变量),而 x_6 替出基变量,变为非基变量(称之为替出变量),约束条件 4 变为

$$x_1=2+x_2-x_6 \qquad\qquad (1-6)$$

之后用式(1-6)替换目标函数和其他约束条件中的 x_1,得到变换后的线性规划为

$$\max \quad 16+13x_2-8x_6$$
$$\text{s.t.} \quad x_1=2+x_2-x_6$$
$$x_3=3-9x_2+5x_6$$
$$x_4=6-5x_2+2x_6 \qquad\qquad (1-7)$$
$$x_5=3-x_2+x_6$$
$$x_1,x_2,x_3,x_4,x_5,x_6 \geqslant 0$$

我们发现通过上述变换，目标函数中的一个变量 x_6 的系数变为负了。

上面线性规划的基本解为 $(x_1, x_2, x_3, x_4, x_5, x_6) = (2, 0, 3, 6, 3, 0)$，在此基本解下，目标函数的值为 16。此时，还可以通过增大 x_2 的值使目标函数变大（显然，此时不能通过增大 x_6 的值来增大目标函数了）。同样，通过以下约束条件继续考察 x_2 最多能增大到多少。

1) 约束条件 1：$x_1 = 2 + x_2 - x_6$，对 x_2 无约束。

2) 约束条件 2：$x_3 = 3 - 9x_2 + 5x_6$，决定了 x_2 最多能增大到 $\dfrac{3}{9}$。

3) 约束条件 3：$x_4 = 6 - 5x_2 + 2x_6$，决定了 x_2 最多能增大到 $\dfrac{6}{5}$。

4) 约束条件 4：$x_5 = 3 - x_2 + x_6$，决定了 x_2 最多能增大到 3。

所以，约束条件 2 为最紧凑的约束，所以对约束条件中的 x_2 替入为基变量，而 x_3 替出为基变量，变为非基变量，约束条件 2 变为

$$x_2 = \frac{1}{3} - \frac{1}{9}x_3 + \frac{5}{9}x_6 \tag{1-8}$$

再用式（1-8）替换目标函数和其他约束条件中的 x_2，得到变换后的线性规划为

$$\begin{aligned}
\max \quad & \frac{61}{3} - \frac{13}{9}x_3 - \frac{7}{9}x_6 \\
\text{s.t.} \quad & x_1 = \frac{7}{3} - \frac{1}{9}x_3 - \frac{4}{9}x_6 \\
& x_3 = \frac{1}{3} - \frac{1}{9}x_3 + \frac{5}{9}x_6 \\
& x_4 = \frac{13}{3} + \frac{5}{9}x_3 - \frac{7}{9}x_6 \\
& x_5 = \frac{8}{3} + \frac{1}{9}x_3 + \frac{4}{9}x_6 \\
& x_1, x_2, x_3, x_4, x_5, x_6 \geq 0
\end{aligned}$$

上面线性规划的基本解为 $(x_1, x_2, x_3, x_4, x_5, x_6) = \left(\dfrac{7}{3}, \dfrac{1}{3}, 0, \dfrac{13}{3}, \dfrac{8}{3}, 0\right)$，在此基本解下，目标函数的值为 $\dfrac{61}{3}$。考察发现目标函数所有变量的系数都已经为负，也就是已经无法通过增加目标函数中的变量使得目标函数进一步增大，所以此时的基本解为最优解，目标函数值为最优值。

1.3.3 单纯形表

1.3.2 小节对单纯形法步骤的描述，使我们对单纯形法的求解有一定的理解，但是很难根据这种描述来写成相应的代码。本小节通过单纯形表来实现单纯形法，单纯形表实际上是通过表格的操作实现对线性规划的求解，其步骤和上面描述的过程是完全一致的，但更便于代码实现。

在单纯形表中，首先将线性规划问题式（1-5）通过表格的方式描述出来，见表1-1，表1-1第一行表示约束条件1：$x_3 = 13 - 5x_1 - 4x_2$，注意表格中的值是变量系数的值，就是a_{ij}值，因为松弛型非基变量的前面是负号，所以约束条件对应变量x_1的系数为5，x_2的系数为4，同时，要把约束条件对应的基变量列（x_3列）设置为1，b列对应的值设为对应的b值13；第二、三和四行分别对应约束条件2、约束条件3和约束条件4；最后一行代表目标函数，目标函数变量的系数同样取负[一]。

表1-1 单纯形表（1）

基变量	x_1	x_2	x_3	x_4	x_5	x_6	b
x_3	5	4	1	0	0	0	13
x_4	2	3	0	1	0	0	10
x_5	1	0	0	0	1	0	5
x_6	1	-1	0	0	0	1	2
max	-8	-5	0	0	0	0	0

如同之前的单纯形法步骤，首先要从目标函数中选择一个需要增大的变量，考察表1-1的最后一行，选择系数最小的变量x_1（因为系数取负，所以选择最小的）。之后需要找出最紧凑约束，回顾单纯形法中找最紧凑约束的步骤，可以得出最紧凑约束是$\frac{b}{x_1 系数}$的值最小的约束，所以对表格中的所有约束行，执行$\frac{b}{x_1 系数}$，得出每行的值分别为$\frac{13}{5}$、5、5、2。所以最紧凑约束是第四行约束。

在单纯形法中，之后的步骤是将x_1变量替入为基变量，而原来的基变量替出为非基变量，这里也执行相同的操作，更新后的表见表1-2。注意，这里只是简单地将表中第四行约束的基变量从x_6替换为x_1，如果这里x_1的系数不为1，还需要对这一行所有值都除以x_1的系数。这里，因x_1的系数为1，只要将x_6替换为x_1即可。

表1-2 单纯形表（2）

基变量	x_1	x_2	x_3	x_4	x_5	x_6	b
x_3	5	4	1	0	0	0	13
x_4	2	3	0	1	0	0	10
x_5	1	0	0	0	1	0	5
x_1	1	-1	0	0	0	1	2
max	-8	-5	0	0	0	0	0

之后，单纯形法是用x_1的表达式替换目标函数和其他约束条件中的x_1，这里也执行相

[一] 目标函数的系数可以不取负，但需要对最后的结果取负。

应的操作，此操作是通过高斯消元完成的，即用第四行约束条件中的 x_1 列消去其他约束条件和目标函数中的 x_1，更新后的表见表 1-3，同式（1-7）相比，是完全一致的。

表 1-3 单纯形表（3）

基变量	x_1	x_2	x_3	x_4	x_5	x_6	b
x_3	0	9	1	0	0	−5	3
x_4	0	5	0	1	0	−2	6
x_5	0	1	0	0	1	−1	3
x_1	1	−1	0	0	0	1	2
max	0	−13	0	0	0	8	16

再之后，重复执行上面的操作，也就是从目标函数行选择一个系数最小的变量 x_2，找到约束行中的最紧凑约束，即第一行约束（注意，第四行约束得出的 $\dfrac{b}{x_2 \text{系数}}$ 为负数，负数表示无约束），对第一行进行替入和替出操作，得到表 1-4。

表 1-4 单纯形表（4）

基变量	x_1	x_2	x_3	x_4	x_5	x_6	b
x_2	0	1	$\dfrac{1}{9}$	0	0	$-\dfrac{5}{9}$	$\dfrac{1}{3}$
x_4	0	5	0	1	0	−2	6
x_5	0	1	0	0	1	−1	3
x_1	1	−1	0	0	0	1	2
max	0	−13	0	0	0	8	16

用第一行约束对所有其他约束行和目标函数行进行 x_2 高斯消元，得到表 1-5。此时，目标函数行所有变量的系数都为正了，所以流程结束。从最终的表可以得出目标函数的最优值为 $\dfrac{61}{3}$（b 列），最优解为 $\left(\dfrac{7}{3}, \dfrac{1}{3}, 0, \dfrac{13}{3}, \dfrac{8}{3}, 0\right)$，其中两个非基变量 x_3 和 x_6 都为 0，其他变量取 b 值。

表 1-5 单纯形表（5）

基变量	x_1	x_2	x_3	x_4	x_5	x_6	b
x_2	0	1	$\dfrac{1}{9}$	0	0	$-\dfrac{5}{9}$	$\dfrac{1}{3}$
x_4	0	0	$-\dfrac{5}{9}$	1	0	$\dfrac{7}{9}$	$\dfrac{13}{3}$
x_5	0	0	$-\dfrac{1}{9}$	0	1	$-\dfrac{4}{9}$	$\dfrac{8}{3}$
x_1	1	0	$\dfrac{1}{9}$	0	0	$\dfrac{4}{9}$	$\dfrac{7}{3}$
max	0	0	$\dfrac{13}{9}$	0	0	$\dfrac{7}{9}$	$\dfrac{61}{3}$

1.4 对偶

1.4.1 什么是对偶

对偶性是线性规划最重要的内容之一，每个线性规划（LP1）必然有与之相伴而生的另一个线性规划问题（LP2），即任何一个求 max z 的 LP1 都对应一个求 min w 的 LP2，反之亦然。下面给出标准型线性规划的对偶问题。设原问题为

$$\max \quad \sum_{j=1}^{n} c_j x_j$$
$$\text{s.t.} \quad \sum_{j=1}^{n} a_{ij} x_j \leq b_i, i=1,2,\cdots,m \tag{1-9}$$
$$x_j \geq 0, j=1,2,\cdots,n$$

则其对偶问题为

$$\min \quad \sum_{i=1}^{m} b_i y_i$$
$$\text{s.t.} \quad \sum_{i=1}^{m} a_{ij} y_i \geq c_j, j=1,2,\cdots,n \tag{1-10}$$
$$y_i \geq 0, i=1,2,\cdots,m$$

写成矩阵的形式，原问题

$$\max \quad \boldsymbol{c}^{\mathrm{T}} \boldsymbol{X}$$
$$\text{s.t.} \quad \boldsymbol{A X} \leq \boldsymbol{b} \tag{1-11}$$
$$\boldsymbol{X} \geq \boldsymbol{0}$$

其对偶问题为

$$\min \quad \boldsymbol{b}^{\mathrm{T}} \boldsymbol{Y}$$
$$\text{s.t.} \quad \boldsymbol{A}^{\mathrm{T}} \boldsymbol{Y} \geq \boldsymbol{c} \tag{1-12}$$
$$\boldsymbol{Y} \geq \boldsymbol{0}$$

上面的公式中，$\boldsymbol{A}$ 代表矩阵；$\boldsymbol{b}$ 和 $\boldsymbol{c}$ 代表列向量。举一个具体的例子，原线性规划问题

$$\max \quad 2x_1 + 3x_2$$
$$\text{s.t.} \quad 2x_1 + 2x_2 \leq 12 \, (y_1)$$
$$4x_1 \leq 3 \, (y_2)$$
$$5x_2 \leq 0 \, (y_3)$$
$$x_1, x_2 \geq 0$$

其对偶问题为

$$\min \quad 12 y_1 + 3 y_2 + 0 y_3$$
$$\text{s.t.} \quad 2 y_1 + 4 y_2 \geq 2 \, (x_1)$$
$$2 y_1 + 5 y_3 \geq 3 \, (x_2)$$
$$y_1, y_2, y_3 \geq 0$$

对偶的**基本规则**总结如下：

- 原问题的目标函数是最大化，对偶问题的目标函数是最小化，原问题的约束条件是小于等于，对偶问题的约束条件是大于等于。
- 原问题约束条件的个数（m）决定对偶问题变量的个数，并且第一个约束条件对应第一个变量，第二个约束条件对应第二个变量，以此类推。上面例子中原问题有3个约束条件，所以其对偶问题有3个变量(y_1, y_2, y_3)，并且y_1对应第一个约束条件，y_2对应第二个约束条件，y_3对应第三个约束条件。
- 原问题变量的个数（n）决定对偶问题约束条件的个数，并且第一个变量对应第一个约束条件，第二个变量对应第二个约束条件，以此类推。原问题有2个变量，所以其对偶问题有2个约束条件，并且原变量x_1对应第一个约束条件，原变量x_2对应第二个约束条件。
- 对偶问题的目标函数中每个变量的系数由其对应原问题中约束条件的b值决定，原问题中，y_1的系数为其对应的第一个约束条件的b值，即12，同理，y_2的系数为3，y_3的系数为0。
- 对偶问题约束条件的c值是其对应变量（原问题）在目标函数的系数，约束条件中各变量的系数是其对应变量（原问题）在约束条件中的系数。如对偶问题中，第一个约束条件的c值（不等号右边的值）为x_1在原问题目标函数中的系数2；对偶问题第一个约束条件中各变量的系数分别为：变量y_1的系数是x_1在原问题中第一个不等式中的系数2，变量y_2的系数是x_1在原问题中第二个不等式中的系数4，变量y_3的系数是x_1在原问题中第三个不等式中的系数0。其他约束条件的c值和变量系数通过相同的方法确定。
- 如果写成矩阵形式，则原问题约束条件系数（设为A）的转置（A^T）为对偶问题约束条件的系数。但这个看似很简单的系数转化在某些情况下是比较难实现的，其实系数的确定通过上面这条规则更容易实现。

以上是对标准型线性规划的对偶变换，对非标准型的对偶变换，一种方法是通过将非标准型转换为标准型，再进行对偶变换，如原问题为

$$\begin{aligned} \max \quad & \boldsymbol{c}^T\boldsymbol{X} \\ \text{s. t.} \quad & \boldsymbol{AX} = \boldsymbol{b} \\ & \boldsymbol{X} \geq \boldsymbol{0} \end{aligned} \quad (1\text{-}13)$$

转换为标准型为

$$\begin{aligned} \max \quad & \boldsymbol{c}^T\boldsymbol{X} \\ \text{s. t.} \quad & \boldsymbol{AX} \leq \boldsymbol{b} \\ & -\boldsymbol{AX} \leq -\boldsymbol{b} \\ & \boldsymbol{X} \geq \boldsymbol{0} \end{aligned} \quad (1\text{-}14)$$

此标准型的对偶问题为

$$\begin{aligned} \min \quad & \boldsymbol{b}^T\boldsymbol{Y}_1 - \boldsymbol{b}^T\boldsymbol{Y}_2 \\ \text{s. t.} \quad & \boldsymbol{A}^T\boldsymbol{Y}_1 - \boldsymbol{A}^T\boldsymbol{Y}_2 \geq \boldsymbol{c} \\ & \boldsymbol{Y}_1, \boldsymbol{Y}_2 \geq \boldsymbol{0} \end{aligned} \quad (1\text{-}15)$$

设$\boldsymbol{Y} = \boldsymbol{Y}_1 - \boldsymbol{Y}_2$，则对偶问题转化为

$$\min \quad \boldsymbol{b}^\mathrm{T}\boldsymbol{Y}$$
$$\text{s.t.} \quad \boldsymbol{A}^\mathrm{T}\boldsymbol{Y} \geqslant \boldsymbol{c} \tag{1-16}$$

注意，对变量为正的约束条件取消了，因为 $\boldsymbol{Y}=\boldsymbol{Y}_1-\boldsymbol{Y}_2$ 可为任意值。为了避免非标准型到标准型的转换过程，表 1-6 列出了原问题在不同约束条件和变量下，对偶问题相应的变量和约束条件设置。表 1-6 中原问题是 max 问题，对偶问题是 min 问题，如果原问题是 min 问题，则需要转化成对偶问题 max 问题，从表的右列映射到左列。

表 1-6 原问题和对偶问题转换对照

原问题（max）	对偶问题（min）
约束条件 i 为 $\leqslant$	变量 $y_i \geqslant 0$
约束条件 i 为 $=$	变量 y_i 无约束
约束条件 i 为 $\geqslant$	变量 $y_i \leqslant 0$
变量 $x_i \geqslant 0$	约束条件 i 为 $\geqslant$
变量 x_i 无约束	约束条件 i 为 $=$
变量 $x_i \leqslant 0$	约束条件 i 为 $\leqslant$

例 1.4.1 求如下问题的对偶问题。

$$\max \quad -2x_1+3x_2$$
$$\text{s.t.} \quad -2x_1-x_2=10$$
$$x_1-2x_2 \geqslant -11$$
$$x_1 \geqslant 0$$

解： 问题有两个约束条件，所以对应对偶问题有两个变量 y_1, y_2，其在目标函数中的系数为 $c_1=10$, $c_2=-11$，所以对偶问题的目标函数为：$\min 10y_1-11y_2$。问题的第一个约束是等式约束，所以 y_1 无约束，问题的第二个约束是大于等于约束，所以 $y_2 \leqslant 0$。

问题有两个变量 x_1, x_2，所以目标函数有两个约束条件，因为 $x_1 \geqslant 0$，所以第一个约束为大于等于约束；因 x_2 无约束，所以第二个约束为等于约束，约束条件的系数是原系数矩阵的转置，最终对偶问题为

$$\min \quad 10y_1-11y_2$$
$$\text{s.t.} \quad -2y_1+y_2 \geqslant -2$$
$$-y_1-2y_2=3$$
$$y_2 \leqslant 0$$

1.4.2 对偶怎么来的

扫码看视频

线性规划是凸优化的一个特例，凸优化对对偶有着详细的描述，具体可参考 *Convex Optimization*⊖。这里做简单描述，设优化问题

$$\min \quad f_0(\boldsymbol{x})$$
$$\text{s.t.} \quad f_i(\boldsymbol{x}) \leqslant 0, i=1,2,\cdots,m \tag{1-17}$$
$$h_i(\boldsymbol{x})=0, i=1,2,\cdots,p$$

⊖ *Convex Optimization*，作者为 Stephen Boyd，Lieven Vandenberghe，出版社为 Cambridge University Press。

式中，$x \in \mathbf{R}^n$；f_0 为目标函数；f_i 为不等式约束；h_i 为等式约束。其拉格朗日函数 $L: \mathbf{R}^n \times \mathbf{R}^m \times \mathbf{R}^p \to \mathbf{R}$ 为

$$L(\pmb{x}, \pmb{\lambda}, \pmb{\nu}) = f_0(\pmb{x}) + \sum_{i=1}^{m} \lambda_i f_i(\pmb{x}) + \sum_{i=1}^{p} \nu_i h_i(\pmb{x}) \tag{1-18}$$

式中，λ_i 和 ν_i 分别为不等式约束 $f_i(\pmb{x}) \leqslant 0$ 和等式约束 $h_i(\pmb{x}) = 0$ 的乘子且 $\lambda_i \geqslant 0$。则原优化问题的对偶函数为

$$\begin{aligned} g(\pmb{\lambda}, \pmb{\nu}) &= \min_{x} L(\pmb{x}, \pmb{\lambda}, \pmb{\nu}) \\ &= \min_{x} \left(f_0(\pmb{x}) + \sum_{i=1}^{m} \lambda_i f_i(\pmb{x}) + \sum_{i=1}^{p} \nu_i h_i(\pmb{x}) \right) \end{aligned} \tag{1-19}$$

而原优化问题的对偶问题为

$$\begin{aligned} & \max_{\pmb{\lambda}, \pmb{\nu}} \quad g(\pmb{\lambda}, \pmb{\nu}) \\ & \text{s.t.} \quad \pmb{\lambda} \geqslant \pmb{0} \end{aligned} \tag{1-20}$$

基于以上对偶的基本知识，推导线性规划的对偶问题。设线性规划的原始问题如下：

$$\begin{aligned} \max \quad & c_1 x_1 + c_2 x_2 + c_3 x_3 \\ \text{s.t.} \quad & a_1 x_1 + x_2 + x_3 \leqslant b_1 \\ & x_1 + a_2 x_2 = b_2 \\ & a_3 x_3 \geqslant b_3 \\ & x_1 \geqslant 0, x_2 \leqslant 0 \end{aligned} \tag{1-21}$$

转化为优化问题的标准型为

$$\begin{aligned} \min \quad & -c_1 x_1 - c_2 x_2 - c_3 x_3 \\ \text{s.t.} \quad & a_1 x_1 + x_2 + x_3 - b_1 \leqslant 0 \\ & x_1 + a_2 x_2 - b_2 = 0 \\ & -a_3 x_3 + b_3 \leqslant 0 \\ & x_1 \geqslant 0, x_2 \leqslant 0 \end{aligned} \tag{1-22}$$

其拉格朗日函数为（用变量 y_i 表示拉格朗日乘子）

$$\begin{aligned} L(x, y_1, y_2, y_3) = & -c_1 x_1 - c_2 x_2 - c_3 x_3 \\ & + y_1 (a_1 x_1 + x_2 + x_3 - b_1) \\ & + y_2 (x_1 + a_2 x_2 - b_2) \\ & + y_3 (-a_3 x_3 + b_3) \end{aligned} \tag{1-23}$$

稍作变形为

$$\begin{aligned} L(x, y_1, y_2, y_3) = & -b_1 y_1 - b_2 y_2 + b_3 y_3 \\ & + x_1 (a_1 y_1 + y_2 - c_1) \\ & + x_2 (y_1 + a_2 y_2 - c_2) \\ & + x_3 (y_1 - a_3 y_3 - c_3) \end{aligned} \tag{1-24}$$

对偶问题为

$$\max_{y_1,y_2,y_3} \min_{x_1\geq 0, x_2\leq 0, x_3} -b_1y_1-b_2y_2+b_3y_3$$
$$+x_1(a_1y_1+y_2-c_1)$$
$$+x_2(y_1+a_2y_2-c_2) \qquad (1\text{-}25)$$
$$+x_3(y_1-a_3y_3-c_3)$$
$$y_1,y_3 \geq 0$$

接着，分析这个对偶问题，这个目标函数外面有 max 函数，max 函数又内嵌套 min 函数，可以看成有两个人在博弈，内部参与者通过 x_1,x_2,x_3 使得目标函数最小化，外部参与者通过 y_1,y_2,y_3 使内部参与者最小值最大化。

- 因 $x_1 \geq 0$，外部参与者必须使 $(a_1y_1+y_2-c_1) \geq 0$，否则如果 $(a_1y_1+y_2-c_1)<0$，内部参与者可以设置 $x_1 \to \infty$，使得 $x_1(a_1y_1+y_2-c_1) \to -\infty$，目标函数 $\to -\infty$。
- 因 $x_2 \leq 0$，外部参与者必须使 $(y_1+a_2y_2-c_2) \leq 0$，否则如果 $(y_1+a_2y_2-c_2)>0$，内部参与者可以设置 $x_2 \to -\infty$，使得 $x_2(y_1+a_2y_2-c_2) \to -\infty$，目标函数 $\to -\infty$。
- 因 x_3 无限制，外部参与者必须使 $(y_1-a_3y_3-c_3)=0$，否则如果 $(y_1-a_3y_3-c_3) \neq 0$，内部参与者可以设置 x_3，使得 $x_3(y_1-a_3y_3-c_3) \to -\infty$，目标函数 $\to -\infty$。

因而，对偶问题可以转化为

$$\max \quad -b_1y_1-b_2y_2+b_3y_3$$
$$\text{s.t.} \quad a_1y_1+y_2-c_1 \geq 0$$
$$y_1+a_2y_2-c_2 \leq 0$$
$$y_1-a_3y_3-c_3 = 0$$
$$y_1,y_3 \geq 0$$

即

$$\min \quad b_1y_1+b_2y_2-b_3y_3$$
$$\text{s.t.} \quad a_1y_1+y_2 \geq c_1$$
$$y_1+a_2y_2 \leq c_2 \qquad (1\text{-}26)$$
$$y_1-a_3y_3 = c_3$$
$$y_1,y_3 \geq 0$$

此线性规划问题就是原线性规划问题式（1-21）的对偶问题。细心的读者可能会按照表 1-6 得出原线性规划问题式（1-21）的对偶问题为

$$\min \quad b_1y_1+b_2y_2+b_3y_3$$
$$\text{s.t.} \quad a_1y_1+y_2 \geq c_1$$
$$y_1+a_2y_2 \leq c_2 \qquad (1\text{-}27)$$
$$y_1+a_3y_3 = c_3$$
$$y_1 \geq 0, y_3 \leq 0$$

看起来这两个线性规划问题[式（1-26）和式（1-27）]不一致，但实际上，这两个线性规划问题是完全一致的。

1.4.3 对偶的性质

下面从线性规划的标准形式研究对偶的性质，线性规划的标准形式和对偶形式如下：

$$\begin{array}{ll} \max \sum_{j=1}^{n} c_j x_j & \min \sum_{i=1}^{m} b_i y_i \\ \text{s.t.} \sum_{j=1}^{n} a_{ij} x_j \leq b_i \xrightarrow{\text{对偶}} & \text{s.t.} \sum_{i=1}^{m} a_{ij} y_i \geq c_j \\ x_j \geq 0 & y_i \geq 0 \end{array} \quad (1\text{-}28)$$

由原问题和对偶问题的约束条件可知

$$\begin{aligned} \sum_{j=1}^{n} c_j x_j &\leq \sum_{j=1}^{n} \Big(\sum_{i=1}^{m} a_{ij} y_i \Big) x_j \\ &= \sum_{j=1}^{m} \Big(\sum_{i=1}^{n} a_{ij} x_j \Big) y_i \\ &\leq \sum_{j=1}^{m} b_i y_i \end{aligned} \quad (1\text{-}29)$$

即

$$\boldsymbol{c}^{\mathrm{T}} \boldsymbol{x} \leq \boldsymbol{y}^{\mathrm{T}} \boldsymbol{A} \boldsymbol{x} \leq \boldsymbol{b}^{\mathrm{T}} \boldsymbol{y} \quad (1\text{-}30)$$

以上说明原问题（max）的任意一个解对应的目标函数都小于等于对偶问题（min）的所有解对应的目标函数，这就是弱对偶性。

定理1.4.1 **弱对偶性** 对于求最大解的原问题（最小解的原问题）的任意一个解，这个解对应的目标函数都小于等于（大于等于）其对偶问题的目标函数。

推理1.4.1 如果原问题存在一个可行解，其对应的目标函数无边界，则对偶问题不存在可行解；如对偶问题存在一个可行解，其对应的目标函数无边界，则原问题不存在可行解。

证明：由弱对偶性可直接得出。

推理1.4.2 当原问题是max问题，对偶问题是min问题时，对偶问题是原问题的一个上限；当原问题是min问题，对偶问题是max问题时，对偶问题是原问题的一个下限。

证明：由弱对偶性可直接得出。

定理1.4.2 **最优解准则** 原问题和对偶问题分别存在可行解$(\hat{\boldsymbol{x}}, \hat{\boldsymbol{y}})$使得原问题的目标函数值和对偶问题的目标函数值相等，则$(\hat{\boldsymbol{x}}, \hat{\boldsymbol{y}})$分别为原问题和对偶问题的最优解。

证明：设$(\boldsymbol{x}^*, \boldsymbol{y}^*)$分别为原问题（如式（1-28））和对偶问题（如式（1-28））的最优解，则

$$\boldsymbol{c}^{\mathrm{T}} \hat{\boldsymbol{x}} \leq \boldsymbol{c}^{\mathrm{T}} \boldsymbol{x}^*, \quad \boldsymbol{b}^{\mathrm{T}} \hat{\boldsymbol{y}} \geq \boldsymbol{b}^{\mathrm{T}} \boldsymbol{y}^*$$

由弱对偶性可得

$$\boldsymbol{c}^{\mathrm{T}} \boldsymbol{x}^* \leq \boldsymbol{b}^{\mathrm{T}} \boldsymbol{y}^*$$

结合以上不等式，可得

$$\boldsymbol{c}^{\mathrm{T}} \hat{\boldsymbol{x}} \leq \boldsymbol{c}^{\mathrm{T}} \boldsymbol{x}^* \leq \boldsymbol{b}^{\mathrm{T}} \boldsymbol{y}^* \leq \boldsymbol{b}^{\mathrm{T}} \hat{\boldsymbol{y}}$$

因$(\hat{\boldsymbol{x}}, \hat{\boldsymbol{y}})$对应的目标函数值相等，$\boldsymbol{c}^{\mathrm{T}} \hat{\boldsymbol{x}} = \boldsymbol{b}^{\mathrm{T}} \hat{\boldsymbol{y}}$，可得

$$\boldsymbol{c}^{\mathrm{T}} \hat{\boldsymbol{x}} = \boldsymbol{c}^{\mathrm{T}} \boldsymbol{x}^* = \boldsymbol{b}^{\mathrm{T}} \boldsymbol{y}^* = \boldsymbol{b}^{\mathrm{T}} \hat{\boldsymbol{y}}$$

所以，$(\hat{\boldsymbol{x}}, \hat{\boldsymbol{y}})$分别为原问题和对偶问题的最优解。

定理 1.4.3　强对偶性 如果线性规划的原问题和对偶问题存在可行最优解，那么这两个最优解对应的目标函数值相等。

定理 1.4.4　互补松弛性 设原问题和对偶问题具有强对偶性，并设 $\{x_j | j=1,2,\cdots,n\}$ 和 $\{y_i | i=1,2,\cdots,m\}$ 分别是原问题及其对偶问题式（1-28）的最优解，则

$$x_j\left(\sum_{i=1}^m a_{ij}y_i - c_j\right) = 0, \quad j = 1,2,\cdots,n \tag{1-31}$$

和

$$y_i\left(\sum_{j=1}^n a_{ij}x_j - b_i\right) = 0, \quad i = 1,2,\cdots,m \tag{1-32}$$

证明：按照强对偶性可知（$\boldsymbol{x}$，$\boldsymbol{y}$ 分别为最优解），不等式（1-30）可以转化为等式

$$\boldsymbol{c}^\mathrm{T}\boldsymbol{x} = \boldsymbol{y}^\mathrm{T}\boldsymbol{A}\boldsymbol{x} = \boldsymbol{b}^\mathrm{T}\boldsymbol{y}$$

即

$$0 = \boldsymbol{y}^\mathrm{T}\boldsymbol{A}\boldsymbol{x} - \boldsymbol{c}^\mathrm{T}\boldsymbol{x} = \boldsymbol{x}^\mathrm{T}\boldsymbol{A}^\mathrm{T}\boldsymbol{y} - \boldsymbol{x}^\mathrm{T}\boldsymbol{c} = \boldsymbol{x}^\mathrm{T}(\boldsymbol{A}^\mathrm{T}\boldsymbol{y} - \boldsymbol{c}) = \sum_{j=1}^n x_j\left(\sum_{i=1}^m a_{ij}y_i - c_j\right) \tag{1-33}$$

因为，

$$x_j \geq 0, \quad \sum_{i=1}^m a_{ij}y_i - c_j \geq 0, \quad j = 1,2,\cdots,n$$

所以，

$$x_j\left(\sum_{i=1}^m a_{ij}y_i - c_j\right) \geq 0, \quad j = 1,2,\cdots,n$$

可得，式（1-33）的每一项都有

$$x_j\left(\sum_{i=1}^m a_{ij}y_i - c_j\right) = 0, \quad j = 1,2,\cdots,n$$

式（1-31）得证，同理可证式（1-32）。

在 1.4 节中，给出了对偶变化的一些基本规则，提到了原问题的每个变量 x_j 对应对偶问题的一个约束条件，而对偶问题的每个变量 y_i 对应原问题的一个约束条件，互补松弛性可以理解为每个变量和其对应的约束条件的乘积等于 0。由互补松弛性可得出：

推理 1.4.3 如果变量 x（或者 y）大于 0，则对应的约束条件等于 0（等号成立）；如果约束条件不等于 0（等号不成立），则对应的变量 x（或者 y）等于 0。

证明：根据式（1-31），可得

$$x_j > 0 \Rightarrow \sum_{i=1}^m a_{ij}y_i - c_j = 0 \tag{1-34}$$

$$\sum_{i=1}^m a_{ij}y_i - c_j > 0 \Rightarrow x_j = 0 \tag{1-35}$$

同理

$$y_i > 0 \Rightarrow \sum_{j=1}^n a_{ij}x_j - b_i = 0 \tag{1-36}$$

$$\sum_{j=1}^n a_{ij}x_j - b_i > 0 \Rightarrow y_i = 0 \tag{1-37}$$

例 1.4.2 原问题为

$$\max \quad 2x_1+4x_2+3x_3+x_4$$
$$\text{s. t.} \quad 3x_1+x_2+x_3+4x_4 \leq 12$$
$$x_1-3x_2+2x_3+3x_4 \leq 7$$
$$2x_1+x_2+3x_3-x_4 \leq 10$$
$$x_1,x_2,x_3,x_4 \geq 0$$

其最优解为 $x_1=0, x_2=10.4, x_3=0, x_4=0.4$。请写出该问题的对偶问题，并对对偶问题求解。

解：原问题的对偶问题为

$$\max \quad 12y_1+7y_2+10y_3$$
$$\text{s. t.} \quad 3y_1+y_2+2y_3 \geq 2$$
$$y_1-3y_2+y_3 \geq 4$$
$$y_1+2y_2+3y_3 \geq 3$$
$$4y_1+3y_2-y_3 \geq 1$$
$$y_1,y_2,y_3 \geq 0$$

原问题 $x_2=10.4, x_4=0.4$，由互补松弛性可得

$$y_1-3y_2+y_3=4$$
$$4y_1+3y_2-y_3=1$$

将 $x_1=0, x_2=10.4, x_3=0, x_4=0.4$ 代入原问题的约束条件，第 1 个和第 3 个约束条件等式成立，第 2 个约束条件不等式成立，由互补松弛性可得

$$y_2=0$$

由上面的 3 个等式，可得 $y_1=1, y_2=0, y_3=3$。原问题目标函数的最大值为 42。

例 1.4.3 线性规划问题为

$$\max \quad 7x_1+6x_2+5x_3-2x_4+3x_5$$
$$\text{s. t.} \quad x_1+3x_2+5x_3-2x_4+2x_5 \leq 4$$
$$4x_1+2x_2-2x_3+x_4+x_5 \leq 3$$
$$2x_1+4x_2+4x_3-2x_4+5x_5 \leq 5$$
$$3x_1+x_2+2x_3-x_4-2x_5 \leq 1$$
$$x_1,x_2,x_3,x_4,x_5 \geq 0$$

$x_1=0, x_2=\dfrac{4}{3}, x_3=\dfrac{2}{3}, x_4=\dfrac{5}{3}, x_5=0$ 是该线性规划问题的最优解吗？

解：原问题的对偶问题为

$$\max \quad 4y_1+3y_2+5y_3+y_4$$
$$\text{s. t.} \quad y_1+4y_2+2y_3+3y_4 \geq 7$$
$$3y_1+2y_2+4y_3+y_4 \geq 6$$
$$5y_1-2y_2+4y_3+2y_4 \geq 5$$
$$-2y_1+y_2-2y_3-y_4 \geq -2$$
$$2y_1+y_2+5y_3-2y_4 \geq 3$$
$$y_1,y_2,y_3,y_4 \geq 0$$

计算原问题的所有约束条件,约束条件 1、约束条件 2、约束条件 4 的等式成立,约束条件 3 的不等式成立,所以
$$y_3 = 0$$
因为原问题的解 $x_2>0, x_3>0, x_4>0$,对偶问题对应的约束条件等式成立,即
$$3y_1+2y_2+4y_3+y_4=6$$
$$5y_1-2y_2+4y_3+2y_4=5$$
$$-2y_1+y_2-2y_3-y_4=-2$$

由以上 4 个等式,可得 $y_1=1, y_2=1, y_3=0, y_4=1$。将得出的解代入对偶问题的约束条件,约束条件 5:$2y_1+y_2+5y_3-2y_4 \geqslant 3$ 不成立,所以此解不是对偶问题的解,进而推出 $x_1=0, x_2=\frac{4}{3}, x_3=\frac{2}{3}, x_4=\frac{5}{3}, x_5=0$ 不是原线性规划问题的最优解。

1.4.4 对偶实例*

1. 矩阵博弈

本小节从矩阵博弈例子——猜硬币,来描述对偶问题。在猜硬币游戏中,两个参与者分别同时从两个硬币(一元和两元)中选取一个让对方猜,如果都猜错或都猜对,继续玩,如果只有一方猜对,则猜对一方赢得此次双方的所有硬币。根据游戏,得出收益矩阵 $\boldsymbol{R}$,其中行和列分别表示参与者 1 和参与者 2 的策略,二元组策略的第一个元素表示的是自己选取的硬币,第二个元素表示的是猜对方的硬币,如(1,2)表示选取硬币 1 元,猜对方选取的是 2 元。此矩阵的值表示参与者 2 的收益。

$$\boldsymbol{R} = \begin{array}{c} \\ (1,1) \\ (1,2) \\ (2,1) \\ (2,2) \end{array} \begin{array}{c} (1,1) \quad (1,2) \quad (2,1) \quad (2,2) \\ \begin{pmatrix} 0 & -2 & 3 & 0 \\ 2 & 0 & 0 & -3 \\ -3 & 0 & 0 & 4 \\ 0 & 3 & -4 & 0 \end{pmatrix} \end{array}$$

假设参与者 2 出 4 种策略的概率为 (p_1, p_2, p_3, p_4),则当参与者 1 出策略(1,1)时(参与者 1 的第一个策略),参与者 2 的期望收益为

$$r = R_{1,1}p_1 + R_{1,2}p_2 + R_{1,3}p_3 + R_{1,4}p_4 = \sum_{j=1}^{4} R_{1,j}p_j$$

如果参与者 2 不知道参与者 1 出的策略,则参与者 2 的目标可设为最大化最小收益,即

$$\max_{\boldsymbol{p} \geqslant \boldsymbol{0}, \boldsymbol{1}^T\boldsymbol{p}=1} \min_{i=1,2,3,4} \sum_{j=1}^{4} R_{i,j}p_j$$

此优化问题,可写成线性规划的形式

$$\begin{aligned} \max \quad & \alpha \\ \text{s.t.} \quad & \alpha \cdot \boldsymbol{1} \leqslant \boldsymbol{R} \cdot \boldsymbol{p} \\ & \boldsymbol{1}^T \boldsymbol{p} = 1 \\ & \boldsymbol{p} \geqslant \boldsymbol{0} \end{aligned} \quad (1-38)$$

式中,$\boldsymbol{1}$ 表示单位向量 $(1,1,1,1)^T$;$\boldsymbol{p}=(p_1,p_2,p_3,p_4)^T$;针对参与者 1 的任意一个策略,参与者 2 收益的下限设为 α(常数),$\alpha \leqslant \sum_{j=1}^{4} R_{i,j}p_j, \forall i$。

从参与者 1 的角度，他也希望其收益最大化，即参与者 2 的收益最小化。同样，假设参与者 1 出 4 种策略的概率为 (p'_1, p'_2, p'_3, p'_4)，并设参与者 2 选择策略 $(2,1)$（参与者 2 的第三个策略），则参与者 2 的期望收益为

$$r' = R_{1,3}p'_1 + R_{2,3}p'_2 + R_{3,3}p'_3 + R_{4,3}p'_4 = \sum_{i=1}^{4} R_{i,3}p'_j$$

参与者 1 的目标可设为将参与者 2 的最大收益最小化，即

$$\min_{p' \geq 0, 1^T p' = 1} \max_{i=1,2,3,4} \sum_{j=1}^{4} R_{j,i} p'_j$$

此优化问题，可写成线性规划的形式

$$\begin{aligned} \min \quad & \beta \\ \text{s.t.} \quad & \boldsymbol{R}^T \cdot \boldsymbol{p}' \leq \beta \cdot \boldsymbol{1} \\ & \boldsymbol{1}^T \boldsymbol{p}' = 1 \\ & \boldsymbol{p}' \geq \boldsymbol{0} \end{aligned} \tag{1-39}$$

式中，$\boldsymbol{p}' = (p'_1, p'_2, p'_3, p'_4)^T$；针对参与者 1 的任意一个策略，参与者 2 收益的上限设为 β（常数），$\beta \geq \sum_{j=1}^{4} R_{j,i} p_j, \forall i$。

参与者 2 的线性规划问题，式（1-38）有两个变量 α 和 $\boldsymbol{p}$，改写成如下的形式。

$$\begin{aligned} \max \quad & (1 \quad \boldsymbol{0}) \begin{pmatrix} \alpha \\ \boldsymbol{p} \end{pmatrix} \\ \text{s.t.} \quad & (\boldsymbol{1} \quad -\boldsymbol{R}) \begin{pmatrix} \alpha \\ \boldsymbol{p} \end{pmatrix} \leq 0 \\ & (0 \quad \boldsymbol{1}^T) \begin{pmatrix} \alpha \\ \boldsymbol{p} \end{pmatrix} = 1 \\ & \boldsymbol{p} \geq \boldsymbol{0} \end{aligned} \tag{1-40}$$

令式（1-40）的第一个约束条件对应变量 $\boldsymbol{p}'$，第二个约束条件对应变量 β，此线性优化问题的对偶问题为

$$\begin{aligned} \min \quad & (\boldsymbol{0} \quad 1) \begin{pmatrix} \boldsymbol{p}' \\ \beta \end{pmatrix} \\ \text{s.t.} \quad & (\boldsymbol{1}^T \quad 0) \begin{pmatrix} \boldsymbol{p}' \\ \beta \end{pmatrix} = 1 \\ & (-\boldsymbol{R}^T \quad \boldsymbol{1}) \begin{pmatrix} \boldsymbol{p}' \\ \beta \end{pmatrix} \geq 0 \\ & \boldsymbol{p}' \geq \boldsymbol{0} \end{aligned} \tag{1-41}$$

将式（1-41）的向量进行运算后，可得式（1-39）。可知参与者 1 的优化目标和参与者 2 的优化目标是对偶关系。

2. 影子价格

参考 1.1 节中的例子，假设现在需要生产物品 A，B，其单位利润分别为 4，5，生产这些物品需要两种资源 α 和 β，这两种资源的供应量分别为 9 和 8，设 x_1 为 A 的日产量，x_2 为 B 的日产量，建立线性模型为

$$\max \quad 4x_1+5x_2$$
$$\text{s. t.} \quad 3x_1+x_2 \leqslant 9$$
$$x_1+2x_2 \leqslant 8$$
$$x_1, x_2 \geqslant 0$$

式中，第一个约束条件是两种物品受资源 α 的约束，第二个约束条件是受 β 的约束。写出该线性规划的对偶问题为

$$\min \quad 9y_1+8y_2$$
$$\text{s. t.} \quad 3y_1+y_2 \geqslant 4$$
$$y_1+2y_2 \geqslant 5$$
$$y_1, y_2 \geqslant 0$$

因 $Y=\{y_1,y_2\}$ 可理解为资源的价格，Y^* 称为对偶价格，或者更通常称为**影子价格**，它反映了在最优经济结构中，在资源得到最优配置的前提下，资源的边际使用价值。我们先从互补松弛性来理解影子价格，由互补松弛性可得：

1）如 $x_j^* > 0$，则对应的对偶问题中的约束条件 $\sum_{j=1}^{m} a_{ij} y_i^* = c_j$。

2）如对偶问题中的约束条件 $\sum_{i=1}^{m} a_{ij} y_i^* > c_j$，则 $x_j^* = 0$。

上面的性质说明，生产一个单位的物品 j，消耗此物品的资源，其价格（即影子价格）等于此单位物品 j 的利润 $\left(\sum_{j=1}^{m} a_{ij} y_i^* = c_j\right)$，则可以生产物品 $j(x_j^* > 0)$。反之，生产一个单位物品 j 所消耗的资源价格大于物品 j 的利润 $\left(\sum_{i=1}^{n} a_{ij} y_i^* > c_j\right)$，则不可以生产此物品 $(x^* = 0)$。

再分析一下例子，对对偶问题求解，得最优解 $Y^* = (0.6, 2.2)$，也就是两种资源的影子价格分别为 $(0.6, 2.2)$。这意味着，如果增加一个单位的资源 α，也就是将 α 从供应量 9 增加到 10，则生产物品 A 和 B 的总利润将增加 0.6（即 α 的影子价格）。同理，如果增加一个单位的资源 β，也就是将 β 从供应量 8 增加到 9，则生产物品 A 和 B 的总利润将增加 2.2（即 β 的影子价格）。

1.5 整数规划

整数规划和线性规划的模型是相似的，唯一的区别在于，对变量加了必须为整数的约束。

定义 1.5.1 ［整数规划（Integer Programming）问题］ 是指部分或全部决策变量的取值为整数的规划问题，若变量全部取整数，称此为纯整数规划；若其中仅部分变量要求取整数，则称为混合整数规划。

本节主要研究纯整数规划问题。当变量的取值从实数变为整数后，这个问题到底是变难了，还是变容易了？实际上，这个问题变难了，前面已经指出，线性规划问题目前已经可以在多项式时间内求出解，但整数规划问题是很难在多项式时间内求得最优解的（第 3 章会分析这是一个很难问题，NPC 问题）。所以通常会先将整数规划问题转化为对应的线性规划问题，然后求解线性规划问题来试图找到整数规划的解，这个整数规划到线性规划的转化称为松弛，就是将整数约束去掉，具体的松弛问题定义如下：

定义 1.5.2（松弛问题） 对整数规划问题，在不考虑整数约束的条件，由余下的目标函数和约束条件构成的线性规划问题称为此整数规划的松弛问题。

如整数规划

$$\begin{aligned} \max \quad & 5x_1+4x_2 \\ \text{s.t.} \quad & -x_1+x_2 \leq 1 \\ & x_1+2x_2 \leq 7 \\ & 6x_1+4x_2 \leq 24 \\ & x_1,x_2 \geq 0 \text{ 且为整数} \end{aligned} \tag{1-42}$$

的松弛问题（线性规划）为

$$\begin{aligned} \max \quad & 5x_1+4x_2 \\ \text{s.t.} \quad & -x_1+x_2 \leq 1 \\ & x_1+2x_2 \leq 7 \\ & 6x_1+4x_2 \leq 24 \\ & x_1,x_2 \geq 0 \end{aligned} \tag{1-43}$$

和松弛问题解最近的整数解是原整数规划问题的最优解吗？可惜不是（否则整数规划就不会是个很难问题了）。

1.5.1 分支限界

前面提供的线性规划是可以在多项式时间内解决的，但因整数规划是很难的问题，所以不存在多项式时间的算法。但人们提出了一些相对有效的方法，如割平面法和分支限界法[一]。本节将通过分支限界法来学习整数规划的求解过程。

整数规划分支限界法的基本思想为：

1）将整数规划松弛为线性规划问题，并求解线性规划问题，显然，线性规划的解是整数规划的上界（限界，当整数规划的目标函数是最小化时，则是下界）。

2）如果线性规划的解已经是整数解，则问题解决；否则按照得出的解将线性规划的可行域分为两个部分（分支），如线性规划的某个解 $x=3.4$，则将可行域划分为 $x \leq 3$ 和 $x \geq 4$ 两个分支。

3）在两个分支中，重复以上流程，直到找到最优整数解。

通过以上流程容易得出，整数规划分支限界法的树是一棵二叉树，按照分支限界法，当有多个节点且需要选择一个节点进行遍历时，采用的是最大效益优先搜索，也就是先遍历具有最大上限的节点。下面通过分支限界法求解整数规划例子（见式（1-42）），其松弛问题为式（1-43），画出此线性规划的可行域为图 1-1a。

对线性规划问题求解，得最优解为 $x_1=2.5$，$x_2=2.25$，目标函数为 21.5（图 1-1a 的点 A）。两个变量都不是整数，此时，可以对 x_1 进行分支，也可对 x_2 进行分支。对 x_1 进行分支，则分为 $x_1 \leq 2$ 和 $x_1 \geq 3$ 两部分（对于整数规划而言，x_1 介于 2 和 3 之间的为非可行域），如图 1-1b 所示。在二叉树搜索树中（见图 1-2），从节点 1 分出两个分支，开始访问节点 2 和节点 3，这两个节点对应的线性规划问题分别为

㊀ 参考《算法设计与应用》分支限界章节。

$$\begin{array}{ll} \max & 5x_1+4x_2 \\ \text{s.t.} & -x_1+x_2 \leq 1 \\ & x_1+2x_2 \leq 7 \\ & 6x_1+4x_2 \leq 24 \\ & x_1 \leq 2 \\ & x_1,x_2 \geq 0 \end{array} \qquad \begin{array}{ll} \max & 5x_1+4x_2 \\ \text{s.t.} & -x_1+x_2 \leq 1 \\ & x_1+2x_2 \leq 7 \\ & 6x_1+4x_2 \leq 24 \\ & x_1 \geq 3 \\ & x_1,x_2 \geq 0 \end{array}$$

对左边分支（$x_1 \leq 2$）求解得 $x_1=2, x_2=2.5$，目标函数为 20（图 1-1b 的点 B）。对右边分支（$x_1 \geq 3$）求解得 $x_1=3, x_2=1.5$，目标函数为 21（图 1-1b 的点 C）。即得出了二叉搜索树节点 2 和节点 3 的解和上界，按照最大效益优先访问，接着访问节点 3，对 x_2 进行分支，则分为 $x_2 \leq 1$ 和 $x_2 \geq 2$ 两部分，如图 1-1c 所示。在二叉树搜索树中，从节点 3 分出两个分支（节点 4 和节点 5），这两个节点对应的线性规划问题分别为

$$\begin{array}{ll} \max & 5x_1+4x_2 \\ \text{s.t.} & -x_1+x_2 \leq 1 \\ & x_1+2x_2 \leq 7 \\ & 6x_1+4x_2 \leq 24 \\ & x_1 \geq 3 \\ & x_2 \leq 1 \\ & x_1,x_2 \geq 0 \end{array} \qquad \begin{array}{ll} \max & 5x_1+4x_2 \\ \text{s.t.} & -x_1+x_2 \leq 1 \\ & x_1+2x_2 \leq 7 \\ & 6x_1+4x_2 \leq 24 \\ & x_1 \geq 3 \\ & x_2 \geq 2 \\ & x_1,x_2 \geq 0 \end{array}$$

对左边分支（$x_2 \leq 1$）求解得 $x_1=3.3, x_2=1$，目标函数为 20.5（图 1-1c 的点 D）。而右边分支（$x_2 \geq 2$）无可行解。按照最大效益优先访问，接着访问节点 4，对 x_1 进行分支，则分为 $x_1 \leq 3$ 和 $x_1 \geq 4$ 两部分，如图 1-1d 所示。在二叉树搜索树中，从节点 4 分出两个分支（节点 6 和节点 7），这两个节点对应的线性规划问题分别为

$$\begin{array}{ll} \max & 5x_1+4x_2 \\ \text{s.t.} & -x_1+x_2 \leq 1 \\ & x_1+2x_2 \leq 7 \\ & 6x_1+4x_2 \leq 24 \\ & x_1 \geq 3 \\ & x_2 \leq 1 \\ & x_1 \leq 3 \\ & x_1,x_2 \geq 0 \end{array} \qquad \begin{array}{ll} \max & 5x_1+4x_2 \\ \text{s.t.} & -x_1+x_2 \leq 1 \\ & x_1+2x_2 \leq 7 \\ & 6x_1+4x_2 \leq 24 \\ & x_1 \geq 3 \\ & x_2 \leq 1 \\ & x_1 \geq 4 \\ & x_1,x_2 \geq 0 \end{array}$$

对左边分支（$x_1 \leq 3$）求解得 $x_1=3, x_2=1$，目标函数为 19（图 1-1d 的点 E），找到整数解，结束搜索。而右边分支（$x_1 \geq 4$）无可行解。因为节点 2 的上界大于目前找到的最优值 19，需要继续搜索，对 x_2 进行分支，则分为 $x_2 \leq 2$ 和 $x_2 \geq 3$ 两部分，如图 1-1e 所示。在二叉树搜索树中，从节点 2 分出两个分支（节点 8 和节点 9），这两个节点对应的线性规划问题分别为

高级算法

$$\begin{aligned}&\max \quad 5x_1+4x_2\\&\text{s. t.} \quad -x_1+x_2\leqslant 1\\&\quad\quad x_1+2x_2\leqslant 7\\&\quad\quad 6x_1+4x_2\leqslant 24\\&\quad\quad x_1\leqslant 2\\&\quad\quad x_2\leqslant 2\\&\quad\quad x_1,x_2\geqslant 0\end{aligned} \qquad \begin{aligned}&\max \quad 5x_1+4x_2\\&\text{s. t.} \quad -x_1+x_2\leqslant 1\\&\quad\quad x_1+2x_2\leqslant 7\\&\quad\quad 6x_1+4x_2\leqslant 24\\&\quad\quad x_1\leqslant 2\\&\quad\quad x_2\geqslant 3\\&\quad\quad x_1,x_2\geqslant 0\end{aligned}$$

对左边分支（$x_2\leqslant 2$）求解得 $x_1=2, x_2=2$，目标函数为 18（图 1-1e 的点 F），找到整数解，但此整数解不是最优解，舍弃并结束搜索。而右边分支（$x_2\geqslant 3$）无可行解，二叉树搜索完毕，最终的最优解为 $x_1=3, x_2=1$，最优值为 19。上述流程对树节点的访问如图 1-2 所示。

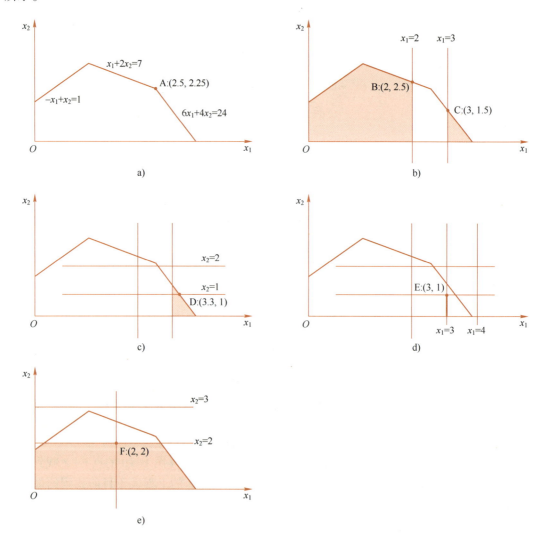

图 1-1 整数规划例子

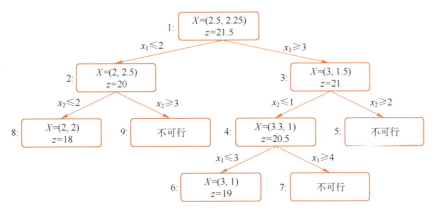

图 1-2 整数规划分支限界树

1.5.2 0-1 整数规划

整数规划的一个特例是 0-1 整数规划,也就是参数的取值只能是 0 或 1。很多算法问题都可以建模成 0-1 整数规划问题,如 0-1 背包问题、任务分配、集合覆盖等问题。在 0-1 背包问题中,设背包的承重为 C,共 n 个物品,每个物品的重量和价值分别为 w_i 和 v_i,则问题建模为

$$\max \quad \sum_{i=1}^{n} v_i x_i$$

$$\text{s.t.} \quad \sum_{i=1}^{n} w_i x_i \leq C$$

$$x_i \in \{0, 1\}, i = 1, 2, \cdots, n$$

对于 0-1 整数规划问题,具体的问题可以采用具体的算法,如 0-1 背包问题可用动态规划、任务分配可用匈牙利法等,但 0-1 整数规划存在一些通用的算法,如隐枚举法。

顾名思义,隐枚举法就是基于枚举所有解,从而得出最优解,枚举的方法对规模较小的 0-1 整数规划问题可行,一旦规模变大时,时间复杂度会成指数增长,特别是对一些复杂的 0-1 整数规划问题通常具有大量的约束条件,从而造成高时间复杂度。为了降低时间复杂度,隐枚举法增加了一个过滤条件,即保留一个当前最优解,若枚举的解得出的目标函数不如最优解的目标函数,则不再对枚举的解进行约束条件的计算。

隐枚举法(假设目标函数为 max)的流程如下:
- 用试探法,求出一个可行解,以它的目标值作为当前最优值 z^*。
- 将 x_i 按照其系数从小到大排序(如果目标函数是 min,则从大到小排序)。
- 按照从 $(0,0,\cdots,0)$ 到 $(1,1,\cdots,1)$ 依次增加的方式遍历解 $\{x_1, x_2, \cdots, x_n\}$(已经排序好)。
- 如解 $\{x_1, x_2, \cdots, x_n\}$ 对应的目标函数大于 z^*,则继续探索 $\{x_1, x_2, \cdots, x_n\}$ 是否是一个可行解,即计算约束函数。如果满足所有的约束函数,则更新最优解和最优值;否则,直接丢弃该解,避免约束条件的验证,以降低复杂度。

其中用试探法求出一个可行解时，如果0-1整数规划没有具体的应用背景，通常只能通过观测求一个解，但如果0-1整数规划有具体应用时，如0-1背包问题，此时就可以通过贪心算法得出一个较好的可行解，从而最大可能地降低算法复杂度。

例 用隐枚举法，求下列0-1整数规划问题。

$$\max \quad 4x_1 - 3x_2 + 5x_3$$
$$\text{s. t.} \quad x_1 + 2x_2 - x_3 \leq 2$$
$$x_1 + 4x_2 + x_3 \leq 5$$
$$x_1 + x_2 \leq 4$$
$$-4x_2 + 4x_3 \leq 3$$
$$x_1, x_2, x_3 \in \{0, 1\}$$

解：

1）观测$(x_1, x_2, x_3) = (1, 1, 0)$为规划问题的一个解，此解对应的目标函数为1，令当前最优解$z^* = 1$。

2）将(x_1, x_2, x_3)依照系数从小到大排序(x_2, x_1, x_3)。

3）按照表1-7枚举解。最后得出最优解为$(1, 0, 0)$，最优值为4。

表1-7 0-1整数规划例子

(x_2, x_1, x_3)	目标函数值	和当前最优值比较	是否满足约束条件	z^*
(0, 0, 0)	0	<	无须判断	1
(0, 0, 1)	5	>	不满足约束条件4	1
(0, 1, 0)	-3	<	无须判断	1
(0, 1, 1)	2	>	满足所有的约束条件	2
(1, 0, 0)	4	>	满足所有的约束条件	4
(1, 0, 1)	9	>	不满足约束条件4	4
(1, 1, 0)	1	<	无须判断	4
(1, 1, 1)	6	>	不满足约束条件4	4

1.6 原始-对偶算法（Primal-Dual Algorithm）

前面，我们讨论了任意一个线性规划问题都有其对偶问题，如果已知对偶问题的解，利用互补松弛性（基于强对偶性），可以得出原问题的解。但对于整数规划问题，是很难通过互补松弛性来求得最优解的，但我们依然可以通过原问题（Primal）和对偶问题（Dual）的弱对偶性来求得一个近似解。这种通过对偶问题来求解原问题的最优解或者近似解，统称为**原始-对偶算法**。原始-对偶算法在近似算法（第4章）中有着重要的作用，为了得到近似解，需要将互补松弛性的条件进行放宽。因本节讲解的算法将用于4.5节的集合覆盖问题的求解，而集合覆盖问题是最小化问题，所以这里的原问题设置为最小化问题，而对偶问题为最大化问题。

$$\min \sum_{i=1}^n c_i x_i \qquad\qquad \max \sum_{j=1}^m b_j y_j$$

$$\text{s. t.} \sum_{i=1}^n a_{ij} x_i \geq b_j \quad\xRightarrow{\text{对偶}}\quad \text{s. t.} \sum_{j=1}^m a_{ij} y_j \leq c_i$$

$$x_i \geq 0 \qquad\qquad y_j \geq 0$$

定义 ［放宽的互补松弛性（Relaxed Complementary Slackness）］

原互补松弛性：设 $\alpha \geq 1$，则

$$x_i > 0 \Rightarrow \frac{c_i}{\alpha} \leq \sum_{j=1}^m a_{ij} y_j \leq c_i \tag{1-44}$$

对偶互补松弛性：设 $\beta \geq 1$，则

$$y_j > 0 \Rightarrow b_j \leq \sum_{i=1}^n a_{ij} x_i \leq \beta b_j \tag{1-45}$$

以上对互补松弛性的条件进行了放宽，当 $x_i>0$（或者 $y_j>0$）时，不要求其对应的约束条件等式成立，而只需要约束条件满足一定的范围即可，即 $\frac{c_i}{\alpha} \leq \sum_{j=1}^m a_{ij} y_j \leq c_i$。显然，当 $\alpha=1$ 或者 $\beta=1$ 时，得到了非放宽的互补松弛性条件，即推理 1.4.3。

定理 如果 (x,y) 满足 α 和 β 的互补松弛性条件，则 x 对应的目标函数的值不超过最优值的 $\alpha\beta$ 倍，同理，y 对应的目标函数的值不小于最优值的 $1/\alpha\beta$ 倍。

证明：由放宽的互补松弛性的定义可知

$$\sum_{i=1}^n c_i x_i \leq \sum_{i=1}^n \left(\alpha \sum_{j=1}^m a_{ij} y_j\right) x_i = \alpha \sum_{i=1}^n \sum_{j=1}^m (a_{ij} y_j) x_i \tag{1-46}$$

$$\sum_{j=1}^m b_j y_j \geq \sum_{j=1}^m \left(\frac{1}{\beta} \sum_{i=1}^n a_{ij} x_i\right) y_j = \frac{1}{\beta} \sum_{j=1}^m \sum_{i=1}^n (a_{ij} x_i) y_j \tag{1-47}$$

由式（1-46）和式（1-47）可得

$$\frac{\sum_{i=1}^n c_i x_i}{\sum_{j=1}^m b_j y_j} \leq \alpha\beta$$

所以，

$$\sum_{i=1}^n c_i x_i \leq \alpha\beta \sum_{j=1}^m b_j y_j \leq \alpha\beta \sum_{j=1}^m b_j y_j^* = \alpha\beta \sum_{i=1}^n c_i x_i^*$$

最后一步等式成立是根据强对偶性。由以上可得，x 对应的目标函数值不大于最优值的 $\alpha\beta$ 倍。同理，

$$\sum_{j=1}^m b_j y_j \geq \frac{1}{\alpha\beta} \sum_{i=1}^n c_i x_i \geq \frac{1}{\alpha\beta} \sum_{i=1}^n c_i x_i^* = \frac{1}{\alpha\beta} \sum_{j=1}^m b_j y_j^*$$

也就是，y 对应的目标函数的值不小于最优值的 $1/\alpha\beta$ 倍。

此定理告诉我们，只要得出的解满足 $\alpha\beta$ 放宽的互补松弛性，就可以得到最优解的一个 $\alpha\beta$ 倍近似解。

1.7 原始-对偶算法的应用：顶点覆盖

顶点覆盖问题是指从图中选取最少的顶点，这些顶点能够覆盖图中所有的边（一个顶点覆盖一条边，指这个顶点和这条边相连），这是一个很难问题（会在 3.5 节分析这个问题），我们希望能够求得这个问题的一个近似解，为此，建立此问题的数学模型。设 $G=(V,E)$，节点个数为 n，边的条数为 m，令 x_v 为 0-1 变量，0 代表不选取顶点 v，1 代表选取顶点 v，则顶点覆盖的 0-1 整数规划模型为

$$\begin{aligned} \min \quad & \sum_{v \in V} x_v \\ \text{s.t.} \quad & x_u + x_v \geq 1, \forall e_{u,v} \in E \\ & x_v \in \{0,1\}, \forall v \in V \end{aligned} \quad (1\text{-}48)$$

因对偶问题的变量对应原问题的约束条件，而原问题的每个约束条件对应一条边，设置变量 y_e 代表边 e 的取值，$y_e=1$ 表示选取边 e，否则不选取此边；对偶问题的约束条件对应原问题的变量，因原问题的一个变量对应一个顶点，所以对偶问题的一个约束条件对应一个顶点。对偶问题的第 i 个约束条件由原问题中第 i 个变量 x_i 所在约束条件决定。例如，在原问题中，变量 x_1 出现在第 1，3，5 个约束条件中，则对偶问题的第一个约束条件为：$y_1+y_3+y_5 \leq 1$。我们再分析一下，y_1,y_3,y_5 这些变量代表什么？代表和顶点 v_1 相连的边。按照以上分析，对偶模型为

$$\begin{aligned} \max \quad & \sum_{e \in E} y_e \\ \text{s.t.} \quad & \sum_{e: v \in V(e)} y_e \leq 1, \quad \forall v \in V \\ & y_e \in \{0,1\}, \forall e \in E \end{aligned} \quad (1\text{-}49)$$

式中，$V(e)$ 代表边 e 的两个顶点。这个模型实际上是图的最大匹配问题，因为一条边代表一个匹配，最大匹配问题也就是在图中寻找到最多独立的边（无共同节点）[⊖]。因此，顶点覆盖的对偶问题是图的最大匹配问题。我们将顶点覆盖问题扩展一下，给每个顶点都赋予一个权重 w_v（$w_v>0$），顶点覆盖问题转化为求顶点集合，使其能够覆盖所有的边且顶点集的总权重最小，其松弛后的线性模型和对偶模型为

$$\begin{array}{ll} \min \sum_{v \in V} w_v x_v & \max \sum_{e \in E} y_e \\ \text{s.t.} \quad x_u + x_v \geq 1, \forall e_{u,v} \in E & \xrightarrow{\text{对偶}} \quad \text{s.t.} \quad \sum_{e: v \in V(e)} y_e \leq w_v, \forall v \in V \\ \quad x_v \geq 0, \forall v \in V & \quad y_e \geq 0, \forall e \in E \end{array} \quad (1\text{-}50)$$

对偶问题表述为：给图中的所有边赋值，在满足任一顶点所连边的赋值之和不超过顶点权重的条件下，使边所代表的匹配最大化。我们通过原始-对偶算法来求解带权重顶点覆盖问题的近似最优解。

思路 1.7.1 我们知道对偶问题（最大化）是原问题（最小化）的下界，所以如果能够使对偶问题尽量大，那么对应的原问题就会越靠近最优解。基于此思路，原始-对偶算法

⊖ 具体可参考 6.3.2 节。

的通常做法是初始化 X 和 Y 的解，之后通过改变 Y，使得对偶问题的目标函数变大，同时使得原问题逐渐成为一个可行解（原问题通常初始化为不可行解）。

怎么初始化 X 和 Y？通常初始化为零解，此时，$X=(0,0,\cdots,0)$ 表示所有的顶点都没有被选入顶点覆盖集，对原问题而言，这是不可行解；$Y=(0,0,\cdots,0)$ 表示所有的边赋值为 0，也就是没有任何匹配，显然，对对偶问题而言，此解不是最优解，但它是一个可行解。之后，Y 需要向最优解靠近，而 X 需要向可行解靠近，怎么做？

思路 1.7.2 因为并不存在一个类似于贪心选择的方法来选择边（所有的边都是一样的，需要算法给边赋 y 值），所以我们只好随机地选择边，但选取的边需要赋予最大的 y 值，如何赋予？增大此边的 y 值，直到某个约束条件的等号成立（不能再增加 y 了）。可以认为，此时，这个边所对应的匹配被加入了最大匹配，其值为 y。同时，因某个约束条件的等号成立，根据互补松弛性，此约束条件所对应的 $x_v>0$，因为 x 的取值只能是 0 或者 1，所以 $x_v=1$，也就是 v 这个节点被选入了顶点覆盖集。

依照此思路，算法会逐步增大对偶问题的目标函数，同时会获得原问题的一个可行解。设计基于原始-对偶算法的顶点覆盖算法如下：

1) 初始化：$X=(0,0,\cdots,0)$，$Y=(0,0,\cdots,0)$，$E_y=E$ 表示所有的边可选。

2) 在 E_y 中随机选择一条边，设为 e，增加此边的 y 值直到对偶问题的某个约束条件的等号成立，设此约束条件对应顶点 v。

3) $x_v=1$，也就是选择顶点 v 加入顶点覆盖集，此时，在对偶问题中，顶点 v 的其他边不能被选取，这是因为如果再选取这些边的话，则约束条件（v 的约束条件）将不能被满足（目前已经等号成立）。令 $E_y=E_y-E(v)$。

4) 重复步骤 2) 直到 E_y 为空集。

算法得出的 X 即为顶点覆盖集。

引理 1.7.1 算法得出的 X 是一个可行解。

证明（反证法）：假设某条边 e 还没有被 X 覆盖，也就是 e 的两个顶点都没有被包括在 X 中。因为算法在 E_y 中剔除边时，只剔除和 X 中顶点相连的边［步骤 3)］，则 e 必然没有被剔除，也就是 e 还在 E_y 中，这和算法结束时 $E_y=\varnothing$ 矛盾。

引理 1.7.2 算法得出的 Y 是一个可行解。

证明：算法对所有边的赋值都没有破坏对偶问题的约束条件，显然 Y 是一个可行解。

定理 算法得出的顶点覆盖是 2 倍的近似解。

证明：算法得出的 x_v 取值是 0 或者 1。当 $x_v=1$ 时（也就是 v 在 X 中），按照算法，在对偶问题中，此顶点对应的约束条件等号成立，所以原互补松弛性中，$\alpha=1$。当 $y_e>0$ 时，即边 e 被选中，此边对应原问题中的约束条件成立（因 X 是可行解，约束条件总是成立），即 $x_u+x_v\geq 1$。同时，因为 x 的取值最多为 1，$x_u+x_v\leq 2$，所以对偶互补松弛性中，$\beta=2$。由 1.6 节中的定理可知，算法是 $\alpha\beta=2$ 倍近似解。

1.8 本章小结

线性规划是一个非常重要的模型，这是因为：一、很多算法问题都可以建模成线性规划问题，比如本章讨论的顶点覆盖问题，以及其他一些经典的算法问题，如旅行商问题、0-1 背包问题、集合覆盖等；二、线性规划经过多年的研究，具备较成熟的理论体系，一旦问题建模成线性规划模型，就可以采用线性规划的求解方法对问题进行求解。目前，对于纯线性规划问题，人们已经找到了多项式时间内的求解方法，但对于整数线性规划（或者混合线性规划），因为这是非常难的问题，目前还没有多项式时间内的求解方法，本章介绍了分支限界来求解整数规划，这种方法虽然可以求得一个精确的最优解，但在问题规模变大后，计算量会急剧上升，分支限界将不再适合，此时不得不采用求近似解的方法。我们会在近似算法章节详细分析近似算法，本章讨论的原始-对偶算法是求近似解的一个重要方法，而要掌握此方法，就要先掌握对偶的概念。在线性规划中，当我们对原问题难以着手处理时，可通过对偶问题对原问题进行求解，但这种方法也是本章的一个难点，一方面，建立对偶模型并不像看上去那么简单，实际上需要通过大量的实践，才能对一些复杂的线性规划问题建立起对偶模型；另一方面，还需要了解建立的对偶模型的意义，才能帮助我们求解原问题。如顶点覆盖的对偶问题实际上是图的最大匹配问题，而我们正是通过求图的最大匹配实现对顶点覆盖问题的求解。本章只是对线性规划进行了初步入门，有兴趣的读者可以进一步阅读相关书籍。

第 2 章
高级图算法

我们学过图的一些基础算法，如图搜索、最短路径等算法。目前，图模型已经应用到多个领域，如通信网络、社交网络、生物网络等，特别是随着人工智能的发展，图神经网络正吸引着越来越多人的兴趣。本章首先会讨论图算法中的一个经典问题：最大流问题。最大流问题求解图中从源节点到目的节点的最大流量，最大流在实际中的应用非常广泛，如可用于分布式计算、物流运输等问题。同时，我们也会讨论最大流的对偶问题，即最小割问题。之后，本章讨论图的中心性算法，图的中心性算法是描述一个节点在整个图中的地位和作用，其对提取图的特征极其重要，而图特征提取是关乎图神经网络性能的重要因素。图的特征提取和图嵌入是相近的概念，所以建议读者结合随机算法中提到的图嵌入问题一起学习。接着，讨论社群发现算法，这也是人工智能的一个重要部分。本书将社群发现归类为 3 种不同的方法，即基于模块度、基于标签传播和基于团的算法。最后，通过在物流仓储中的应用，来讨论社群发现在实际中的价值。

2.1 最大流问题

定义 2.1.1 [流网络（Flow Network）] 有向图 $G=(V,E,c)$，其中 V 是节点的集合，E 是边的集合，c 是边的容量，存在一个源节点 s（对于有多个源节点的情形，可转换为一个源节点）和一个汇集节点 t（多个汇集节点可以转换为一个汇集节点），源节点是流量的起始节点，而汇集节点是流量的终止节点。图中的每条有向边上关联两个量：容量和流量。从节点 v_i 到节点 v_j 的容量用 $c(e_{i \to j})$ 表示，其上通过的流量用 $f(e_{i \to j})$ 表示。

我们希望在流网络中，找到一个从 s 出发到 t 的流量最大的流，这就是**最大流问题**。最大流的一个著名算法是福特-富尔克森（Ford-Fulkerson）算法，在具体分析此算法前，先给出网络的流需要满足的两个条件。

- 容量限制：流经某条边的流量不能超过此边的容量。
- 流量守恒：节点流入的流等于流出的流。

2.1.1 Ford-Fulkerson 算法

在图 2-1a 中，图中每条边上的数字表示此边的容量，那么如何在这个图中找到从 s 到 t 的最大流呢？一个非常简单的思路如下：

思路 2.1.1 从流量为 0 开始，逐步增加流量，直到达到最大流量为止。

图 2-1b 中每条边有两个数字，上面的数字表示流经此边的流量，下面的数字表示此边的容量，开始时，所有边的流量设置为 0。之后，我们从 s 出发，找到一条到 t 的可行路径，

并将流增加到这个路径能够支持的最大流量（所以此方法属于贪心算法），显然，路径的最大流量为此路径上边的最小容量。假设找到的路径为 $v_s \to v_3 \to v_5 \to v_t$，则此路径所有边的最小容量是

$$\min\{c(e_{s\to 3}), c(e_{3\to 5}), c(e_{5\to t})\} = \min\{10, 13, 10\} = 10$$

所以，我们将从 s 到 t 的流增加到 10，其通过路径 $v_s \to v_3 \to v_5 \to v_t$，如图 2-1c 所示。接着，我们需要重新寻找从 s 到 t 的可行路径，显然，那些容量已经完全被占用的边不能作为新路径的边（如边 $e_{s\to 3}$ 和边 $e_{5\to t}$），但那些还有剩余容量的边可以作为新路径上的边。为了便于新路径的寻找，我们将那些还没有被使用的边，以及具有剩余容量的边形成一个称为**残存网络**的图，图 2-1c 的初步残存网络如图 2-1d 所示。但我们发现，在这个初步残存网络中，已经找不出一条从 s 到 t 的路径了，是不是前面找到的流已经是最大流了？

通过观察图 2-1c 可知，如果将边 $e_{3\to 5}$ 的流量减少 3（此部分的流量可由路径 $v_3 \to v_4 \to v_t$ 承担），可以将边 $e_{s\to 2}$ 的流量增加 3（流经路径为 $v_s \to v_2 \to v_5 \to v_t$），因总流量等于 s 流出的流量，所以总流量可以再增加。这要求能够在残存网络中实现流量的减少，怎么做？

思路 2.1.2 我们用一条和原来流相反方向的路径来表示流，设某个流在边 $e_{a\to b}$ 上的流量为 α，则在残存网络上增加边 $e_{b\to a}$，容量为 α。之后，如在此残存网络上找到一条从 s 到 t 的路径，其经过边 $e_{b\to a}$ 且路径的流量为 β，则当将这个新的流整合到流网络后，边 $e_{a\to b}$ 的流量减少 β，即 $\alpha - \beta$。

依据以上思路，给出残存网络的正式定义。

定义 2.1.2（残存网络） 设 f 为流网络 $G=(V,E,c)$ 的流，则其残存网络 $G_f=(V,E',c')$，其中 E' 和 c' 由以下两个条件形成：

1) G 网络中还有剩余容量的边，即 $E_1 = \{e_{i\to j} : e_{i\to j} \in E \text{ 且 } c(e_{i\to j}) > f(e_{i\to j})\}$，这些边的容量为 $c'(e_{i\to j}) = c(e_{i\to j}) - f(e_{i\to j})$。

2) G 网络中流 f 形成的边（和流的方向相反），即 $E_2 = \{e_{i\to j} : f(e_{j\to i}) > 0\}$，这些边的容量为 $c'(e_{i\to j}) = f(e_{j\to i})$。

其中，$E' = E_1 \cup E_2$。

所以，最终的残存网络需要在图 2-1d 初步残存网络的基础上，增加边 $e_{t\to 5}$，$e_{5\to 3}$，$e_{3\to s}$，每条边的容量为 10，如图 2-1e 所示。在此网络中，我们可以找到一条新的路径 $v_s \to v_2 \to v_5 \to v_3 \to v_4 \to v_t$，此路径也称为**增广路径**，按照贪心算法，赋予此路径的流量为 3，并将此流和原来已经得到的流进行叠加（用"+"表示），得到了从 s 到 t 新的流，如图 2-1f 所示，其总流量为 13。接着，继续得出此流网络的残存网络如图 2-1g 所示，显然，此时已无法在此残存网络中再找到一条从 s 到 t 的增广路径，所以图 2-1f 已经是最大流。

以上算法称为 Ford-Fulkerson 算法，如算法 1 所示。此算法的复杂度取决于 while 循环的次数和循环体内的复杂度，循环体内的复杂度比较容易得出，其由计算残存网络的复杂度决定，通过上面对残存网络形成的分析可知，生成残存网络的复杂度为 $O(m)$。但 while 循环的执行次数比较难确定，不同的路径寻找方法会造成循环次数的不同（下一小节会具体分析），假设其复杂度为 $g(n)$，则 Ford-Fulkerson 算法的总复杂度为 $O(m \cdot g(n))$。

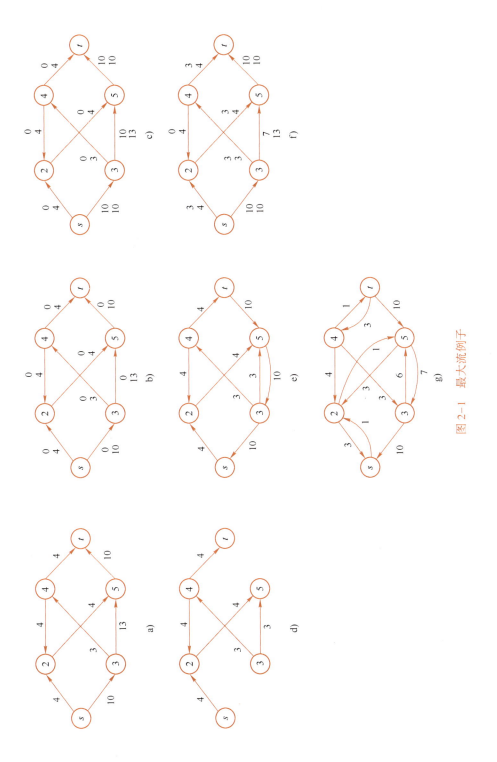

图 2-1 最大流例子

算法 1 Ford-Fulkerson 算法

1: **Input**：有向连通图 $G = (V, E, c)$
2: **Output**：从 s 到 t 的最大流 f
3: 初始化 s 到 t 的流 $f = 0$；
4: 得到此流的残存网络 G_f；
5: **while** 在残存网络 G_f 找到一条路径 **do**；
6:   f' 为此路径上的最大流；
7:   $f \leftarrow f' + f$；
8:   $G_f \leftarrow$ 计算 f 的残存网络；
9: **end while**

对 Ford-Fulkerson 算法，通常会提出以下两个问题：

1）当在残存网络中无法再找出一条从 s 到 t 的增广路径时，那么得到的流一定是最大流吗？

2）如何在残存网络中找到一条从 s 到 t 的增广路径（寻找路径的方法决定了算法的复杂度）？

第一个问题的答案是肯定的，可惜很难直接证明此问题，而需要引入新的概念"最小割"，以及"最大流最小割定理"。

2.1.2 最大流最小割定理

扫码看视频

定义 2.1.3（割） 图 $G=(V,E,c)$ 为多重有向图，集合 $S \subset V$，集合 S 的"割"（也称为"切"）由所有起点在 S 且终点在 $V-S$ 的边组成，即 $\forall e_{i \to j} \in E, v_i \in S, v_j \in V-S$，用 $C(S)$ 表示 S 的"割"。

在图 2-2 所示的有向图中，集合 $\{s\}$ 的割为 $C(\{s\}) = \{e_{s \to 2}, e_{s \to 3}\}$，集合 $\{s,2,3\}$ 的割为 $C(\{s,2,3\}) = \{e_{2 \to 5}, e_{3 \to 4}, e_{3 \to 5}\}$，集合 $\{4,5\}$ 的割为 $C(\{4,5\}) = \{e_{4 \to 2}, e_{4 \to t}, e_{5 \to t}\}$。

定义 2.1.4（最小割） 图 $G=(V,E,c)$ 为带权重（这里的 c 表示权重，也是容量）的多重有向图，有向图的最小割为：找到一个集合 $S \subset V$，其所对应的割最小。

$$\min \sum_{e_{i \to j} \in E, i \in S, j \in V-S} c(e_{i \to j}), \quad \forall S \subset V$$

上面定义的是通常意义上的最小割，为了证明最大流最小割定理，还需要定义 s-t 最小割。

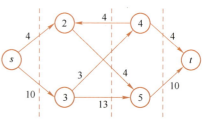

图 2-2 有向图最小割

定义 2.1.5（s-t 最小割） 图 $G=(V,E,c)$ 为带权重的多重有向图，设 s 为源节点，t 为汇聚节点，而集合 S 和 T 分别包含 s 和 t，$s \in S$，$t \in T$ 且 S 和 T 将 V 分成两部分，即 $S \cap T = \varnothing$，$S \cup T = V$，那么 S 和 T 的割称为 s-t 割，用 $C(S,T)$ 表示，s-t 最小割定义为

$$\min_{\forall S, T} C(S, T)$$

对于图 2-2，下面列出部分的 s-t 割：

$$C(\{s\},\{2,3,4,5,t\}) = c(e_{s\to 2})+c(e_{s\to 3}) = 14$$
$$C(\{s,2\},\{3,4,5,t\}) = c(e_{2\to 5})+c(e_{s\to 3}) = 14$$
$$C(\{s,4\},\{2,3,5,t\}) = c(e_{s\to 2})+c(e_{4\to 2})+c(e_{s\to 3})+c(e_{4\to t}) = 22$$
$$C(\{s,2,3\},\{4,5,t\}) = c(e_{2\to 5})+c(e_{3\to 4})+c(e_{3\to 5}) = 20$$
$$C(\{s,2,3,4\},\{5,t\}) = c(e_{2\to 5})+c(e_{3\to 5})+c(e_{4\to t}) = 21$$
$$C(\{s,2,3,5\},\{4,t\}) = c(e_{3\to 4})+c(e_{5\to t}) = 13$$

如果把所有的 s-t 割列出来，s-t 最小割为 $C(\{s,2,3,5\},\{4,t\}) = 13$，刚好等于按照 Ford-Fulkerson 算法得出的最大流。**s-t 最小割和最大流是相等的**，这是一个普遍适用的定理吗？答案是肯定的。

定理 2.1.1（最大流最小割定理） 图 $G=(V,E,c)$ 是一个流网络，f 是以 s 为起点，t 为终点的流，则下面的陈述是等价的。

陈述 1：f 是 G 的最大流。

陈述 2：残存网络 G_f 找不到任何从 s 到 t 的新的增广路径。

陈述 3：设 $C(S,T)$ 是网络 G 的 s-t 最小割，则 $f=C(S,T)$。

证明：

1）陈述 1→陈述 2：反证法。

设 f 是最大流，其所对应的残存网络 G_f 还存在一条从 s 到 t 的路径 p，则在残存网络 G_f 上可以找到一个流 f'，因为残存网络的任意一条边的容量大于 0，而 f' 是所通过路径上的边的最小容量（依据贪心算法），所以 $f'>0$，则可以得到新的流 $f''=f+f'>f$，和假设矛盾。

2）陈述 2→陈述 3。

设 S 为在残存网络 G_f 中起始节点 s 可达节点的集合，即 $S=\{v\in V:$ 在 G_f 存在一条从 s 到 v 的路径$\}$，令 $T=V-S$，有以下结论：

- $t\in T$。

  因在 G_f 中，s 到 t 不存在增广路径，所以 $t\notin S$，则 $t\in T$。此结论说明 $C(S,T)$ 是网络 G 的一个 s-t 割。

- 在图 G 中，所有从集合 S 到集合 T 的边上的流量都等于边的容量，即 $f(e_{i\to j}) = c(e_{i\to j})$，$\forall e_{i\to j}\in E, v_i\in S, v_j\in T$。

  证明：假设对于某条边 $e_{i\to j}\in E, v_i\in S, v_j\in T$，其上的流量小于边的容量，即 $f(e_{i\to j})<c(e_{i\to j})$，则在图 G_f 中，必然存在边 $e_{i\to j}$［残存网络形成条件 1)］。所以 v_s 到 v_j 存在一条路径（因 v_s 到 v_i 存在一条增广路径，而 v_i 到 v_j 又有边），这与集合 S、T 的假设相矛盾。

- 在图 G 中，所有从集合 T 到集合 S 的边上的流量都等于 0，即 $f(e_{j\to i})=0$，$\forall e_{j\to i}\in E$，$v_i\in S, v_j\in T$。

  证明：假设对于某条边 $e_{j\to i}\in E, v_i\in S, v_j\in T$，其上的流量大于 0，即 $f(e_{j\to i})>0$，则在图 G_f 中，必然存在边 $e_{i\to j}$［残存网络形成条件 2)］。所以 v_s 到 v_j 存在一条增广路径（因 v_s 到 v_i 存在一条路径，而 v_i 到 v_j 又有边），这与集合 S、T 的假设相矛盾。

根据以上结论可得从集合 S 到集合 T 的流量 $f(S,T)$ 为

$$f(S,T) = \text{集合 } S \text{ 到集合 } T \text{ 的流量} - \text{集合 } T \text{ 到集合 } S \text{ 的流量}$$
$$= \sum_{e_{i,j},\ \forall v_i\in S, v_j\in T} f(e_{i,j}) - \sum_{e_{j,i},\ \forall v_i\in S, v_j\in T} f(e_{j,i})$$

$$= \sum_{e_{i,j}, \forall v_i \in S, v_j \in T} c(e_{i,j})$$
$$= C(S,T) \tag{2-1}$$

这是得出的结论一，也就是由最大流最小割定理陈述2）得出的(S,T)割上，(S,T)的流量（从S到T的流量）等于(S,T)的容量。此外，我们还需要再得出两个结论。结论二是s-t流f等于任意(S',T')割（注意，(S',T')是任意s-t割，而(S,T)是在残存网络上，根据最大流最小割定理陈述2得出的割）的流量。

$$f = f(S',T'), \quad \forall S',T' \tag{2-2}$$

证明：这里不做严格的证明，只做如下说明：对于集合S'中所有和T'相连的节点，即$\{v_i : \exists e_{i \to j} \in E, v_i \in S', v_j \in T'\}$，这些节点的净流出为$f(S',T')$（从$S'$流向$T'$），净流入为$f$（从$s$流向这些节点$\{v_i\}$），根据流量守恒，$f = f(S',T')$。

结论三是f小于等于任意(S',T')割的容量，或者任意割(S',T')的流量小于等于其容量。

$$f \leq C(S',T'), \quad \forall S',T' \tag{2-3}$$

证明：
$$f = f(S',T') = \sum_{v_i \in S', v_j \in T'} f(e_{i \to j}) - \sum_{v_i \in S', v_j \in T'} f(e_{j \to i})$$
$$\leq \sum_{v_i \in S', v_j \in T'} f(e_{i \to j})$$
$$\leq \sum_{v_i \in S', v_j \in T'} c(e_{i \to j}) \quad \text{容量限制}$$
$$= C(S',T')$$

由结论一和结论二，可知s-t**流f等于(S,T)割的容量**，即$f = C(S,T)$。再结合结论三，可知(S,T)割的容量小于等于任意割，即$C(S,T) \leq C(S',T')$，也就是(S,T)**割是最小割**，所以f等于最小割的容量，也就证明了陈述2→陈述3。

3) 陈述3→陈述1。

刚刚证明了对于所有的s-t割有$f \leq C(S,T)$，若$f = C(S,T)$，则f必然是最大流。

2.1.3 Edmonds-Karp算法

最大流最小割定理回答了Ford-Fulkerson算法的第一个问题，对于第二个问题：在残存网络中如何找到一条从s到t的增广路径？一个简单的方法是通过图的深度优先遍历方法，但此方法在某些边的容量很大的时候（这里假设边的容量都为整数）效率会比较低下。在图2-3a所示的有向图中，如第一次在残存网络中选择路径为$v_s \to v_2 \to v_3 \to v_t$，则得到如图2-3b所示的流，第二次在残存网络中选择路径为$v_s \to v_3 \to v_2 \to v_t$，则得到如图2-3c所示的流，以此类推，最终经过200次路径选择得到图2-3d所示的最大流。所以通过深度优先遍历的方法进行路径选择的复杂度为$O(mC)$，其中m为边的条数，C为边的最大容量。那么有没有更好的路径选择方法呢？

思路2.1.3 在上面的例子中，之所以会出现如此多的迭代，是因为每次在残存网络中选择路径时，总是选择了容量最小的路径，那么如何避免总是选择这条路径呢？直观上，我们可以有两种方法，一是选择s到t的最短路径；二是选择容量最大的路径。

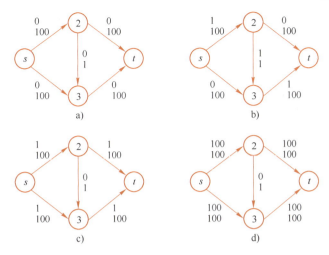

图 2-3 路径选择

这两种思想也是埃德蒙兹（Edmonds-Karp）算法的基础。

1. 基于最短路径的 Edmonds-Karp 算法

在残存网络中寻找最短路径，可以采用 Dijkstra 算法（复杂度为 $O(m\log n)$），但在本问题中，不需要考虑边的权重，即最短路径为边数最少的路径，所以可以采用广度优先搜索，从而使寻找最短路径的复杂度降到 $O(m)$。在图 2-3 所示的例子中，最短路径为 $v_s \to v_2 \to v_t$ 或者 $v_s \to v_3 \to v_t$，所以通过两次增广路径即可找到网络的最大流。为了计算基于最短路径的最大流 Edmonds-Karp 算法的复杂度，定义以下两个引理。

引理 2.1.1 通过 Edmonds-Karp 算法计算最大流时，在残存网络中，从源节点 s 到其他节点的距离不会变短，也就是说随着流的增加，距离不变或者增加。

证明：设图 2-4a 为流 f 的残存图 G_f（因为这里我们只关心路径的长度，所以省略了边的容量），源节点 s 的层级设为 0，其他节点的层级依据到源节点的距离（跳数）得出，如图 2-4a 节点的标注所示。在残存图中的最短路径只和那些从层级 i 节点连向层级 $i+1$ 节点的边（指向下一层级的边）相关，而和那些连接同级节点的边以及从层级 i 连向层级 $i-1$ 的边（指向上一层级的边）无关，所以把从层级 i 节点连向层级 $i+1$ 节点的边形成的图称为层级图，其是残存图的子图，用 L_f 表示。图 2-4b 为图 2-4a 的层级图。残存图中的最短路径一定是所对应层级图中的一条路径。

在图 L_f 中，设找到一条增广路径 $v_s \to v_3 \to v_5 \to v_t$，并假设此增广路径中边 $e_{s\to 3}$ 为关键边（路径上容量最小的边，路径的流量由关键边的容量决定），容量为 p，则新的最大流为 $f' = f+p$，流 f' 对应的残存图 $G_{f'}$ 如图 2-4c 所示。观察可知，相对于图 G_f（图 2-4a），图 $G_{f'}$ 仅仅增加了指向上一层级的边，并删除了指向下一层级的关键边 $e_{s\to 3}$，增加的边并不会减少从 v_s 到其他节点的距离，但减少的边有可能会增加 v_s 到其他节点的距离（示例中，v_s 到 v_3 的距离增加），所以引理得证。作为参考，图 2-4d 为残存图 2-4c 的层级图。

引理 2.1.2 通过 Edmonds-Karp 算法计算图 $G = \{V, E, c\}$ 的最大流时，该算法执行 $O(mn)$ 次流量递增操作，其中 m 为图 G 边的条数，n 为图 G 节点的个数。

证明：在残存图中，增广路径的流量是由路径上关键边的容量决定的，设节点 v_i 和节点 v_j 是图 G 中相邻的两个节点，并设网络流为 f 时，边 $e_{i\to j}$ 在残存图 G_f 中第一次成为增广路径上的关键边，此时有

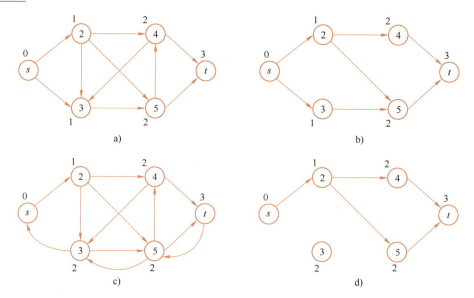

图 2-4 最短路径选择

$$d_f(v_s, v_j) = d_f(v_s, v_i) + 1$$

式中，$d_f(v_s, v_i)$表示在残存网络G_f中节点v_s到v_i的距离。一旦成为关键边，$e_{i \to j}$在接下来的残存图中将不再存在，但边$e_{j \to i}$会出现在残存图中，而一旦边$e_{j \to i}$成为某一新的增广路径上的边，边$e_{i \to j}$将重新在残存图中出现（参考残存图的定义）。设当边$e_{j \to i}$成为增广路径上的边时，网络的流为f'，则有

$$d_{f'}(v_s, v_i) = d_{f'}(v_s, v_j) + 1$$
$$\geq d_f(v_s, v_j) + 1 \quad \text{引理 2.1.1}$$
$$= d_f(v_s, v_i) + 2$$

由以上分析可知，当边$e_{i \to j}$再次出现时，源节点到v_i的距离至少增加了 2 跳，推出：边$e_{i \to j}$再次成为关键边时，源节点到v_i的距离至少增加了 2 跳。在残存图中，源节点到节点v_i的初始距离至少为 1，而源节点到节点v_i的最长距离为$n-1$，可以得出边$e_{i \to j}$最多$(n-2)/2$次成为关键边。因为边$e_{i \to j}$的任意性，可得出任一边成为关键边的次数最多为$(n-2)/2$次，总的成为关键边的次数为$O(m(n-2)/2) = O(mn)$。因每条增广路径有一个关键边，所以通过 Edmonds-Karp 算法寻找最大流的过程中，有$O(mn)$条增广路径。

定理 2.1.2 基于最短路径的 Edmonds-Karp 算法的总复杂度为$O(m^2 n)$。

证明：我们前面已经分析了寻找增广路径的复杂度为$O(m)$，结合引理 2.1.2 直接得证。

2. 基于最大容量路径的 Edmonds-Karp 算法

在此算法中，当在残存网络中寻找增广路径时，我们希望找到一条容量最大的路径 (The Fattest Augmenting Path)，在图 2-3 所示的例子中，容量最大的增广路径为$v_s \to v_2 \to v_t$（容量为 100）或者$v_s \to v_3 \to v_t$（容量也为 100），所以也可以通过两次增广路径找到网络的最大流。那么如何找到容量最大的路径？

思路 2.1.4 寻找最大容量和最短路径问题相似，也可以用 Dijkstra 算法，在最短路径 Dijkstra 算法中，对路径的权重求和，并将其最小化，求最大容量时，需要对路径求最小容量（由关键边决定），并将其最大化。因此，对 Dijkstra 算法中的求和替换成求最小容量，最小化替换成最大化。

用于最大容量路径选取的 Dijkstra 算法如算法 2 所示，算法中用 fat 属性记录从 v_s 到某个节点 v 最小边的容量，算法采用了基于堆的 Dijkstra 算法，所以算法的复杂度为 $O(m\log n)$，那么算法总的复杂度是多少？为了解决这个问题，需要先定义下面这个引理。

算法 2 Dijkstra 算法应用于最大容量

1：**Input**：图 $G=(V,E,c)$，节点 v_s,v_t
2：**Output**：节点 v_s 到节点 v_t 的最大容量路径
3：初始化：$v_s.fat \leftarrow \infty$，$v.fat \leftarrow 0$，$\forall v \in V-\{v_s\}$，$X=\varnothing$，$Y=V$；/* fat 属性记录从 v_s 到 v 最小边的容量 */
4：初始化堆 H，并将 v_s 插入 H；
5：**while** $Y \neq \varnothing$ **do**
6：　　$u \leftarrow Deletemin(H)$ /* 从最小堆中返回堆顶元素，并删除此元素 */
7：　　$X \leftarrow X \cup \{u\}$，$Y \leftarrow Y-\{u\}$；
8：　　**for** each $v \in Y$，$e_{u\rightarrow v} \in E$ **do**
9：　　　　**if** $v.fat < \min\{u.fat, c(e_{u\rightarrow v})\}$ **then**
10：　　　　　$v.fat \leftarrow \min\{u.fat, c(e_{u\rightarrow v})\}$；
11：　　　　　$v.pred \leftarrow u$；
12：　　　　　**if** $v \notin H$ **then**
13：　　　　　　$Insert(H,v)$；
14：　　　　**else**
15：　　　　　　$Siftup(H,v)$；
16：　　　　**end if**
17：　　　**end if**
18：　　**end for**
19：**end while**
20：$path \leftarrow$ 依据节点的 $pred$ 属性，得出最大容量路径；
21：**return** $path$；

引理 2.1.3 设流量图（残存图）$G=\{V,E,c\}$ 的最大流是 f^{opt}，则存在从 s 到 t 的一条路径，此路径的容量至少为 f^{opt}/m，其中 m 为图 G 的边数。

此引理的证明稍后给出，先假设此引理成立。设原始图 G，其最大流为 f^{opt}，依据引理，可得出在 G 中存在一条从 s 到 t 且容量至少为 f^{opt}/m 的路径。接着，设图 G 的残存图为 $G'=\{V,E',c'\}$，其最大流为 $f^{opt'}$，依据引理，图 G' 中存在一条从 s 到 t 且容量至少为 $f^{opt'}/m'$ 的路径，以此类推。Edmonds-Karp 算法每次找到的是最大容量的路径，依据引理 2.1.3，此路径的容量必然大于等于 f^{opt}/m，下面逐步分析一下算法每次迭代找到的路径容量。

- 对于原始图 $G=\{V,E,c\}$ 且设最大流是 f^{opt}，则找到的路径容量 $\geq f^{opt}/m_0$，在其相应的残存图 G_1 中，剩余最大流 $f_1^{opt} \leq f^{opt} - f^{opt}/m_0 = f^{opt}(1-1/m_0)$。
- 在残存图 G_1 中，找到的路径容量 $\geq f_1^{opt}/m_1$，在残存图 G_2 中，剩余最大流 $f_2^{opt} \leq f_1^{opt}(1-1/m_1) \leq f^{opt}(1-1/m_0)(1-1/m_1)$。

- 可得，在残存图 G_{t-1} 中，找到的路径容量为 $\geq f_{t-1}^{\text{opt}}/m_{t-1}$，在残存图 G_t 中，剩余最大流 $f_t^{\text{opt}} \leq f^{\text{opt}}(1-1/m_0)(1-1/m_1)\cdots(1-1/m_{t-1})$。

容易知道，如果原始图 G 的边数为 m，则在任意的残存图 G_t 中，其边的条数不会超过 $2m$（最多保留 m 条原始边，m 条原始边的逆向边，参考残存图），所以对任意残存图 G_t，剩余最大流为

$$\begin{aligned}
f_t^{\text{opt}} &\leq f^{\text{opt}}\left(1-\frac{1}{2m}\right)^t \\
&\leq f^{\text{opt}} e^{\left(-\frac{1}{2m}\right)t} \quad (1-x \leq e^{-x}) \\
&= e^{\ln f^{\text{opt}} - \frac{t}{2m}}
\end{aligned} \tag{2-4}$$

因为容量都为整型，当迭代的过程中剩余最大流小于 1 时，剩余最大流即为 0，也就是迭代结束。由式（2-4）可知，当 $\ln f^{\text{opt}} - \frac{t}{2m} < 0$，即 $t > 2m\ln f^{\text{opt}}$，迭代结束。所以，基于最大容量的 Edmonds–Karp 算法最多寻找 $2m\ln f^{\text{opt}}$ 次增广路径，结合增广路径的复杂度为 $O(m\log n)$，可得以下定理：

定理 2.1.3 基于最大容量路径 Edmonds-Karp 算法的复杂度为 $O(m^2\log n \log f^{\text{opt}})$。

最后，证明引理 2.1.3，此引理的证明需要用到流量分解。

定理 2.1.4（流量分解） 对于流量图 $G=\{V,E,c\}$ 的任意 s-t 流 f，可以被分解为最多 m 个路径流（$m=|E|$，路径流表示只沿着某条路径的流）。更严谨的表达为：存在流的集合 $\{f_1,f_2,\cdots,f_k\}$ 和 s 到 t 的路径集合 $\{p_1,p_2,\cdots,p_k\}$，有：

- $k \leq m$。
- f 由 $\{f_1,f_2,\cdots,f_k\}$ 组合而成。
- 流 f_i 只沿着路径 p_i。

思路 2.1.5 最大流算法中，就是通过寻找一个个路径流，最终形成最大流。那么是不是可以通过相同的方法来将定理 2.1.4 中的 f 进行分解？也就是说通过寻找路径流，最终形成 f。

为此，执行如下流程：

1）将流量图 $G=\{V,E,c\}$ 的所有边的容量设置为 $c(e_{i\to j}) \leftarrow f(e_{i\to j})$，$e_{i\to j} \in E$，并设置 $k \leftarrow 1$。

2）在图 G 中，寻找一条从 s 到 t 的增广路径 p_k，使得 $c(e_{i\to j}) > 0$，$\forall e_{i\to j} \in p_k$，此路径的流 f_k 为

$$f_k = \min c(e_{i\to j}), \quad \forall e_{i\to j} \in p_k$$

3）更新图 G，对路径 p_k 上所有边的容量减去 f_k，即 $c(e_{i\to j}) \leftarrow c(e_{i\to j}) - f_k$，$\forall e_{i\to j} \in p_k$，其他边的容量保持不变。

4）如果图 G 所有边的容量都为零，流程结束；否则，$k \leftarrow k+1$，并重复步骤 2）。

为了说明上述流程能够得出定理 2.1.4，需要证明：① $k \leq m$；② $f=f_1+f_2+\cdots+f_k$（因流程中的 f_i，$1 \leq i \leq k$ 本身就是沿着某条路径 p_i 的，所以定理 2.1.4 的第 3 点无须证明）。

证明：因找到的路径流 f_k 是路径上边的最小容量，所以 $c(e_{i\to j}) - f_k$ 不会造成任意边的容量为负。现证明只要图 G 的容量不为空，必然存在一条从 s 到 t 的增广路径。假设图 G 的容量不为空，但无法找到一条从 s 到 t 的增广路径 p_k，使得路径上所有边的 $c(e_{i\to j}) > 0$，则必然存在一个点，其流入的流不等于流出的流，也就是不满足流量守恒条件。然而，在上述流程步骤 1）的初始化中，边的容量（可看成最大流量）是由流 f 确定的，所以所有节点必然满

足流量守恒，并且，在流程中边容量的减少也是依照找到的路径流 f_k，因而保持流量守恒，这和假设矛盾。上述证明说明了找到最后一条路径流 f_k 后，网络的容量为空，因网络的容量初始化为流 f，所以可得

$$f=f_1+f_2+\cdots+f_k$$

在每次容量更新中，路径中最小容量的边（至少一条）的容量会被置为 0，因图 G 边的条数是 m（注意，本流程没有涉及残存图），所以最多 m 次迭代后，图 G 的容量为 0。也就是流程最多执行 m 次，即

$$k \leqslant m$$

流量分解定理得证。

最后，应用此定理来证明引理 2.1.3。流量分解定理说明了最大流 f^{opt} 可以被分解为最多 m 个路径流 $\{f_1, f_2, \cdots, f_m\}$，在这些路径流中，必然存在一个流 $f_k \geqslant f^{opt}/m, 1 \leqslant k \leqslant m$，而此流所在路径上所有边的容量必然 $\geqslant f^{opt}/m$。引理得证。

2.1.4 对偶性质*

最大流最小割定理说明了如果 f 是流量图 G 中 s 到 t 的最大流，则必然等于图 G 的一个最小割，这让我们想到了线性规划的对偶问题。本小节先将最大流问题建模成线性规划问题，接着得出线性规划问题的对偶问题，如果能够得出对偶问题是最小割问题的话，根据强对偶性，即可证得最大流等于最小割。

对于图 $G(V, E, c)$，源节点为 v_s，汇聚节点为 v_t，定义 x_{ij} 为边 $e_{i \to j}$ 上的流，最大流问题的目标是最大化源节点 v_s 流出的流（因源节点出去的流等于汇聚节点流入的流，所以目标也可以设置成最大化目标节点进入的流），同时最大流问题需要满足容量限制和流量守恒两个约束条件，最大流问题建模成线性规划为

$$\begin{aligned} \max \quad & \sum_{\{j: e_{s \to j} \in E\}} x_{sj} \\ \text{s.t.} \quad & \sum_{\{i: e_{i \to j} \in E\}} x_{ij} - \sum_{\{k: e_{j \to k} \in E\}} x_{jk} = 0, \forall i \neq s, t \quad (z_j) \\ & x_{ij} \leqslant c(e_{i \to j}), \forall i, j: e_{i \to j} \in E \quad (y_{ij}) \\ & x_{ij} \geqslant 0, \forall i, j: e_{i \to j} \in E \end{aligned} \quad (2-5)$$

式中，第一个约束为流量守恒约束，第二个约束为容量限制约束，第三个约束为非负约束。按照以上模型，将图 2-2 建模成

$$\begin{aligned} \max \quad & \sum x_{s2} + x_{s3} \\ \text{s.t.} \quad & x_{s2} + x_{42} - x_{25} = 0 \\ & x_{s3} - x_{34} - x_{35} = 0 \\ & x_{34} - x_{42} - x_{4t} = 0 \\ & x_{25} + x_{35} - x_{5t} = 0 \\ & x_{s2} \leqslant 4, x_{s3} \leqslant 10 \\ & x_{25} \leqslant 4, x_{34} \leqslant 3 \\ & x_{35} \leqslant 13, x_{42} \leqslant 4 \\ & x_{4t} \leqslant 4, x_{5t} \leqslant 10 \\ & x_{ij} \geqslant 0, \forall i, j \end{aligned}$$

下面，我们建立最大流线性规划［式（2-5）］的对偶问题。按照原问题的约束条件确定对偶问题的变量，设原问题的流量守恒约束（共 $n-2$ 个，n 是节点个数）对应的变量为 z_k，$\forall v_k \in V/\{s,t\}$（可认为 z_k 对应一个节点），因流量守恒为等式约束，所以变量 z_k 无约束。设原问题的容量限制条件（共 m 个，m 是边的条数）对应的变量为 y_{ij}，$\forall e_{i \to j} \in E$（可认为 y_{ij} 的对应边），因容量限制为大于等于约束，所以变量 $y_{ij} \geq 0$。得出对偶问题的目标函数为

$$\min_{z_k, y_{ij}} \sum_{k: v_k \in V\backslash\{s,t\}} 0 \times z_k + \sum_{\{i,j: e_{i \to j} \in E\}} c(e_{i \to j}) y_{ij}$$

$$\text{s.t.} \quad y_{ij} \geq 0$$

原问题共有 m 个变量且每个变量都为非负变量，则对偶问题有 m 个约束条件且每个约束都为大于等于约束。先确定原问题中 x_{sj} 变量所对应的约束条件，这些变量在原问题的目标函数中的系数为 1，所以在对偶问题中对应的约束条件为 ≥ 1 约束。在原问题中，x_{sj} 变量只会出现在 z_j 所对应的流量守恒约束条件中且为进入的流（系数为正），此外，x_{sj} 还会出现在 y_{sj} 所对应的容量限制约束条件中，所以，x_{sj} 变量所对应的约束条件为

$$z_j + y_{sj} \geq 1$$

接着确定 x_{it} 变量所对应的约束条件，这些变量在原问题的目标函数中的系数为 0，所以在对偶问题中对应的约束条件为 ≥ 0 约束。在原问题中，x_{it} 变量只会出现在 z_i 所对应的流量守恒约束条件中且为流出的流（系数为负），此外，x_{it} 同样出现在 y_{it} 所对应的容量限制约束条件中，所以，x_{it} 变量所对应的约束条件为

$$-z_i + y_{it} \geq 0$$

还需要确定其他 $x_{ij}(i \neq s, j \neq t)$ 变量所对应的约束条件，这些变量在原问题的目标函数中的系数为 0，所以在对偶问题中对应的约束条件为 ≥ 0 约束。在原问题中，x_{ij} 变量会出现在 z_j 所对应的流量守恒约束条件中且为流入的流，同时也会出现在 z_i 所对应的约束条件中且为流出的流，此外，x_{ij} 也出现在 y_{ij} 所对应的容量限制约束条件中，所以，$x_{ij}(i \neq s, j \neq t)$ 变量所对应的约束条件为

$$z_j - z_i + y_{ij} \geq 0$$

最后，最大流线性规划［式（2-5）］最终的对偶问题为

$$\min_{y_{ij}} \sum_{\{i,j: e_{i \to j} \in E\}} c(e_{i \to j}) y_{ij}$$

$$\begin{aligned}
\text{s.t.} \quad & z_j - 1 + y_{sj} \geq 0, \forall j: e_{s \to j} \in E \\
& 0 - z_i + y_{it} \geq 0, \forall i: e_{i \to t} \in E \\
& z_j - z_i + y_{ij} \geq 0, \forall i,j: e_{i \to j} \in E, i \neq s, j \neq t \\
& y_{ij} \geq 0, \forall i,j: e_{i \to j} \in E
\end{aligned} \quad (2\text{-}6)$$

观察发现，令 $z_s = 1$，$z_t = 0$，可以将对偶问题的约束条件统一化为

$$\min_{y_{ij}} \sum_{\{i,j: e_{i \to j} \in E\}} c(e_{i \to j}) y_{ij}$$

$$\begin{aligned}
\text{s.t.} \quad & z_j - z_i + y_{ij} \geq 0, \forall i,j: e_{i \to j} \in E \\
& z_s = 1 \\
& z_t = 0 \\
& y_{ij} \geq 0, \forall i,j: e_{i \to j} \in E
\end{aligned} \quad (2\text{-}7)$$

在式（2-7）中，目标函数中只有变量 y_{ij}，而 y_{ij} 的约束条件为 ≥ 0 或者 $\geq z_i - z_j$，所以可

以将式（2-7）进一步转化为

$$\min_{z} \sum_{\{i,j:e_{i\to j}\in E\}} c(e_{i\to j})\max\{0, z_i - z_j\}$$
$$\text{s.t.} \quad z_s = 1$$
$$z_t = 0$$
(2-8)

现在的问题是式（2-8）是 s–t 最小割吗？首先，限制 z_k 只取 0 或者 1，并设置集合 S 和 T，$S\cup T=V$，$S\cap T=\varnothing$，当 $v_k\in S$ 时，令 $z_k=1$；当 $v_k\in T$ 时，令 $z_k=0$。因 $s\in S$，$t\in T$，所以此假设是可以满足约束条件 $z_s=1$，$z_t=0$ 的。在此假设下，当 $v_i\in S$，$v_j\in T$ 时，有 $\max\{0, z_i-z_j\}=1$，否则 $\max\{0, z_i-z_j\}=0$，则对偶问题的目标函数转化为

$$\min_{S,T} \sum_{v_i\in S}\sum_{v_j\in T} c(e_{i\to j}) \Rightarrow$$
$$\min_{S,T} C(S,T)$$

显然，在此假设条件下，即 z_k 的取值为 0 或者 1，对偶问题确实是最小割问题。现在需要证明当 z_k 取其他值时，也是最小割问题。

思路 2.1.6 通过将 z_k 的取值范围进行扩充，再证明扩充后，最优解依然取 0 或者 1。

为此，我们需要进行两步的扩充，首先将 z_k 的范围扩大为 $[0,1]$，证明当 z_k 取值为 0 或者 1，目标函数取得最大值；接着，证明当将 z_k 的范围扩大到任意值时，目标函数的最大值不会增加。先证明第一步。

引理 2.1.4 当 $z_k\in[0,1]$，对偶问题式（2-7）最优解等同于 $z_k\in\{0,1\}$ 解。

证明：因 $z_k\in[0,1]$，可知 $y_{ij}\in[0,1]$，则线性规划问题式（2-7）的约束条件系数为全幺模矩阵

$$\min_{y_{ij}} \sum_{\{i,j:e_{i\to j}\in E\}} c(e_{i\to j}) y_{ij}$$
$$\text{s.t.} \quad z_j - z_i + y_{ij} \geq 0$$
$$z_s = 1$$
$$z_t = 0$$
$$1 \geq y_{ij} \geq 0$$
$$1 \geq z_k \geq 0$$
(2-9)

全幺模矩阵的最优解是整数解[○]，所以当 $z_k\in[0,1]$ 时，对偶问题的最优解必为 $z_k=0$ 或 $z_k=1$，引理得证。接着，将 z_k 的范围扩大到任意值时，对偶问题的目标函数不会增大。

引理 2.1.5 设 z_i 和 z_j 取任意值，令 $z_i'=\max\{0,\min\{1,z_i\}\}$，$z_j'=\max\{0,\min\{1,z_j\}\}$（相当于将 z_i 和 z_j 挤压到 $[0,1]$），对偶问题目标函数 $\sum c(e_{i\to j})\max\{0,z_i'-z_j'\} \leq \sum c(e_{i\to j})\max\{0,z_i-z_j\}$。

证明：通过对 z_i 和 z_j 不同取值来分析。

- 当 $z_i \leq z_j$ 时有：
  $\max\{0, z_i-z_j\}$ 始终为 0，则 $\max\{0, z_i'-z_j'\}=\max\{0, z_i-z_j\}$。
- 当 $z_i > z_j$ 时，又分为以下情况：

○ 全幺模矩阵的证明超出了本书的范围，此处只直接给出这个结论，有兴趣的读者可以参考相关文献。

- $z_i > z_j > 1$，$\max\{0, z_i - z_j\} > 0$，而 $\max\{0, z_i' - z_j'\} = 0$，所以 $\max\{0, z_i' - z_j'\} \leq \max\{0, z_i - z_j\}$。
  $0 > z_i > z_j$，同理，$\max\{0, z_i - z_j\} > 0$，$\max\{0, z_i' - z_j'\} = 0$，所以 $\max\{0, z_i' - z_j'\} \leq \max\{0, z_i - z_j\}$。
- $z_i > 1$ 且 $0 > z_j$，可得 $z_i' = 1$，$z_j' = 0$，则 $\max\{0, z_i' - z_j'\} = 1$，而 $\max\{0, z_i - z_j\}$ 必然大于 1，所以 $\max\{0, z_i' - z_j'\} \leq \max\{0, z_i - z_j\}$。
- $1 > z_i > z_j > 0$，显然 $\max\{0, z_i' - z_j'\} = \max\{0, z_i - z_j\}$。

引理得证。由引理 2.1.4 和引理 2.1.5，可得对偶问题在 $z_k \in \{0, 1\}$ 取得最优值，所以对偶问题为最小割问题。

2.2 图的中心性算法

随着社交网络和深度学习的兴起，图的应用越来越广泛。本节学习的图的中心性算法和 2.3 节社群发现算法是社交网络和图神经网络的基础。图的中心性算法是描述一个节点在整个图中的地位和作用，确定一个节点的地位和作用在社交网络中扮演着重要的角色，它能够帮助我们理解一些群体的属性，如群体的可信任性（Credibility）、可及性（Accessibility）、信息在群体的传播速度、群体间的连接性等。尽管图的中心性算法大多数是为分析社交网络而发明的，但它们已经在许多行业和领域中得到了应用。本节将讨论以下图的中心性算法。

- 度中心性（Degree Centrality）：一个点与其他点直接连接的程度。
- 紧密中心性（Closeness Centrality）：一个节点到所有其他节点的距离，一个拥有高紧密性中心性的节点到其他节点的距离较小。
- 中介中心性（Betweenness Centrality）：一个节点位于最短路径上的次数，如果有很多条最短路径经过此节点，说明此节点的中介中心性越高。
- 特征向量中心性（Eigenvector Centrality）：一个节点的重要性有时也取决于其邻居节点的重要性，与之相连的邻居节点越重要，则该节点的特征向量中心性就越高。
- PageRank：PageRank 也是考虑邻节点重要性的一种中心性算法，可看出是特征向量中心性的一种变体。

2.2.1 度中心性

度中心性是来衡量一个节点重要性的相对简单的算法，其基于一个非常直接的观察，即和越多其他节点连接的节点就越重要。因而度中心性采用了节点的度来描述节点的重要性。在无向图中，度中心性简单地表示为和此节点相连的边的条数，如节点 v_i 的度中心性可表示为

$$\text{DC}(v_i) = \sum_{j \neq i} e_{ij} \tag{2-10}$$

式中，e_{ij} 为节点 v_i 和节点 v_j 连接边的条数。对于加权无向图，节点 v_i 的度中心性表示为

$$\text{DC}(v_i) = \sum_{j \neq i} w_{ij} \tag{2-11}$$

式中，w_{ij} 为节点 v_i 和节点 v_j 边的权重。对于有向图，可以使用入度或者出度作为度中心性，分别称为入度中心性和出度中心性：

$$\text{DC}(v_i)^{\text{in}} = \sum_{j \neq i} u_{j \to i} \tag{2-12}$$

$$\text{DC}(v_i)^{\text{out}} = \sum_{j \neq i} u_{i \to j} \tag{2-13}$$

式中,$u_{j\to i}$ 为节点 v_j 到节点 v_i 的有向边的条数,$u_{i\to j}$ 为节点 v_i 到节点 v_j 的有向边的条数。使用入度时,度中心性衡量了一个顶点的受欢迎程度,表示突出性;使用出度时,度中心性衡量了一个顶点的合群性。对于加权有向图,入度中心性和出度中心性分别为

$$\mathrm{DC}(v_i)^{\mathrm{in}} = \sum_{j\neq i} w_{j\to i} \tag{2-14}$$

$$\mathrm{DC}(v_i)^{\mathrm{out}} = \sum_{j\neq i} w_{i\to j} \tag{2-15}$$

式中,$w_{j\to i}$ 为节点 v_j 到节点 v_i 的有向边的权重,$w_{i\to j}$ 为节点 v_i 到节点 v_j 的有向边的权重。最后,我们可以对度中心性做归一化(无权图)为

$$\mathrm{DC}_{\mathrm{norm}} = \frac{\mathrm{DC}}{n-1} \tag{2-16}$$

式中,n 是图中的节点个数。

2.2.2 紧密中心性

紧密中心性用来衡量一个节点处于图的中心的程度,当一个节点越处于中心的位置,则其在图上散播信息的能力越强。一个节点的紧密中心性是通过和其他节点的距离来衡量的,节点离其他节点的距离越近,则其紧密中心性越高。因而,采用了节点到其他所有节点的最短距离之和的倒数来表示其紧密中心性,则节点 v_i 的紧密中心性描述成

$$\mathrm{CC}(v_i) = \frac{1}{\sum_{j\neq i} d_{ij}} \tag{2-17}$$

式中,d_{ij} 为节点 v_i 到节点 v_j 的最短距离。归一化后的紧密中心性为

$$\mathrm{CC}_{\mathrm{norm}}(v_i) = \frac{n-1}{\sum_{j\neq i} d_{ij}} \tag{2-18}$$

式中,n 是图中的节点个数。

当图不是一个强连通图时,采用式(2-17)算术平均数会使得某些节点的紧密中心性的值变为 0,为了克服这个缺点,我们采用调和平均数,则在非强连通图中,节点的紧密中心性为

$$\mathrm{CC}(v_i) = \sum_{j\neq i} \frac{1}{d_{ij}} \tag{2-19}$$

例 2.2.1 设有图 G_1 和 G_2 且已知 G_1 和 G_2 中任意一个节点的紧密中心性,现将 G_1 和 G_2 通过 G_1 中的节点 v_p 和 G_2 的节点 v_q 增加一条边形成一个新的图 G,求在图 G 中任意节点 $v_1 \in G_1$(或者 $v_2 \in G_2$)的紧密中心性。

解:

$$\begin{aligned}\mathrm{CC}_G(v_1) &= \sum_{i\in G_1, i\neq 1} \frac{1}{d_{1i}} + \sum_{j\in G_2} \frac{1}{d_{1p} + d_{pq} + d_{qj}} \\ &= \mathrm{CC}_{G_1}(v_1) + \sum_{j\in G_2} \frac{1}{d_{1p} + 1 + d_{qj}}\end{aligned}$$

此时,式子已经很难再化简,也就是无论按照调和平均数的紧密中心性[式(2-19)]还是算术平均数的紧密中心性[式(2-17)],当将几个子图进行连接成一个新图时,重新计算节点紧密中心性并不方便。

紧密中心性有很多变体，其中 Dangalchev 变体可以方便地处理上述情形。Dangalchev 变体定义为

$$CC(v_i) = \sum_{j \neq i} \frac{1}{2^{d_{ij}}} \tag{2-20}$$

用 Dangalchev 变体，求解上面的例子，可得

$$\begin{aligned} CC_G(v_1) &= \sum_{i \in G_1, i \neq 1} 2^{-d_{ij}} + \sum_{j \in G_2} 2^{-d_{1p} - d_{pq} - d_{qj}} \\ &= CC_{G_1}(v_1) + \frac{1}{2^{d_{1p}+1}} CC_{G_2}(v_q) \end{aligned} \tag{2-21}$$

因 $CC_{G_1}(v_1)$ 和 $CC_{G_2}(v_q)$ 已知，根据式（2-21），容易计算 $CC_G(v_1)$。

上述分析的紧密中心性都是基于最短路径的，但在很多模型中，从一个节点到另一个节点并不是通过最短路径，如一些模型是基于随机游走（Random Working）的方式从一个节点到达另一个节点。假设通过随机游走的方式从一个节点 v_i 到达另一个节点 v_j，其期望步数为 R_{ij}，则随机游走的紧密中心性（采用算术平均数）为

$$CC(v_i) = \frac{1}{\sum_{j \neq i} R_{ij}}$$

2.2.3 中介中心性*

扫码看视频

在社交网络中，有时候那些具有最多关注者的节点（度中心性）或者处于网络中心位置的节点（紧密中心性）并不是最重要的，而是那些起着关键桥梁或者中介作用的节点起着决定性的作用，这些节点通常能够控制更多的资源和信息的流动，中介中心性就是用来衡量这种节点的算法。节点的中介中心性的定义为

$$BC(v_i) = \sum_{j \neq k \neq i} \frac{\sigma_{jk}^i}{\sigma_{jk}} \tag{2-22}$$

式中，σ_{jk} 是节点 v_j 到节点 v_k 的最短路径的个数⊖，σ_{jk}^i 是节点 v_j 到节点 v_k 且经过节点 v_i 的最短路径的个数。中介中心性的归一化采用了如下的归一化方法。

$$BC_{norm}(v_i) = \frac{BC(v_i) - BC^{min}}{BC^{max} - BC^{min}} \tag{2-23}$$

式中，BC^{min} 和 BC^{max} 分别代表了图中所有节点的最小中介中心性值和最大中介中心性值。显然，这种归一化的方法要求先计算图中所有节点的中介中心性值。

紧密中心性算法需要计算两点间最短路径，最短路径算法参考图算法章节⊖。而中介中心性算法不仅需要计算最短路径，还需要统计最短路径的个数，即需要计算 σ_{jk}^i 和 σ_{jk} 这两个量，先分析如何计算 σ_{jk}。

思路 2.2.1 回想一下，最短路径长度的计算是从源节点开始，然后依次考察源节点的邻节点，邻节点的邻节点，直至得出所有的节点。我们猜想最短路径数目的计算也应该类似，那么节点和其邻节点的最短路径数目是什么关系？为此，考察一下图 2-5a，假设从节点 v_j 到 v_k 的最短路径可分别经由 3 个节点 u_1、u_2、u_3（u_1、u_2、u_3 是 v_k 在最短路径上的前一

⊖ 最短路径并不是中介中心性采用的唯一路径，如中介中心性也可基于随机游走。
⊖ 参考本书作者《算法设计与应用》一书。

邻节点，但注意 v_k 的邻节点可不仅仅只有这 3 个节点）到达 v_k。那么可得出 v_j 到 u_1、u_2、u_3 的最短路径数目和 v_j 到 v_k 的最短路径数目的关系是 $\sigma_{jk}=\sigma_{ju_1}+\sigma_{ju_2}+\sigma_{ju_3}$。

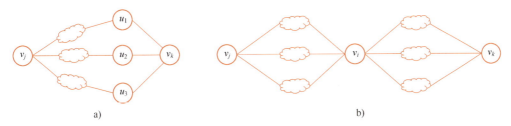

图 2-5 最短路径数目计算示意图

a) u_1、u_2、u_3 是 v_k 在最短路径上的前一邻节点；b) v_i 在从节点 v_j 到 v_k 的最短路径上

按照以上思路，可得

$$\sigma_{jk} = \sum_{u \in P_j(k)} \sigma_{ju} \tag{2-24}$$

式中，$P_j(k)$ 是从节点 v_j 到节点 v_k 所有最短路径上，v_k 的前一跳节点的集合。

接着，我们计算 σ_{jk}^i，这个计算的关键是如何判断节点 v_i 是否位于从节点 v_j 到 v_k 的最短路径上。为此，定义 d_{jk} 为节点 v_j 到节点 v_k 的距离，则有如下引理。

引理 当且仅当 $d_{jk}=d_{ji}+d_{ik}$ 时，节点 v_i 位于从节点 v_j 到 v_k 的最短路径上。

这个引理用反证法很容易证明，这里不再描述。基于此引理，怎么去计算 σ_{jk}^i 这个值？从图 2-5b 观察可知，如果 v_i 在从节点 v_j 到 v_k 的最短路径上（注意：这是前提条件），则所有包含 v_i 的最短路径可看成由两部分组成：前一部分是从 v_j 到 v_i 的最短路径，后一部分是从 v_i 到 v_k 的最短路径。这两部分路径的任意组合都可以形成从节点 v_j 到 v_k 且包含 v_i 的最短路径，因而，我们可得出如下的公式为

$$\sigma_{jk}^i = \begin{cases} 0, & d_{jk}<d_{ji}+d_{ik} \\ \sigma_{ji}\sigma_{ik}, & \text{其他} \end{cases} \tag{2-25}$$

令 $\delta_{jk}^i = \dfrac{\sigma_{jk}^i}{\sigma_{jk}}$ [δ_{jk}^i 称之为**节点对依赖**（Pair-Dependency）]，可以将式（2-22）改写成

$$\mathrm{BC}(v_i) = \sum_{j \neq k \neq i} \delta_{jk}^i \tag{2-26}$$

按照式（2-24）~式（2-26）可得出所有节点的中介中心性算法，这里不给出具体的算法，只给出算法的步骤。

1）计算所有节点对的最短路径数目 σ_{jk} 和长度。
2）计算所有的三个节点的节点对依赖 δ_{jk}^i。
3）计算所有点的中介中心性。

针对无权图，可用广度优先搜索算法求最短路径，复杂度为 $O(m)$。因一次广度优先搜索完成一个节点对所有其他节点的 σ 值，所以针对无权图，算法第一步的复杂度为 $O(mn)$。如果是有权图，采用一次 Dijkstra 算法得出一个节点对所有其他节点的 σ 值（基于堆的 Dijkstra 算法的复杂度为 $O(m\log n)$），所以算法第一步的复杂度为 $O(mn\log n)$。算法的第二步需要遍历所有的三个节点的组合来计算节点对依赖，所以复杂度为 $O(n^3)$。算法的第三步同第二步，复杂度也为 $O(n^3)$（第二步和第三步可以合并）。可见，算法总的复杂度主要取决于后面两步。为了降低算法复杂度，人们提出了**快速中介中心性算法**。

正如上面的分析，中介中心性算法的复杂度主要来自于节点对依赖 δ_{jk}^i 的计算，那么有没有可能降低这个复杂度？

思路2.2.2 节点对依赖 δ_{jk}^i 的计算复杂度是 $O(n^3)$，那是因为算法对三个参数依次遍历，也就是针对每个 v_i，需要计算 v_j 和 v_k 对应的所有节点对依赖，之后又要将所有的节点对依赖进行相加［式（2-26）］。那么有没有可能直接计算 v_j 对所有 v_k 的节点对依赖？我们用 $\delta_{j.}^i$ 表示这个值，$\delta_{j.}^i = \sum_k \delta_{jk}^i$，并称之为累积节点对依赖（Accumulated Pair-Dependency）。我们需要找出节点和其相邻节点间的累积节点对依赖之间的关系。

首先考察一下在简单场景下的累积节点对依赖。在此场景中，节点 v_s 到任意其他节点只存在一条最短路径，即 $\sigma_{st} = 1, \forall v_t \in V$，此时，可以将节点 v_s 想象成一个树根，和其他节点的最短路径形成了一棵树，如图 2-6a 所示。假设在此树中有一个节点 v_k，其下有 3 个子节点，分别为 v_1、v_2、v_3，那么可以得出

$$\sigma_{st}^k = \begin{cases} 1, & \text{如果 } t \in \{\text{节点 } v_1, v_2, v_3, \text{以及它们的子孙节点}\} \\ 0, & t \text{ 属于其他节点} \end{cases}$$

容易得出

$$\delta_{st}^k = \begin{cases} 1, & \text{如果 } t \in \{\text{节点 } v_1, v_2, v_3, \text{以及它们的子孙节点}\} \\ 0, & t \text{ 属于其他节点} \end{cases}$$

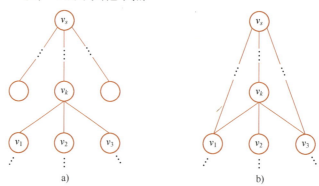

图 2-6 快速中介中心性示意图

a) v_s 为根节点的树　b) v_s 为源节点的图

可知：如果节点 v_k 是最短路径终节点的祖先节点，则节点对依赖值为 1，否则为 0。接着，分析一下针对节点 v_k 的累积节点对依赖（结合图 2-6a）。

$$\begin{aligned}
\delta_{s.}^k &= \sum_{t \in V} \delta_{st}^k \quad (\text{默认 } t \neq s \neq k) \\
&= \sum_{t \in T_1} \delta_{st}^k + \sum_{t \in T_2} \delta_{st}^k + \sum_{t \in T_3} \delta_{st}^k \quad (\text{令 } T_i = \{v_i \text{ 及其子孙节点}\}) \\
&= \left(\delta_{s1}^k + \sum_{t \in T_1 \setminus v_1} \delta_{st}^k\right) + \left(\delta_{s2}^k + \sum_{t \in T_2 \setminus v_2} \delta_{st}^k\right) + \left(\delta_{s3}^k + \sum_{t \in T_3 \setminus v_3} \delta_{st}^k\right) \\
&= \left(1 + \sum_{t \in T_1 \setminus v_1} \delta_{st}^1\right) + \left(1 + \sum_{t \in T_2 \setminus v_2} \delta_{st}^2\right) + \left(1 + \sum_{t \in T_3 \setminus v_3} \delta_{st}^3\right) \\
&= \left(1 + \sum_{t \in V} \delta_{st}^1\right) + \left(1 + \sum_{t \in V} \delta_{st}^2\right) + \left(1 + \sum_{t \in V} \delta_{st}^3\right) \\
&= 1 + \delta_{s.}^1 + 1 + \delta_{s.}^2 + 1 + \delta_{s.}^3 \\
&= \sum_{j: k \in P_s(j)} (1 + \delta_{s.}^j)
\end{aligned} \quad (2\text{-}27)$$

式中，在第三步，将 $t \in T_i$ 分解成 v_i 和 $T_i \backslash v_i, (i=1,2,3)$ 两部分，而 $\delta_{si}^k = 1$。第四步成立是因为对于节点 $t \in T_i \backslash v_i (i=1,2,3)$，$v_s$ 到 t 的最短路径如经过节点 v_k 一次，必然也经过节点 v_i 一次且仅一次；第五步成立是因为当 $t \notin T_i$ 时，$\delta_{st}^i = 0$，但注意，取值范围 $t \in V$，会受节点对依赖的默认限制，如对于 $\sum_t \delta_{st}^1$，默认 $t \neq s \neq 1$。式（2-27）给出了对于节点 v_k 和其邻节点，关于累积节点对依赖的一个关系。从式（2-27）可以看出，累积节点对依赖（δ 值）是个递归式，所以其计算类似于动态规划，也就是从最底层的值（这里是树中叶子节点的 δ 值，其值为 0）开始计算，依次沿着树枝向根节点计算。

基于累积节点对依赖的中介中心性为

$$\mathrm{BC}(v_k) = \sum_{s \neq k} \delta_{s \cdot}^k \tag{2-28}$$

例 2.2.2 基于累积节点对依赖，求解图 2-7a 中所有节点的中介中心性。

解： 1）首先计算节点 v_1 的所有累积节点对依赖 $\delta_{1 \cdot}^i, i \in \{1,2,3,4,5,6,7\}$，形成以 v_1 为根节点的树状图（见图 2-7a）。

最低层，所有叶子节点对节点 v_1 的累积节点对依赖为

$$\delta_{1 \cdot}^3 = 0, \quad \delta_{1 \cdot}^5 = 0, \quad \delta_{1 \cdot}^6 = 0, \quad \delta_{1 \cdot}^7 = 0$$

上一层，节点 v_2 和节点 v_4 对节点 v_1 的累积节点对依赖为

$$\delta_{1 \cdot}^2 = (1+\delta_{1 \cdot}^5) + (1+\delta_{1 \cdot}^6) = 2, \quad \delta_{1 \cdot}^4 = (1+\delta_{1 \cdot}^7) = 1$$

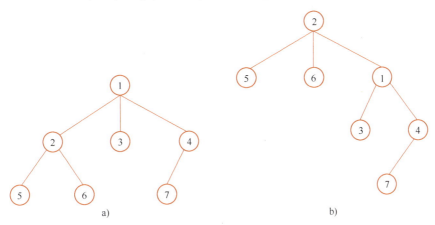

图 2-7 快速中介中心性例子

最上层，节点 v_1 对节点 v_1 的累积节点对依赖 $\delta_{1 \cdot}^1 = 0$（累积节点对依赖 $\delta_{s \cdot}^k$ 默认为 $s \neq k$，当 $s = k$ 时，令 $\delta_{s \cdot}^k = 0$）。

2）计算节点 v_2 的所有累积节点对依赖 $\delta_{2 \cdot}^i, i \in \{1,2,3,4,5,6,7\}$，形成以 v_2 为根节点的树状图（见图 2-7b）。

最低层，所有叶子节点对节点 v_2 的累积节点对依赖为

$$\delta_{2 \cdot}^3 = 0, \quad \delta_{2 \cdot}^5 = 0, \quad \delta_{2 \cdot}^6 = 0, \quad \delta_{2 \cdot}^7 = 0$$

上一层，节点 v_4 对节点 v_2 的累积节点对依赖为

$$\delta_{2 \cdot}^4 = (1+\delta_{2 \cdot}^7) = 1$$

再上一层，节点 v_1 对节点 v_2 的累积节点对依赖为

$$\delta_{2 \cdot}^4 = (1+\delta_{2 \cdot}^3) + (1+\delta_{2 \cdot}^4) = 3$$

最上层，节点 v_2 对节点 v_2 的累积节点对依赖 $\delta_{2.}^2 = 0$。

3) 当节点 v_3 为根节点时（因篇幅关系，省略图），有

$$\delta_{3.}^1 = 5, \quad \delta_{3.}^2 = 2, \quad \delta_{3.}^3 = 0, \quad \delta_{3.}^4 = 1, \quad \delta_{3.}^5 = 0, \quad \delta_{3.}^6 = 0, \quad \delta_{3.}^7 = 0$$

4) 当节点 v_4 为根节点时，有

$$\delta_{4.}^1 = 4, \quad \delta_{4.}^2 = 2, \quad \delta_{4.}^3 = 0, \quad \delta_{4.}^4 = 0, \quad \delta_{4.}^5 = 0, \quad \delta_{4.}^6 = 0, \quad \delta_{4.}^7 = 0$$

5) 当节点 v_5 为根节点时，有

$$\delta_{5.}^1 = 3, \quad \delta_{5.}^2 = 5, \quad \delta_{5.}^3 = 0, \quad \delta_{5.}^4 = 1, \quad \delta_{5.}^5 = 0, \quad \delta_{5.}^6 = 0, \quad \delta_{5.}^7 = 0$$

6) 当节点 v_6 为根节点时，有

$$\delta_{6.}^1 = 3, \quad \delta_{6.}^2 = 5, \quad \delta_{6.}^3 = 0, \quad \delta_{6.}^4 = 1, \quad \delta_{6.}^5 = 0, \quad \delta_{6.}^6 = 0, \quad \delta_{6.}^7 = 0$$

7) 当节点 v_7 为根节点时，有

$$\delta_{7.}^1 = 4, \quad \delta_{7.}^2 = 2, \quad \delta_{7.}^3 = 0, \quad \delta_{7.}^4 = 5, \quad \delta_{7.}^5 = 0, \quad \delta_{7.}^6 = 0, \quad \delta_{7.}^7 = 0$$

最后，以节点 v_2 为例，其中介中心性为

$$BC(v_2) = \sum_{s \neq 2} \delta_{s.}^2 = 2 + 2 + 2 + 5 + 5 + 2 = 18$$

根据简单场景的累积节点对依赖关系，下面进一步分析一般场景的累积节点对依赖关系。

在简单场景中，如果最短路径经过某个节点 v_j，则必然经过其父节点（父节点必然属于 $P_s(j)$），正是这一点，使得式（2-27）第三步成立，从而得出了节点 v_k 和其邻节点的累积节点对依赖关系。但是在一般场景中，并不存在这样的关系，也就是最短路径经过节点 v_j，但并不一定经过其前一跳邻节点（前一跳邻节点不是必然属于 $P_s(j)$）。如图 2-6b 所示，最短路径经过 v_k 后，可再经过其邻节点（v_1、v_2 或 v_3），但是经过这些邻节点的最短路径并不一定经过 v_k，存在从 v_s 到 v_1 和 v_3 的最短路径并没有经过 v_k。这给计算 v_k 的累积节点对依赖关系造成了一定的困难。

思路 2.2.3 从图 2-6 上观察到，经过 v_1 的最短路径除了来自 v_k 外，还可能来自其他节点，但是，如果能够将来自其他节点的路径去除掉，或者说只考虑来自 v_k 的最短路径，那么图 2-6b 就可以转换成图 2-6a，从而可以用简单场景来进行计算。

从 v_s 到 v_k 的最短路径数目共有 σ_{sk} 个，从 v_s 到 v_1 的最短路径数目共有 σ_{s1} 个，所以我们只需考虑 $\dfrac{\sigma_{sk}}{\sigma_{s1}}$ 比例的最短路径，依据式（2-27），可得以下定理。

定理 2.2.1 对于源节点为 v_s，关于节点 v_k 的累积节点对依赖，以下等式成立。

$$\delta_{s.}^k = \sum_{j: k \in P_s(j)} \frac{\sigma_{sk}}{\sigma_{sj}}(1 + \delta_{s.}^j) \tag{2-29}$$

证明：定义一个新的变量 $\sigma_{st}^{k,j}$，表示从 v_s 到 v_t 并先后经过 v_k 和其邻节点 v_j 的最短路径数目。

$$\sigma_{st}^{k,j} = \frac{\sigma_{sk}}{\sigma_{sj}} \sigma_{st}^j \quad k \in P_s(j) \tag{2-30}$$

式中，σ_{st}^j 是经过 v_j 最短路径的总数目，而 $\dfrac{\sigma_{sk}}{\sigma_{sj}}$ 是占比。容易得到

$$\delta_{st}^k = \frac{\sigma_{st}^k}{\sigma_{st}} = \sum_{j: k \in P_s(j)} \frac{\sigma_{st}^{k,j}}{\sigma_{st}} = \sum_{j: k \in P_s(j)} \frac{\sigma_{sk}}{\sigma_{sj}} \frac{\sigma_{st}^j}{\sigma_{st}} \tag{2-31}$$

从而得到

$$\begin{aligned}
\delta_{s\cdot}^{k} &= \sum_{t \in V} \delta_{st}^{k} \quad (\text{默认 } t \neq s \neq k) \\
&= \sum_{t \in V} \sum_{j:k \in P_s(j)} \frac{\sigma_{sk}}{\sigma_{sj}} \frac{\sigma_{st}^{j}}{\sigma_{st}} \\
&= \sum_{j:k \in P_s(j)} \sum_{t \in V} \frac{\sigma_{sk}}{\sigma_{sj}} \frac{\sigma_{st}^{j}}{\sigma_{st}} \\
&= \sum_{j:k \in P_s(j)} \left(\frac{\sigma_{sk}}{\sigma_{sj}} + \sum_{t \in V \setminus \{j\}} \frac{\sigma_{sk}}{\sigma_{sj}} \frac{\sigma_{st}^{j}}{\sigma_{st}} \right) \\
&= \sum_{j:k \in P_s(j)} \frac{\sigma_{sk}}{\sigma_{sj}} \left(1 + \sum_{t \in V \setminus \{j\}} \frac{\sigma_{st}^{j}}{\sigma_{st}} \right) \\
&= \sum_{j:k \in P_s(j)} \frac{\sigma_{sk}}{\sigma_{sj}} (1 + \delta_{s\cdot}^{j})
\end{aligned} \quad (2\text{-}32)$$

定理得证。基于以上分析，给出针对无权图，采用累积节点对依赖的快速中介中心性算法（算法 3）。算法的最外面的 for 循环（语句 2~语句 29）以图中的每个节点为源节点，计算其他节点的中介中心性。在每次循环都需要对队列、栈、每个节点的距离、σ 值、δ 值等进行初始化（语句 3~语句 4）。语句 5 为源节点入队列，以便进行广度优先遍历。while 循环（语句 6~语句 19）为广度优先遍历，用于计算所有节点的最短路径长度和数目，其中语句 7~语句 8 对每个出队列的元素（称为当前节点）压入栈，所以对栈中元素的访问和对队列元素的访问是恰好相反的，队列是用于广度优先遍历，所以是以源节点出发、从近到远依次访问节点。而栈主要用于 δ 的计算，按照上述分析，δ 的计算类似于动态规划，是从最外层的节点开始计算。for 循环（语句 9~语句 18）遍历当前节点的所有邻节点，如果之前没有访问过该节点，则计算该节点的距离值+1，否则判断该节点的距离值是否等于当前节点距离值+1？如果等于，则说明节点 v_k 是 v_j 最短路径上的前一跳节点，所以需要将到 v_k 的最短路径数加到 v_j 的最短路径数上，因到达 v_k 的最短路径必然也会到达 v_j。第二个 while 循环（语句 20~语句 28）用于计算累积节点对依赖值（δ 值）和统计每个节点的中介中心性，其中 for 循环（语句 22~语句 24）是式（2-32）的实现，if 语句（语句 25~语句 27）是式（2-28）的实现。

算法 3 快速中介中心性算法(无权图)

1: 初始化: $BC[v] \leftarrow 0, \forall v$
2: **for** $s \in V$ **do**
3: $\quad P[v] \leftarrow 0, \forall v$; 队列 Q，栈 S; /* $P[v]$ 是 v 最短路径上的前一跳节点 */
4: $\quad dist[t] \leftarrow -1, \sigma[t] \leftarrow 0, \delta[t] \leftarrow 0, \forall t; dist[s] \leftarrow 0, \sigma[v] \leftarrow 1$;
5: $\quad Q.enqueue(s)$;
6: $\quad$ **while** $Q \neq \varnothing$ **do**
7: $\quad\quad k \leftarrow Q.dequeue()$;
8: $\quad\quad S.push(k)$;
9: $\quad\quad$ **for** $j \in$ Neighbor of k **do**
10: $\quad\quad\quad$ **if** $d[j] < 0$ **then**

```
11:            Q.enqueue(j);
12:            d[j] ← d[k] + 1;
13:         end if
14:         if d[j] = d[k] + 1 then
15:            σ[j] = σ[j] + σ[k];
16:            P[j] ← k;
17:         end if
18:      end for
19:   end while
20:   while S ≠ ∅ do
21:      j ← S.pop();
22:      for k ∈ P[j] do
23:         δ[k] ← δ[k] + (σ[k]/σ[j])(1 + δ[j]);
24:      end for
25:      if j ≠ s then
26:         BC[j] ← BC[j] + δ[j];
27:      end if
28:   end while
29: end for
```

定理 2.2.2 采用累积节点对依赖，快速中介中心性算法对有权图的时间复杂度为 $O(mn\log n)$，而对无权图的复杂度为 $O(mn)$。

证明：算法 3 给出了无权图的中介中心性的计算，最外层的 for 循环共执行 n 次，第一个 while 循环是广度优先遍历，所以复杂度为 $O(m)$，第二个 while 循环（和第一个 while 循环并列）的复杂度也为 $O(m)$，所以无权图的快速中心性算法的总复杂度为 $O(mn)$。针对有权图，算法 3 唯一需要改动的地方是第一个 while 循环，需要将广度优先遍历改为 Dijkstra 算法，所以第一个 while 循环的复杂度为 $O(m\log n)$，有权图的快速中心性算法的总复杂度为 $O(mn\log n)$。

2.2.4 特征向量中心性

在度中心性中，节点的重要程度只考虑了连接数，而没有考虑到连接节点的重要程度。在社交网络上，和一个有影响力的节点有连接关系，显然比和一个普通节点有连接关系更能提高自身的重要程度。特征向量中心性算法在计算节点的重要性时，考虑了其邻节点的重要性。特征向量中心性的计算是通过多次迭代实现的，设第 k 步，节点的特征向量中心性值用向量表示为 $\boldsymbol{x}_k = (x_1, x_2, \cdots, x_n)^\mathrm{T}$，其中 x_i 代表第 i 个节点的值，则在计算第 $k+1$ 步的特征向量中心性时，每个节点将其所有邻节点的特征向量中心性值进行累加，得出第 $k+1$ 步的值。可以用下面的矩阵运算表示累加。

$$\boldsymbol{x}_{k+1} = \boldsymbol{A}\boldsymbol{x}_k$$

式中，$\boldsymbol{A}$ 表示图 G 的邻接矩阵。

例 2.2.3 计算图 2-8 所示的特征向量中心性，设节点的特征向量中心性初始化为 $x_0 = (1,1,1,1,1)^{\mathrm{T}}$。

解： 图的邻接矩阵为

$$A = \begin{pmatrix} 0 & 1 & 0 & 0 & 0 \\ 1 & 0 & 0 & 1 & 0 \\ 0 & 0 & 0 & 1 & 1 \\ 0 & 1 & 1 & 0 & 1 \\ 0 & 0 & 1 & 1 & 0 \end{pmatrix}$$

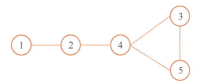

图 2-8 特征向量中心性例子

第一步迭代可得

$$x_1 = Ax_0 = \begin{pmatrix} 0 & 1 & 0 & 0 & 0 \\ 1 & 0 & 0 & 1 & 0 \\ 0 & 0 & 0 & 1 & 1 \\ 0 & 1 & 1 & 0 & 1 \\ 0 & 0 & 1 & 1 & 0 \end{pmatrix} \begin{pmatrix} 1 \\ 1 \\ 1 \\ 1 \\ 1 \end{pmatrix} = \begin{pmatrix} 1 \\ 2 \\ 2 \\ 3 \\ 2 \end{pmatrix}$$

对上面结果的所有元素的平方和进行开方，作为归一化因子，$\sqrt{1^2+2^2+2^2+3^2+2^2} = 4.69$，之后所有的元素都除以归一化因子，归一化后的特征向量中心性为

$$x_1 = (0.213, 0.426, 0.426, 0.639, 0.426)^{\mathrm{T}}$$

第二步迭代可得

$$x_2 = Ax_1 = \begin{pmatrix} 0 & 1 & 0 & 0 & 0 \\ 1 & 0 & 0 & 1 & 0 \\ 0 & 0 & 0 & 1 & 1 \\ 0 & 1 & 1 & 0 & 1 \\ 0 & 0 & 1 & 1 & 0 \end{pmatrix} \begin{pmatrix} 0.213 \\ 0.426 \\ 0.426 \\ 0.639 \\ 0.426 \end{pmatrix} = \begin{pmatrix} 0.426 \\ 0.852 \\ 1.065 \\ 1.278 \\ 1.065 \end{pmatrix} \equiv \begin{pmatrix} 0.195 \\ 0.389 \\ 0.486 \\ 0.584 \\ 0.486 \end{pmatrix}$$

最后面的向量是归一化后的向量，归一化因子为 2.19。第三步迭代可得

$$x_3 = Ax_2 = \begin{pmatrix} 0 & 1 & 0 & 0 & 0 \\ 1 & 0 & 0 & 1 & 0 \\ 0 & 0 & 0 & 1 & 1 \\ 0 & 1 & 1 & 0 & 1 \\ 0 & 0 & 1 & 1 & 0 \end{pmatrix} \begin{pmatrix} 0.195 \\ 0.389 \\ 0.486 \\ 0.584 \\ 0.486 \end{pmatrix} = \begin{pmatrix} 0.389 \\ 0.779 \\ 1.07 \\ 1.361 \\ 1.07 \end{pmatrix} \equiv \begin{pmatrix} 0.176 \\ 0.352 \\ 0.484 \\ 0.616 \\ 0.484 \end{pmatrix}$$

归一化因子为 2.21。第四步迭代可得

$$x_4 = Ax_3 = \begin{pmatrix} 0 & 1 & 0 & 0 & 0 \\ 1 & 0 & 0 & 1 & 0 \\ 0 & 0 & 0 & 1 & 1 \\ 0 & 1 & 1 & 0 & 1 \\ 0 & 0 & 1 & 1 & 0 \end{pmatrix} \begin{pmatrix} 0.176 \\ 0.352 \\ 0.484 \\ 0.616 \\ 0.484 \end{pmatrix} = \begin{pmatrix} 0.352 \\ 0.792 \\ 1.100 \\ 1.320 \\ 1.100 \end{pmatrix} \equiv \begin{pmatrix} 0.159 \\ 0.358 \\ 0.497 \\ 0.597 \\ 0.497 \end{pmatrix}$$

归一化因子为 2.21。此时，计算得出各节点的特征向量中心性分别为 $v_1 = 0.159$，$v_2 = 0.358$，$v_3 = 0.497$，$v_4 = 0.597$，$v_5 = 0.497$。因篇幅关系，这里不再继续迭代下去，通常需要迭代到特征向量中心性的值不再改变为止（收敛），特征向量中心性收敛时的式子为

$$x = \frac{Ax}{\|Ax\|} \tag{2-33}$$

设 A 是可对角化矩阵且其最大特征值为 λ（谱半径），则式（2-33）转化为

$$Ax = \lambda x \tag{2-34}$$

从式（2-34）可知，特征向量中心性 x 是图邻接矩阵 A 的特征值为 λ 时的特征向量，这就是本节的中心性算法称为特征向量中心性的原因。

下面从矩阵乘幂的角度来推导为什么收敛时，邻接矩阵 A 的最大特征值对应的特征向量就是特征向量中心性。按照上述的步骤，第 k 次的 x 可以表示为

$$x_k = Ax_{k-1} = A^2 x_{k-2} = A^k x_0 \tag{2-35}$$

因 A 是可对角化矩阵，所以 A 存在 n 个线性无关的特征向量[○]，设为 $\{v_1, v_2, \cdots, v_n\}$，对应的特征值 $\{\lambda_1, \lambda_2, \cdots, \lambda_n\}$ 且令 $\lambda_1 > \lambda_2 > \cdots > \lambda_n$。将 x_0 表示为 $x_0 = c_1 v_1 + c_2 v_2 + \cdots + c_n v_n$，则式（2-35）可以写成

$$\begin{aligned} x_k &= c_1 \lambda_1^k v_1 + c_2 \lambda_2^k v_2 + \cdots + c_n \lambda_n^k v_n \\ &= \lambda_1^k \left(c_1 v_1 + c_2 \left(\frac{\lambda_2}{\lambda_1}\right)^k v_2 + \cdots + c_n \left(\frac{\lambda_n}{\lambda_1}\right)^k v_n \right) \\ &= \lambda_1^k c_1 v_1 \quad k \to \infty \\ &= \alpha v_1 \quad \alpha = \lambda_1^k c_1 \end{aligned} \tag{2-36}$$

所以当 $k \to \infty$ 时（即收敛），x_k 是最大特征值（λ_1）对应的特征向量（v_1）。式（2-36）中乘以了一个系数 α，但其并不会改变特征向量中心性的值，因做归一化后系数会消掉。

例 2.2.4 按照特征向量的方法求解图 2-8 的特征向量中心性。

解：邻接矩阵 A 的特征值为 $\lambda_1 = 2.214$，$\lambda_2 = 1$，$\lambda_3 = -0.539$，$\lambda_4 = -1$，$\lambda_5 = -1.675$，其中 λ_1 对应的特征向量为 $v_1 = (0.311, 0.689, 1, 1.214, 1)^T$，即各节点的特征向量中心性值，将这个值和例 2.2.2 通过 4 步迭代找到的值 $(0.159, 0.358, 0.497, 0.597, 0.497)^T$ 进行比较，发现它们大致相差一个比值 1.9（前面已经提到过，比值也就是系数，并不影响特征向量中心性的结果），但依据特征向量计算出来的值要更加精确一些，因为其是收敛后的值。最后，结合图分析各节点的特征向量中心性，节点 3 和节点 5 的特征向量中心性是一致的，这个从图 2-8 很容易得到验证，这两个节点的邻节点是相似的，它们都连接了节点 4 且同时连接对方。此外，节点 4 具有最大的特征向量中心性，这个从图中也容易得出，节点 4 具有最多的邻节点且其邻居具有较大的特征向量中心性值。

2.2.5 PageRank

PageRank 是谷歌的网页排序算法，可以认为其是特征向量中心性算法的一个变体。PageRank 这个名称很有意思，一方面是因为它是对网页进行排序的算法，另一方面它是 Brin 和 Page 提出的，采用了后者的姓，所以有一语双关的意义。PageRank 不仅仅用于网页排序，通过对其进行改进，可以将此算法应用在推荐、社交网络分析、自然语言处理等领域。

谷歌每天的搜索量大概在 35 亿次，而为这些搜索提供重要的搜索结果（网页）是关键，所以谷歌将网页看成节点，网页间的链接看成边，这样就形成了一个有向图，对图的节点进行排序就可以得到网页的排序。那么如何来衡量一个节点的重要性？PageRank 的基本

○ A 可对角化，说明 $A = S^{-1} \Lambda S$，其中 S 为 A 的特征向量矩阵，Λ 为特征值的对角矩阵。

思想是：节点的重要性不仅仅取决于有多少个其他节点指向自己，同时也取决于那些指向自己的节点的重要性。我们用图 2-9 所示的有向图来说明这个问题。图 2-9a 为强连通图，用 PR(·) 表示节点的重要性，则对于节点 C，有节点 A 和节点 D 指向它（称为入链），所以节点 C 的重要性由节点 A 和节点 D 的重要性组成，而节点 D 有两个出链，也就是说从节点 D 所代表的页面链接到节点 C 所代表的页面时，概率是二分之一，得出节点 C 的 PR 值为

$$\mathrm{PR}(C) = \mathrm{PR}(A) + \frac{1}{2}\mathrm{PR}(D) = \mathrm{PR}(A) + \frac{\mathrm{PR}(D)}{L(D)}$$

式中，$L(D)$ 表示节点 D 的出度，也就是出链的个数。

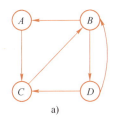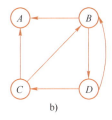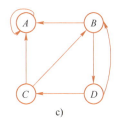

图 2-9 PageRank 有向图

a）强连通图 b）节点 A 没有出链 c）节点 A 可到达自身

图 2-9b 所示的有向图中，存在节点没有出链的情况（节点 A），也就是说在节点 A 所代表的网页不能到达任意节点（包括其自身）。此时，我们认为节点 A 将以等概率到达其他节点（包括自身），所以得出节点 C 的 PR 值为

$$\mathrm{PR}(C) = \frac{1}{4}\mathrm{PR}(A) + \frac{\mathrm{PR}(D)}{L(D)} = \frac{\mathrm{PR}(A)}{N} + \frac{\mathrm{PR}(D)}{L(D)}$$

式中，N 为图中节点的个数。

当某一个节点没有出链，但是有到自身的链接，如图 2-9c 中的节点 A，此时从节点 A 出发只能到达自身，但显然当进入节点 A 所代表的网页时，不可能就永久地停留在这个网页了。此时，我们认为系统重启（可以理解为在浏览器的地址栏重新输入一个网址来访问网页）。假设系统重启的概率为 $1-\alpha$，然后以等概率到达 4 个节点，可以得出节点 C 的 PR 值为

$$\mathrm{PR}(C) = \alpha\frac{\mathrm{PR}(D)}{L(D)} + \frac{1-\alpha}{N}$$

综合上述不同的情况，得出一个节点 Y 的 PR 值为

$$\mathrm{PR}(Y) = \alpha\sum_{X\in\mathbb{Y}}\frac{\mathrm{PR}(X)}{L(X)} + \frac{1-\alpha}{N} \tag{2-37}$$

式中，$\mathbb{Y}$ 是所有出链到 Y 的节点的集合。

PR 值的计算通常也采用迭代的方法。以图 2-9b 为例。

1）初始化时，令所有节点的 PR 值为 $1/N$，即 $\mathrm{PR}(A) = 0.25$，$\mathrm{PR}(B) = 0.25$，$\mathrm{PR}(C) = 0.25$，$\mathrm{PR}(D) = 0.25$。

2）第一次迭代，$\mathrm{PR}(A) = \frac{1}{4}\mathrm{PR}(A) + \frac{1}{2}\mathrm{PR}(B) + \frac{1}{2}\mathrm{PR}(C) = 0.3125$，$\mathrm{PR}(B) = \frac{1}{4}\mathrm{PR}(A) + \frac{1}{2}\mathrm{PR}(C) + \frac{1}{2}\mathrm{PR}(D) = 0.3125$，$\mathrm{PR}(C) = \frac{1}{4}\mathrm{PR}(A) + \frac{1}{2}\mathrm{PR}(A) = 0.1875$，$\mathrm{PR}(D) = \frac{1}{4}\mathrm{PR}(A) +$

$\frac{1}{2}\mathrm{PR}(B)=0.1875$。

3) 第二次迭代，$\mathrm{PR}(A)=\frac{1}{4}\mathrm{PR}(A)+\frac{1}{2}\mathrm{PR}(B)+\frac{1}{2}\mathrm{PR}(C)=0.328$，$\mathrm{PR}(B)=\frac{1}{4}\mathrm{PR}(A)+\frac{1}{2}\mathrm{PR}(C)+\frac{1}{2}\mathrm{PR}(D)=0.266$，$\mathrm{PR}(C)=\frac{1}{4}\mathrm{PR}(A)+\frac{1}{2}\mathrm{PR}(D)=0.172$，$\mathrm{PR}(D)=\frac{1}{4}\mathrm{PR}(A)+\frac{1}{2}\mathrm{PR}(B)=0.234$。

4) 第三次迭代，$\mathrm{PR}(A)=\frac{1}{4}\mathrm{PR}(A)+\frac{1}{2}\mathrm{PR}(B)+\frac{1}{2}\mathrm{PR}(C)=0.301$，$\mathrm{PR}(B)=\frac{1}{4}\mathrm{PR}(A)+\frac{1}{2}\mathrm{PR}(C)+\frac{1}{2}\mathrm{PR}(D)=0.285$，$\mathrm{PR}(C)=\frac{1}{4}\mathrm{PR}(A)+\frac{1}{2}\mathrm{PR}(D)=0.199$，$\mathrm{PR}(D)=\frac{1}{4}\mathrm{PR}(A)+\frac{1}{2}\mathrm{PR}(B)=0.215$。

很显然，上面的计算过程和特征向量中心性很相似，这也是为什么 PageRank 是特性向量中心性的变体。把上面的过程写成矩阵和向量的形式，令

$$\mathbf{PR}=(\mathrm{PR}(A)\quad \mathrm{PR}(B)\quad \mathrm{PR}(C)\quad \mathrm{PR}(D))$$

$$\mathbf{Tr}=\begin{pmatrix}\frac{1}{4}&\frac{1}{2}&\frac{1}{2}&0\\\frac{1}{4}&0&\frac{1}{2}&\frac{1}{2}\\\frac{1}{4}&0&0&\frac{1}{2}\\\frac{1}{4}&\frac{1}{2}&0&0\end{pmatrix}$$

可得

$$\mathbf{PR}_i = \mathbf{Tr} \cdot \mathbf{PR}_{i-1} \tag{2-38}$$

上面的过程可以写成：第一次迭代 $\mathbf{PR}_1 = \mathbf{Tr} \cdot \mathbf{PR}_0$，第二次迭代 $\mathbf{PR}_2 = \mathbf{Tr} \cdot \mathbf{PR}_1$，第三次迭代 $\mathbf{PR}_3 = \mathbf{Tr} \cdot \mathbf{PR}_2$，第 n 次迭代 $\mathbf{PR}_n = \mathbf{Tr} \cdot \mathbf{PR}_{n-1}$。所以第 k 次迭代为

$$\mathbf{PR}_k = \mathbf{Tr}^k \cdot \mathbf{PR}_0 \tag{2-39}$$

同特征向量中心性，式（2-39）可以按照矩阵乘幂展开。所不同的是，这里的 $\mathbf{Tr}$ 是 $n \times n$ 的马尔可夫矩阵，其最大特征值 $\lambda_1 = 1$，其他特征值 $0 < \lambda_i < 1$，$\forall i \in \{2,3,\cdots,n\}$，按矩阵乘幂展开后，式（2-39）可以写成

$$\mathbf{PR}_k = c_1\lambda_1^k \mathbf{x}_1 + c_2\lambda_2^k \mathbf{x}_2 + c_3\lambda_3^k \mathbf{x}_3 + \cdots + c_n\lambda_n^k \mathbf{x}_n \tag{2-40}$$

式中，$\mathbf{x}_i$ 是矩阵 $\mathbf{Tr}$ 第 i 个特征值 λ_i 对应的特征向量；c_i 是 $\mathbf{PR}_0$ 在特征向量空间第 i 维的投影系数，也就是

$$\mathbf{PR}_0 = c_1\mathbf{x}_1 + c_2\mathbf{x}_2 + \cdots + c_n\mathbf{x}_n$$

当 $k \to \infty$，式（2-40）写成

$$\mathbf{PR}_k = c_1\mathbf{x}_1$$

可得，PR 值最终会收敛，并收敛到 $c_1\mathbf{x}_1$，其中 $\mathbf{x}_1$ 只和矩阵 $\mathbf{Tr}$ 相关，而 c_1 只和向量 $\mathbf{PR}_0$ 相关，并且当向量 $\mathbf{PR}_0$ 各元素的和固定时，c_1 值固定。所以只要 $\mathbf{PR}_0$ 初始化为一种概率分布

（各元素之和为 1），**PR** 值最终会收敛，并收敛到一个固定值。注意：以上结果成立的必要条件是矩阵 **Tr** 必须为马尔可夫矩阵。

2.3 社群发现算法（Community Detection Algorithms）

现代网络包括生物网络、社交网络、信息网络等，这些网络规模庞大、复杂性高且会表现出群体的特性，即网络中会存在一些紧密连接的区域。为了研究网络在群体方面的行为或者特性，通常需要对这些网络进行划分，也就是将一个网络划分为不同的区域，称之为社群（Community）[⊖]。一个社群内部的节点通常具有较高的连接度，或者说联系紧密，而社群间的节点联系相对稀疏，社群发现算法就是对网络进行社群划分的算法。其类似于聚类算法（实际上一些聚类算法可应用于社群发现），但因为通常是用图来描述网络拓扑结构，所以社群发现是在图上进行划分，而聚类主要是对数据或者样本进行划分，其并不强调图结构。当然，也有些人认为聚类的范围更广泛，社群发现被视为基于图的聚类。

通常社群发现算法可分为两类，一类是非重叠社群发现，也就是说图被划分为若干个相互独立的社群，图中的节点只能被划分入一个社群；另一类是重叠社群发现，重叠社群指划分的社群间有重叠，即部分节点可能属于多个社群。一个典型的重叠社群发现应用，如对大型社交网络按用户兴趣划分，用于精准广告投放，显然，那些兴趣广泛的用户可被划分到不同的社群。

2.3.1 基于模块度的算法

扫码看视频

1. 模块度

将一个图划分成不同的社群，那么如何去评价划分的好坏？Newman 在 2003 年提出模块度（Modularity）的概念用于衡量社群划分的好坏。因而，社群发现算法在很多时候可以看成模块度优化问题。针对无向图的 Louvain 模块度 Q 定义如下（$\mathcal{S}=\{S_1,S_2,\cdots,S_n\}$ 表示划分的社群）：

$$Q = \frac{1}{2m}\sum_{S\in\mathcal{S}}\sum_{i,j\in S}\left(A_{ij} - \frac{k_i k_j}{2m}\right) = \frac{1}{2m}\sum_{i,j\in S_j}\left(A_{ij} - \frac{k_i k_j}{2m}\right)\delta(S_i,S_j) \tag{2-41}$$

对于无权图，其中 m 是边的条数；A 为邻接矩阵，如 v_i 和 v_j 之间存在边，$A_{ij}=1$，否则，$A_{ij}=0$；k_i 表示 v_i 的度；S_i 表示 v_i 所属的社群，S_j 表示 v_j 所属的社群，当 $S_i=S_j$ 时，$\delta(S_i,S_j)=1$，当 $S_i\neq S_j$ 时，$\delta(S_i,S_j)=0$。对于有权图，其中 m 是图边的权重之和；A 为权重矩阵，如 v_i 和 v_j 之间存在边 e_{ij}，A_{ij} 为 e_{ij} 的权重，否则，$A_{ij}=0$；k_i 表示连接 v_i 所有边的权重之和。容易得出 $k_i = \sum_j A_{ij}$，$m = \frac{1}{2}\sum_{i,j} A_{ij}$。

式（2-41）第一项 $\left(\sum_{i,j\in S} A_{ij}\right)$ 容易理解，表示社群 S 内边的总数（的 2 倍），第二项 $\left(\sum_{i,j\in S}\frac{k_i k_j}{2m}\right)$ 表示在随机划分下，社群 S 的期望边数（的 2 倍）。在随机划分下，两个节点 v_i 和 v_j 间期望边的条数为 $\frac{k_i k_j}{2m}$。所以，模块度 Q 的定义实际上是将划分的社群和随机划分得出

⊖ Community 也可翻译成社团、社区等。

的社群进行比较，显然 Q 值越大，说明划分算法越好。

为了进一步理解式（2-41）的意义，对式子进行转换。令 $\Sigma_{in} = \sum_{i,j \in S} A_{ij}$，$\Sigma_{in}$ 表示社群 S 内边的总数的 2 倍（我们在无权图下理解式子的意义），设内部边的总边数为 I_e，则 $\Sigma_{in} = 2I_e$。再令 $\Sigma_{tot} = \sum_{i \in S} k_i$，$\Sigma_{tot}$ 表示社群 S 中所有节点度的总和。定义 O_e 为社群 S 内节点和社群外节点相连边的总和，则 $\Sigma_{tot} = 2I_e + O_e$。基于上述定义，式（2-41）转换为

$$\begin{aligned} Q &= \frac{1}{2m} \sum_S \sum_{i,j \in S} \left(A_{ij} - \frac{k_i k_j}{2m} \right) \\ &= \sum_S \left(\frac{\Sigma_{in}}{2m} - \frac{\sum_{i \in S} k_i \sum_{j \in S} k_j}{(2m)^2} \right) \\ &= \sum_S \left(\frac{\Sigma_{in}}{2m} - \left(\frac{\Sigma_{tot}}{2m} \right)^2 \right) \\ &= \sum_S \left(\frac{I_e}{m} - \left(\frac{2I_e + O_e}{2m} \right)^2 \right) \end{aligned} \qquad (2\text{-}42)$$

此时，就容易理解为什么模块度 Q 可以衡量社群划分，式子的前一项正比于内部边的数量，所以 Q 值越大，社群的内部联系更紧密；而后一项表述的是外部边的占比，占比越小，Q 值越大，社群间的联系更稀疏。本节定义的模块度 Q 的值域范围为 $[-0.5, 1)$，正值表示社群内的边多于期望边数，算法的提出者指出，当 Q 取值为 $[0.3, 0.7]$ 时，划分的结果具有显著的社群结构。

例 2.3.1 请比较图 2-10 中两个无权子图的模块度，其中节点的标号代表节点所属社群。

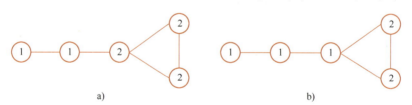

图 2-10 模块度计算

解：1）图 2-10a 的 $m=5$，社群 1 中，$\Sigma_{in}=2$，$\Sigma_{tot}=3$，社群 2 中，$\Sigma_{in}=6$，$\Sigma_{tot}=7$，所以

$$Q = \frac{2}{2 \times 5} - \left(\frac{3}{2 \times 5} \right)^2 + \frac{6}{2 \times 5} - \left(\frac{7}{2 \times 5} \right)^2 = 0.22$$

2）图 2-10b 的 $m=5$，社群 1 中，$\Sigma_{in}=4$，$\Sigma_{tot}=6$，社群 2 中，$\Sigma_{in}=2$，$\Sigma_{tot}=4$，所以

$$Q = \frac{4}{2 \times 5} - \left(\frac{6}{2 \times 5} \right)^2 + \frac{2}{2 \times 5} - \left(\frac{4}{2 \times 5} \right)^2 = 0.08$$

图 2-10a 的模块度更大，划分更合理。

2. Girvan-Newman 算法

基于模块度的社群发现算法通常有两种方式，一是初始化时，将每个节点看成一个社群，之后逐步合并社群，直到所有的节点成为一个社群或者合并操作再不能增加模块度为止，称之为**合并方式**；二是初始化时，将整个图看成一个社群，之后逐步分割社群，直到每个节点都成为一个社群或者分割操作不能再增加模块度为止，称之为**分割方式**。Girvan-

Newman 算法属于后者，其思想非常简单，即逐步去除图中的边，从而将图分成 2 个社群、3 个社群，直到 n 个社群，最终比较这 n 次划分的模块度，得出最优划分；或者分割至模块度不再增加为止，此时的划分作为最终划分。因而，Girvan-Newman 算法的关键是依次去除哪些边？算法每次总是选择**最多最短路径通过的边**，并将之删除。我们对最多最短路径通过的边并不陌生，就是求边的中介中心性（2.2.3 节）。

Girvan-Newman 算法如算法 4 所示，此算法执行到模块度不再增加为止。初始化时，将整个图看成一个社群。在每次迭代中，计算所有边的中介中心性，选择中介中心性最大的边（语句 4）。之后，删除此边（语句 5），如果删除后，没有形成新的连通分支，说明社群划分没有变化，跳出本次循环（语句 7），否则，需形成新的社群（语句 10），并计算此社群的模块度（语句 11），注意这里的模块度计算是基于原图 G 进行计算的。此算法中，while 循环最多执行 m 次（最多将 m 条边都删除），在循环体中，复杂度最高的语句是中介中心性的计算（语句 4），定理 2.2.2 已经给出了中介中心性的复杂度为 $O(mn)$（无权图）或者 $O(mn\log n)$（有权图），所以有以下定理。

定理 2.3.1 Girvan-Newman 算法的复杂度为 $O(m^2 n)$（无权图）或者 $O(m^2 n\log n)$（有权图）。

算法 4 Girvan-Newman 算法

1：**输入**：连通图 $G=(V,E)$；
2：**初始化**：$\mathbb{S}_{old}$, $\mathbb{S}_{new} \leftarrow G$；$M_{old}$, $M_{new} \leftarrow \mathbb{S}$ 的模块度； /*初始化时，将整个图看成一个社群*/
3：**while** $M_{new} \geq M_{old}$ **do**
4： $e_{maxBC} \leftarrow \mathrm{argmax}_e BC(e)$； /*寻找中介中心性最大的边*/
5： $G \leftarrow G$ 删除边 e_{maxBC}；
6：   **if** 图 G 没有生成新的连通分支 **then**
7：   continue；
8：   **else**
9： $M_{old} \leftarrow M_{new}$，$\mathbb{S}_{old} \leftarrow \mathbb{S}_{new}$；
10： $\mathbb{S}_{new} \leftarrow G$ 的不同连通分支形成不同的社群；
11： $M_{new} \leftarrow \mathbb{S}_{new}$ 的模块度；
12：   **end if**
13：**end while**
14：return $\mathbb{S}_{old}$, M_{old}；

---

3. Fast Newman 算法

Newman 认为 Girvan-Newman 算法的复杂度太高了，对其进行了改进，提出了 Fast Newman 算法。不同于 Girvan-Newman 算法，Fast Newman 算法基于合并方式，其思想也非常简单，初始化时，将每个节点看成一个社群，之后每次选择两个能够获取最大模块度增益的社群进行合并（如果所有的合并都不能带来正增益，则选择最小的负增益），显然，这是一种贪心算法，算法步骤如下：

1）初始化时，网络中每个节点被定义成一个社群。

2）计算所有两两社区合并的模块度增益，选择模块度增益最大的两个社群进行合并，并计算模块度值 Q_i。

3）重复第二步，直到所有节点合并为一个社群。

4）比较上面所有的 Q_i，最大的 Q_i 所代表的那一步划分是最优社群划分。

此算法第二步共执行 $n-1$ 次，第二步中，需要比较两两社群的模块度增益，所以很容易认为是 n^2，但实际上，这里没有必要去比较所有的两两社群，而只需要比较有边相连的社群，所以复杂度为 $O(m)$，而在两两比较之前需计算所有社群的模块度，其复杂度为 $O(n)$，所以第二步总复杂度为 $O(m+n)$。有以下定理。

定理 2.3.2 Fast Newman 算法的复杂度为 $O(mn)$。

4. Louvain 算法*

类似于 Fast Newman 算法，Louvain 算法也是基于合并方式的。Louvain 算法由两部分组成，一是合并，二是粗化。这两个步骤轮流进行，即先合并，再粗化，再合并，之后再粗化，直到找到最优的划分。在**合并**步骤，一个节点被看成一个社群，依次遍历所有的节点（社群），将其加入一个最优的邻社群，即加入的社群能够最大化模块度增益，注意，如果加入任何邻社群，模块度不仅不能增加反而下降的话，则不加入任何社群。

合并步骤的一个关键是计算模块度增益。当一个节点 v_i 并入某个社群 S 时，只有社群 S 和节点 v_i 的社群的模块度发生改变，其他社群没有变化。加入前，S 和 v_i 的社群的模块度分别为

$$Q_S = \frac{\Sigma_{in}}{2m} - \left(\frac{\Sigma_{tot}}{2m}\right)^2 \tag{2-43}$$

$$Q_{v_i} = 0 - \left(\frac{k_i}{2m}\right)^2 \tag{2-44}$$

加入后，S 的模块度为

$$Q'_S = \frac{\Sigma_{in} + 2k_i^{in}}{2m} - \left(\frac{\Sigma_{tot} + k_i}{2m}\right)^2 \tag{2-45}$$

式中，k_i^{in} 表示那些和 v_i 相连且包含在 S 中边的数目，即 $k_i^{in} = \sum_{j \in S} A_{ij}$（注意和 $k_i = \sum_j A_{ij}$ 的区别）。所以模块度增益为

$$\begin{aligned}\Delta Q &= Q'_S - Q_S - Q_{v_i} \\ &= \left[\frac{\Sigma_{in} + 2k_i^{in}}{2m} - \left(\frac{\Sigma_{tot} + k_i}{2m}\right)^2\right] - \left[\frac{\Sigma_{in}}{2m} - \left(\frac{\Sigma_{tot}}{2m}\right)^2\right] + \left(\frac{k_i}{2m}\right)^2 \\ &= \frac{k_i^{in}}{m} - \frac{\Sigma_{tot} k_i}{2m^2}\end{aligned} \tag{2-46}$$

粗化的作用是将合并步骤划分的社群看成一个节点，原来两个社群间的边形成两个节点间的边，其权重是原来两个社群间的边的权重总和，而原来社群内部的边被一条指向自身的自环边所代替，自环边的权重为所有被代替边权重总和的 2 倍⊖，从而形成了新的图

⊖ 可以设定自环边的权重就是被代替边权重之和，而不需要乘 2，这样，自环边就看成普通边，而后期计算 Σ_{in} 的时候就需要乘 2。

$G'=(V',E')$。之后,Louvain 算法对 G' 再执行合并步骤。以上步骤迭代进行,直到合并再也不能增益整个图的模块度。

下面,通过图 2-11 所示的例子来解释 Louvain 算法中的合并和粗化步骤。此例子中,原始图 2-11a 为无权无向图,共有 15 个节点。通过第一个次合并操作,形成了图 2-11b 的 4 个社群。之后,通过粗化步骤将形成的社群构建成一个新的图[⊖],如图 2-11c 所示,在此图中,浅灰色节点代表了图 2-11b 中的浅灰色社群,容易观察到图 2-11b 浅灰色社群共有 7 条内部边,所以图 2-11c 的浅灰色节点有一条权重为 14 的自环边,其他节点类似。图 2-11b 中浅灰色社群和深灰色社群间共有 4 条边,所以图 2-11c 中浅灰色节点和深灰色节点间的边的权重为 4,其他节点间的边以此类推。图 2-11c 的模块度为 $Q_c = \frac{14}{56} - \frac{(14+6)(14+6)}{56^2} + \frac{4}{56} - \frac{(4+5)(4+5)}{56^2} + \frac{16}{56} - \frac{(16+4)(16+4)}{56^2} + \frac{2}{56} - \frac{(2+5)(2+5)}{56^2} = 0.35$。

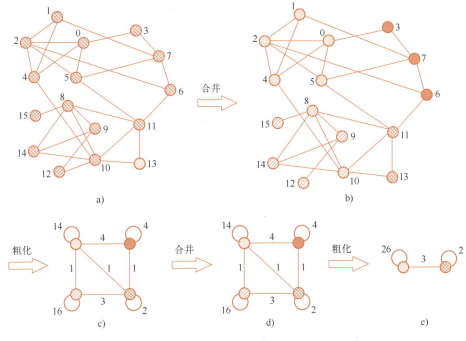

图 2-11 Louvain 算法例子 [Blondel et al,2008]

之后,对新的图再次执行合并步骤,浅灰色节点和深灰色节点成为一个社群,斜条纹节点和网状节点成为另一个社群,如图 2-11d 所示。最后,对这个社群执行粗化步骤,形成了图 2-11e 所示的图,注意:图 2-11e 中浅灰色节点自环边的权重是 14+4+2×4=26,其中 14+4 是原来的自环边,所有不需要乘 2,而 2×4 是指原来浅灰色节点和深灰色节点间的边,所以需要乘 2,网状节点以此类推。图 2-11e 的模块度为 $Q_e = \frac{26}{56} - \frac{(26+3)(26+3)}{56^2} + \frac{24}{56} - \frac{(24+3)(24+3)}{56^2} = 0.39$。最优化分由图 2-11e 决定,即化分成两个社群,一个社群包含节点

⊖ 新的图一个节点代表了原来多个节点,称之为超图。

$\{0,1,2,3,4,5,6,7\}$，另一个社群包含节点$\{8,9,10,11,12,13,14,15\}$。

按照以上分析，给出 Louvain 算法如算法 5 所示[注]。最外层的循环语句（语句 3~语句 26）执行 Louvain 算法的两个步骤直到模块度不再增大为止。外层的 for 循环（语句 4~语句 6）计算每个社群的 Σ_{in} 和 Σ_{tot} 值；内层的 repeat 循环（语句 7~语句 17）是 Louvain 算法的合并步骤，在合并过程中，会遍历每个节点（每个节点都代表一个社群），语句 10 依据式（2-46）计算节点 v_i 合并到其邻接社群的 ΔQ，并找出其中最大的 ΔQ 值；如果 $\Delta Q<0$，则节点 v_i 并不合并到任意社群，否则合并到 ΔQ 最大的社群 $\hat{S}$（语句 12）；合并后需要调整 v_i 原社群 S' 和新加入的社群 $\hat{S}$，其中新社群 $\hat{S}$ 的 Σ_{in} 需要加上节点 v_i 和新社群 $\hat{S}$ 连接的边，而 Σ_{tot} 需要加上节点 v_i 所有的边（语句 13），相反，原社群 S' 的 Σ_{in} 和 Σ_{tot} 需要减去相应的值（语句 14）。由算法的合并步骤对图进行划分以后，计算划分后的模块度（语句 18~语句 21）；语句 22~语句 24 是 Louvain 算法的粗化步骤，社群转化为节点，社群间边转化为对应节点的边，边的权为社群间边权重的总和，社群内部的边形成一个自环，其权重为该社群内部边的总和。算法的复杂度由两个 repeat 循环决定，内循环的复杂度为 $O(2m)$，外循环在最坏的情况下，最终合并成一个社群，每次迭代只合并一个节点，则迭代 n 次，所以算法的复杂度为 $O(mn)$，如果每次迭代，节点进行两两合并，则总共迭代 $\log n$ 次，复杂度为 $O(m\log n)$。

算法 5 Louvain 算法

1： 输入：$G=(V,E)$，A 为权重矩阵（邻接矩阵）
2： 初始化：$\mathbb{S} \leftarrow \{\{v_1\}, \{v_2\}, \cdots, \{v_n\}, \}$
3： **repeat**
4：   **for** $\forall S \in \mathbb{S}$ **do**
5： $\Sigma_{in}^S \leftarrow \sum_{i,j \in S} A_{ij}$, $\Sigma_{tot}^S \leftarrow \sum_{i \in S} \sum_j A_{ij}$;
6：   **end for**；
7：   **repeat**
8：   **for** $\forall v_i \in V$ **do**
9： $S' \leftarrow v_i$ 的社群；
10： $\hat{S} \leftarrow \arg\max_S \Delta Q(v_i \to S)$;   /*依据式（2-46）计算 ΔQ */
11：   **if** $\max_S \Delta Q(v_i \to \hat{S}) > 0$ **then**
12： $S' \leftarrow S'/v_i$, $\hat{S} \leftarrow \hat{S} \cup v_i$;
13： $\Sigma_{in}^{\hat{S}} \leftarrow \Sigma_{in}^{\hat{S}} + \sum_{j \in \hat{S}} A_{ij}$, $\Sigma_{tot}^{\hat{S}} \leftarrow \Sigma_{tot}^{\hat{S}} + \sum_j A_{ij}$;
14： $\Sigma_{in}^{S'} \leftarrow \Sigma_{in}^{S'} - \sum_{j \in \hat{S}} A_{ij}$, $\Sigma_{tot}^{S'} \leftarrow \Sigma_{tot}^{S'} - \sum_j A_{ij}$;
15：   **end if**
16：   **end for**
17：   **until** 相比于上一次迭代，没有任何节点移动

[注] Lourain 算法只是给出了框架，具体可以有不同的实现。

18：　　$Q \leftarrow 0$；
19：　**for** $\forall S \in \mathbb{S}$ **do**
20：　　$Q \leftarrow Q + \dfrac{\Sigma_{\text{in}}^{S}}{2m} - \left(\dfrac{\Sigma_{\text{tot}}^{S}}{2m}\right)^2$
21：　**end for**
22：　$V \leftarrow \mathbb{S}$ 的每个社群粗化为一个节点；
23：　$E \leftarrow \mathbb{S}$ 社群间的边转化为节点间的边，社群内的边转化为指向节点自己的边；
24：　$A \leftarrow$ 依据 $G=(V,E)$ 生成节点权重矩阵；
25：　$\mathbb{S} \leftarrow G$ 的每个节点形成新的社群；
26：**until** 相对于上一次迭代，模块度没有增加

2.3.2　基于标签传播的算法

标签传播算法（Label Propagation Algorithm，LPA）受到病毒传播的启发，通过传播标签来进行社群发现。当系统收敛时，那些具有相同标签的节点就被划分到同一个社群。相对于其他社群发现算法，标签传播算法可以快速收敛，所以复杂度相对较低。

1. 基本标签传播算法

在基本标签传播算法的初始化阶段，每个节点被赋予一个标签，一个简单的标签赋予方式是每个节点被赋予自身的标号。之后，每个节点从其邻节点中选择一个数目最多的标签作为自身的标签，当数目最多的标签有多个时，则随机选择一个，如初始化后，邻节点的标签都不相同，则随机选择一个标签作为自己的标签。如图 2-12a 所示，节点 v_1 的邻节点 v_2，v_3，v_4 的标签分别为 2，3，4，则随机选择一个，如标签 4 作为自己的标签，形成了图 2-12b 所示的传播结果。标签传播可采用同步和异步两种方式。同步是指所有的节点同时选择，异步是指节点轮流选择。但同步方法会存在无法收敛的情况，在这个例子中如果所有节点都同时选择，可能会导致 1 选择 2、2 选择 3、3 选择 4、4 又选择 1。之后，算法总是做出此种选择，就会导致无法收敛，所以 LPA 采用了异步方式，即给节点随机排个序，如 v_1，v_3，v_4，v_2，之后按照这个顺序进行标签传播。当 v_3 选择标签时，发现标签 4 是最多的标签，所以 v_3 选择标签 4，如图 2-12c 所示；之后节点 v_2 和节点 v_4 也分别选择标签 4，形成图 2-12d 的传播结果，最终这 4 个节点就形成了一个社群。

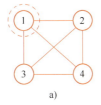 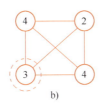 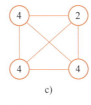 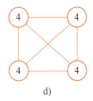

　　　　a)　　　　　　　　b)　　　　　　　　c)　　　　　　　　d)

图 2-12　标签传播例子

上面的例子相对较简单，经过一次迭代（每个节点遍历一次）就收敛了，但对一些复杂的图，需要设定收敛条件。设 $\{S_1, S_2, \cdots, S_n\}$ 是当前的社群划分，d_S^i 表示节点 v_i 在社区 S 中的邻节点数目。则当算法执行到对于每个节点 v_i，其当前所在社群（设为 S_m）的邻节点数目不少于其他社群的邻节点数目时，算法收敛，即对每个节点 v_i，有 $d_{S_m}^i \geq d_{S_j}^i \ \forall j : j \neq m$。

对于有权图，节点在选择标签时，需要考虑权重，也就是选取权重之和最大的那个标签作为自身的标签。

例 2.3.2 在有权图 2-13a 中，设节点的遍历顺序为 v_4，v_6，v_1，v_3，v_7，v_8，v_2，v_9，v_5，请针对此图完成标签传播算法。

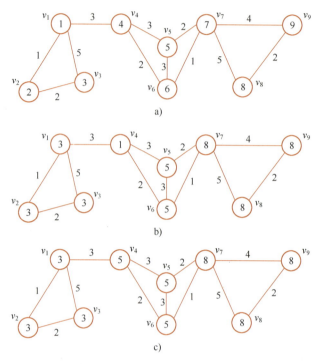

图 2-13 有权图标签传播例子

解：在 v_4 选择标签时，标签 1 和标签 5 的权重都是 3，设这里 v_4 随机选择标签 1。之后，v_6 选择标签 5，v_1 选择标签 3，v_3 还是标签 3，v_7 选择标签 8，v_8 还是标签 8，v_2 选择标签 3，v_9 选择标签 8，v_5 可选择标签 1 和标签 5，这里我们假设节点倾向于选择自身的标签，所以是标签 5，形成如图 2-13b 所示的标签传播。而后，第二次迭代，v_4 选择时，标签 3 的权重为 3，而标签 5 的权重为 3+2=5，所以选择标签 5，之后，每个节点选择相应的标签即可，形成如图 2-13c 的标签传播，此时算法收敛，形成最终社群划分。

标签传播算法如算法 6 所示，算法主要由两个循环组成，一是外部 repeat 循环，二是内部 for 循环。在 for 循环中，需要遍历每个节点且每个节点需要访问其所有邻节点，所以 for 循环的执行次数为 $2m$。设 repeat 的次数为 t，则算法总的复杂度为 $O(tm)$。但 repeat 循环的次数 t 很难估计，算法的提出者通过大量的实验证明，repeat 循环通常只要执行 5 次，95% 以上的节点都已经被划入最终的社群，这也是为什么标签传播算法被称为近似线性算法的原因。

算法 6 标签传播算法

1：输入：$G=(V,E)$；
2：**for** $\forall v \in V$ **do**
3：　　$l(v) \leftarrow v$；

```
4： end for；
5： V ← V 的节点随机排序；
6： repeat
7：    for ∀v ∈ V do
8：       N(v) ← {u：e_{uv} ∈ E}；
9：       L(v) ← 频率最高（无权图）或者权重最高（有权图）的标签；
10：      if then |L(v)| = 1
11：         l(v) ← L(v) 的元素；
12：      else
13：         l(v) ← L(v) 的一个随机元素；
14：      end if
15：   end for
16：until 算法收敛
```

2. 重叠社群的标签传播算法

为了解决重叠社群划分问题，人们对 LPA 进行了扩展，扩展的目的是使那些位于重叠区间的节点能够同时拥有多个标签。本节讨论两个比较典型的扩展方法，一个是节点在传播标签的时候，就传播多个标签，如 COPRA（Community Overlap PRopagation Algorithm）；另一个是节点传播单一标签，但是接收节点保存接收到的所有标签，最终选择多个标签，如 SLPA（Speaker Listener Label Propagation Algorithm）。

（1）COPRA

在 COPRA 中，一个节点可以属于多个社群，并定义了从属系数 β，$0 \leq \beta \leq 1$ 说明节点属于某个社群的程度，这样，用二元组 (c_i, β_i) 代表了该节点属于社群 c_i（标签）的程度为 β_i。节点会收到其邻节点发送过来的二元组信息，并对收到的信息进行更新。对于某个标签 c_i，节点 v 会对其从属系数 β_i（t 时刻）按照下式进行更新。

$$v.\beta_i^t = \frac{\sum_{u \in N(v)} u.\beta_i^{t-1}}{|N(v)|} \tag{2-47}$$

式中，$N(v)$ 表示节点 v 的所有邻节点集合。之后，节点需要对计算获得的从属系数做归一化处理（也就是使所有的从属系数相加等于 1）。为了避免节点保存过多的二元组，算法会设置一个阈值 $0 \leq \alpha \leq 1$，只有那些 $\beta \geq \alpha$ 的二元组才会被保存下来。通常设置 $\alpha = 1/N_c$，N_c 为要划分的社群的最大数目。但这样做的一个缺点是，有可能某节点所有标签的从属系数都可能小于阈值 α，此时，可以简单地只保留最大从属系数的标签。注意，经过这些操作后，算法还需要做归一化处理。

例 2.3.3 用同步的 COPRA 求图 2-14a 的社群发现，设 $N_c = 2$。

解： 初始化后，每个节点形成图 2-14a 所示的标签及其从属系数的二元组。之后，每个节点将其二元组传播给其邻节点，按照式（2-47）更新后，节点计算得出的二元组为

$a: \left\{\left(b, \frac{1}{2}\right), \left(c, \frac{1}{2}\right)\right\}; b: \left\{\left(a, \frac{1}{3}\right), \left(c, \frac{1}{3}\right), \left(d, \frac{1}{3}\right)\right\}; c: \left\{\left(a, \frac{1}{3}\right), \left(b, \frac{1}{3}\right), \left(d, \frac{1}{3}\right)\right\};$

$$d:\left\{\left(b,\frac{1}{4}\right),\left(c,\frac{1}{4}\right),\left(e,\frac{1}{4}\right),\left(f,\frac{1}{4}\right)\right\};\ e:\left\{\left(d,\frac{1}{3}\right),\left(f,\frac{1}{3}\right),\left(g,\frac{1}{3}\right)\right\};$$
$$f:\left\{\left(d,\frac{1}{3}\right),\left(e,\frac{1}{3}\right),\left(g,\frac{1}{3}\right)\right\};\ g:\left\{\left(e,\frac{1}{2}\right),\left(f,\frac{1}{2}\right)\right\}。$$

因 $\alpha=1/N_c=1/2$，节点 a 和节点 g 保留所有的二元组，其他节点因其二元组的从属系数都小于 $1/2$，所以只保留最大从属系数二元组，因这里的从属系数都是一致的，节点随机选择一个二元组，设各节点保留的二元组如图 2-14b 所示。

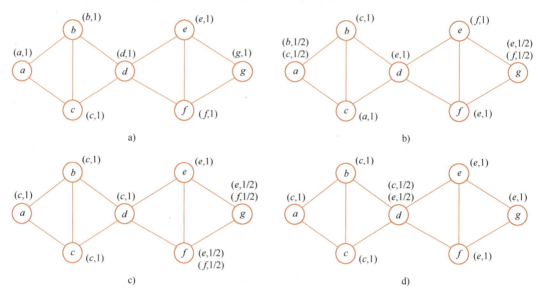

图 2-14 COPRA 算法标签传播例子

之后，各节点再执行标签传播、系数计算、归一处理、阈值判断等处理，形成了图 2-14c 所示的结果。最终，算法会形成图 2-14d 所示的结果。此时，算法收敛。算法得出了两个社群 $\{a,b,c,d\}$ 和 $\{d,e,f,g\}$，其中节点 d 同时属于这两个社群。

在例 2.3.3 中，所有节点的二元组都不再变化后，算法停止。但这个停止条件是比较难以满足的，因而 COPRA 提出了只要划分的社群不再变化，即第 t 次划分和第 $t-1$ 次划分都得出 k 个社群且社群所对应的标号是一致的（不要求社群包含的节点也完全一致）。基于以上分析，算法 7 给出了 COPRA。

算法最外层 for 循环（语句 6~语句 25）遍历每个节点，计算该节点的标签和对应的从属系数。该循环内部有两个 for 循环，第一个 for 循环（语句 7~语句 15）接收邻节点的二元组，并按照接收到的信息计算相应的二元组；第二个 for 循环（语句 18~语句 22）按照计算的二元组，保留大于等于阈值的二元组，显然算法的复杂度取决于第一个 for 循环。外部 for 循环（语句 6）和内部第一个 for 循环（语句 7）总执行次数是 $2m$。最里面的 for 循环（语句 8~语句 14）遍历一个节点所有的二元组，因算法最大划分社群的个数是 N_c，所以节点最多有 N_c 个二元组，因而 for 循环（语句 8~语句 14）执行的次数为 $O(N_c)$。最后，if 语句（语句 9）判断节点 v_i 是否已经拥有标签 c，因一个邻节点最多拥有 N_c 个标签（或者二元组），而一个节点最多可以有 $n-1$ 个邻节点，所以一个节点最多会接收 $O(nN_c)$ 个标签，假设这些标签已经排序好，从这些已经排序好的标签中判断是否已经有某个标签 c 的复杂度为 $O(\log(nN_c))$。得出 COPRA 总复杂度为 $O(mN_c\log(nN_c))$。

算法7　COPRA

1：输入：$G=(V,E)$，N_c；
2：**for** $\forall v_i \in V$ **do**　　　　/*初始化二元组*/
3：　　　$\text{Tuple}_i \leftarrow \{(i, 1)\}$；
4：**end for**；
5：**repeat**
6：　　**for** $\forall v_i \in V$ **do**
7：　　　　**for** $\forall u \in N(v_i)$ **do**
8：　　　　　　**for** $\forall (c,\beta) \in \text{Tuple}_u$ **do**
9：　　　　　　　　**if** $(c,\beta') \in \text{Tuple}_i$ **then**　　/*判断节点v_i是否已经有标签c了，这里β'可以为任意值*/
10：　　　　　　　　　　$\text{Tuple}_i \leftarrow \text{Tuple}_i \backslash (c,\beta') \cup (c,\beta'+\beta)$；
11：　　　　　　　　**else**
12：　　　　　　　　　　$\text{Tuple}_i \leftarrow \text{Tuple}_i \cup (c,\beta)$；
13：　　　　　　　　**end if**
14：　　　　　　**end for**
15：　　　　**end for**
16：　　　$\text{Normalize}(\text{Tuple}_i)$；　　/*对二元组进行归一化处理*/
17：　　　$\text{Tp}^{\max} \leftarrow \max_\beta \text{Tuple}_i$；
18：　　　**for** $\forall (c,\beta) \in \text{Tuple}_i$ **do**
19：　　　　　**if** $\left(\text{then } \beta < \dfrac{1}{N_c}\right)$
20：　　　　　　　$\text{Tuple}_i \leftarrow \text{Tuple}_i \backslash (c,\beta)$；
21：　　　　　**end if**
22：　　　**end for**
23：　　　If ($\text{Tuple}_i = \varnothing$) $\text{Tuple}_i \leftarrow \{(\text{Tp}^{\max}.c, 1)\}$；
24：　　　$\text{Normalize}(\text{Tuple}_i)$；
25：　　**end for**
26：**until** 算法收敛

(2) SLPA

为了更方便地描述标签的传播，SLPA引入了speaker（标签传播者）和listener（标签接收者）两个概念。每次，算法选择一个节点作为listener，其邻节点作为speaker，speaker向listener发送标签，listener选择某个接收到的标签。其算法步骤如下：

1）每个节点选择一个标签。
2）重复以下步骤，直到满足停止条件。
- 随机选择一个节点作为listener。

- 其所有邻节点作为 speaker，这些 speaker 按照规则选择一个标签，并发送给 listener。
- listener 按照规则从接收到的标签中选择一个标签，并存储。

3) 所有节点从存储的标签中选择那些频率高于某个阈值的标签作为最终标签，如果一个节点的最终标签包含多个，则这个节点同时归属于多个社群，实现重叠社群发现。

上述算法，无论是 speaker 选择标签的规则，还是 listener 存储标签的规则，算法并没有明确地给出，这些规则可由算法实现者来具体定义，如 speaker 可按照存储标签的频率来进行选择，也就是频率越高的标签被选中的概率越大。而 listener 也可以按照接收到的标签的频率来选择，或者直接选择频率最高的标签，甚至可以选择多个标签。算法的关键是存储标签，以便最后能从这些存储的标签中选择多个标签用于社群发现。

如同 LPA，SLPA 也采用异步更新的模式。LPA 在收敛后停止算法，但 SLPA 很难定义收敛条件，而通常会定义迭代次数，达到迭代次数就停止算法。迭代停止后，每个节点都从存储的标签中选择多个标签（如果只选择频率最高的标签就成了非重叠社群发现），通常会事先定义一个频率阈值，那些频率大于此阈值的标签被选中作为节点的标签，此节点被划入相应的社群。

2.3.3 基于团的算法

基于团的算法（Clique Percolation Method，CPM）也是用于重叠社群发现，算法的核心是先找出图中所有的极大团，之后将那些相连通且节点数目大于 k 的团看作一个社群。给定图 $G=(V,E)$，用于发现 k-团社群（k-Clique-Communities）的 CPM 由以下步骤组成。

1) 找出图 G 中所有的极大团。
2) 建立重叠矩阵 $[a_{ij}]$，矩阵中的行元素和列元素都代表找到的极大团，矩阵的元素 a_{ij} 代表第 i 个极大团和第 j 个极大团间的公共节点数，对角线元素 a_{ii} 表示第 i 个极大团内部的节点数。
3) 将重叠矩阵变成社团邻接矩阵，其中重叠矩阵中对角线小于 k，非对角线小于 $k-1$ 的元素全置为 0，其他元素置为 1，所以那些节点个数小于 k 的团不会被考虑进社群划分，而相邻的团如果共同节点数小于 $k-1$ 则认为不连通，即只有那些共同节点数大于等于 $k-1$ 的团是连通的。
4) 依据邻接矩阵，那些连通的团划分为一个社群。如团 A 和团 B 连通，团 B 和团 C 连通，则团 A、团 B、团 C 形成一个社群。

下面通过一个例子来进一步讲解上面的算法。对图 2-15a 所示的原图 G，用 CPM 进行社群发现。算法的第一步是找出图中所有的极大团[○]，最大团算法（Bron-Kerbosch 算法）是通过比较所有的极大团来得到的，所以可以对 Bron-Kerbosch 算法稍作修改来获取所有的极大团。本例中，极大团为 $c_1=\{v_2,v_3,v_4,v_5\}$，$c_2=\{v_1,v_2,v_6\}$，$c_3=\{v_2,v_5,v_6\}$，$c_4=\{v_4,v_5,v_7,v_9\}$，$c_5=\{v_5,v_6,v_7,v_8,v_9\}$，$c_6=\{v_5,v_6,v_8,v_{10}\}$。

算法的第二步是建立重叠矩阵，按照上面得出的极大团，得到重叠矩阵，重叠矩阵的对角线是相应极大团的节点个数，其他元素是相应两个极大团公共的节点数目，也就是重叠部分的节点数目。

○ 参考《算法设计与应用》Bron-Kerbosch 算法章节。

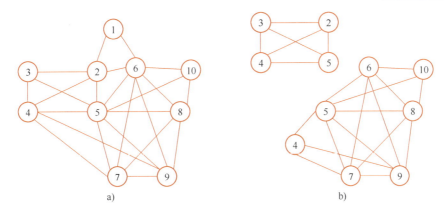

图 2-15 CPM 例子
a）原图 G　b）通过 CPM 划分成两个社群

$$\begin{array}{c} & \begin{array}{cccccc} c_1 & c_2 & c_3 & c_4 & c_5 & c_6 \end{array} \\ \begin{array}{c} c_1 \\ c_2 \\ c_3 \\ c_4 \\ c_5 \\ c_6 \end{array} & \left(\begin{array}{cccccc} 4 & 1 & 2 & 2 & 1 & 1 \\ 1 & 3 & 2 & 0 & 1 & 1 \\ 2 & 2 & 3 & 1 & 2 & 2 \\ 2 & 0 & 1 & 4 & 3 & 1 \\ 1 & 1 & 2 & 3 & 5 & 3 \\ 1 & 1 & 2 & 1 & 3 & 4 \end{array} \right) \end{array}$$

第三步是计算邻接矩阵，假设要建立 $k=4$ 团社群划分，则对上述重叠矩阵的对角线小于 4 的全部置为 0，其他置为 1，非对角线元素小于 3 的全部置为 0，其他置为 1。得出邻接矩阵为

$$\begin{array}{c} & \begin{array}{cccccc} c_1 & c_2 & c_3 & c_4 & c_5 & c_6 \end{array} \\ \begin{array}{c} c_1 \\ c_2 \\ c_3 \\ c_4 \\ c_5 \\ c_6 \end{array} & \left(\begin{array}{cccccc} 1 & 0 & 0 & 0 & 0 & 0 \\ 0 & 0 & 0 & 0 & 0 & 0 \\ 0 & 0 & 0 & 0 & 0 & 0 \\ 0 & 0 & 0 & 1 & 1 & 0 \\ 0 & 0 & 0 & 1 & 1 & 1 \\ 0 & 0 & 0 & 0 & 1 & 1 \end{array} \right) \end{array}$$

第四步是根据邻接矩阵，可得 c_1 没有和任何其他团连通，所以独立成一个社群；c_4 和 c_5 连通，c_5 和 c_6 连通，所以这 3 个团是一个社群。最后按照 4-团社群的 CPM 划分如图 2-15b 所示，原图 G 被划分成两个社群 $\{v_2, v_3, v_4, v_5\}$ 和 $\{v_4, v_5, v_6, v_7, v_8, v_9, v_{10}\}$，其中节点 v_1 不包括在任何社群内，但节点 v_4 和 v_5 同时被包含在两个社群中。

上述例子的另外一种实现方法是先找出所有的 4-团，然后再执行相同的步骤。不过先找出极大团的方法更优。因为，只要找出了极大团，不管是进行 $k=4$ 团社群划分，还是 $k=3$ 团社群划分，只要对重叠矩阵进行简单操作即可。有兴趣的读者可以进行 $k=3$ 团社群划分，不过因为该例子图的连接度较高，$k=3$ 团社群划分将整个图作为一个社群。另外指出，$k=2$ 团社群划分实际上就是连通图的划分。

CPM 也可应用在有权图中，此时，通常采用第二种方法实现 CPM。如果需要进行 k-团社群划分，则先找出所有的 k-团。之后，求每个 k-团的平均权重，算法通常采用几何平均。对于某个团 C 的几何平均为

$$I_C = \Big(\prod_{i<j; i,j \in C} w_{ij}\Big)^{\frac{2}{k(k-1)}} \tag{2-48}$$

再定义一个阈值 I，平均权重小于阈值的团被直接丢弃，只有那些平均权重大于等于阈值的团才会用于重叠矩阵的建立。之后的流程和无权图是一致的。

2.4 社群发现在物流仓储中的应用

在大型物流仓储中心，需要对本季度的货品进行摆放，以便于工人能够按照订单快速地完成货品的拣选，显然，如果出现在同一订单中的货品被摆放在相隔很远的货架上，那么完成此订单，工人需要穿行很长的距离。这样，一方面工人的劳动增加，另一方面完成订单的效率低下。为此，需要将那些可能会出现在相同订单中的货品摆放在相邻或者相近的位置，以便工人通过很少的移动就能完成一个订单商品的拣选。

那么如何决策哪些货品应该摆放在一起？对于不同季度的货品，每年的订单会很相近，所以按照往年的订单来确定货品摆放是一个不错的策略。

思路 用往年的订单来确定货品间的关系，再用有权图来刻画所有商品间的关系，之后，对有权图，通过社群发现算法，将那些具有密切关系的货品（通常会出现在同一订单中）划分在一起。如此，被划分在同一个社群的货品，就被摆放在邻近的货架上。

现在的主要问题是，如何用订单来确定货品间的关系？很显然，对于两个商品 c_i 和 c_j，如果它们出现在同一订单中的次数越多，说明这两个商品关系越密切，所以定义 $r_{i,j}$ 表示商品 c_i 和 c_j 的关系。

$$r_{i,j} = \sum_{k=1}^{m} x_{i,j}^{(k)} \tag{2-49}$$

式中，m 表示往年订单的数目。

$$x_{i,j}^{(k)} = \begin{cases} 1, & c_i, c_j \in 订单 k \\ 0, & 其他 \end{cases}$$

之后，画出有权图 $G=(V,E)$，其中所有的货品组成了 V，如 $r_{i,j}>0$，则表示图中节点 v_i（代表商品 c_i）和节点 v_j（代表商品 c_j）存在边且边的权重 $w_{i,j}=r_{i,j}$；如 $r_{i,j}=0$，则表示节点 v_i 和节点 v_j 不存在边，之后选用一种合适的社区划分算法对图进行划分。

例 现有 5 个货品，仓储中心依次放置了 5 个货架，先需要将这些货品摆放在货架上，使得当工人拣选一个订单时，尽可能在货架相邻的位置完成订单。往年的订单如下：

- 订单 1 包含：货品 1，货品 2，货品 3。
- 订单 2 包含：货品 1，货品 2，货品 3。
- 订单 3 包括：货品 3，货品 4，货品 5。
- 订单 4 包括：货品 1，货品 3。
- 订单 5 包括：货品 3，货品 5。
- 订单 6 包括：货品 4，货品 5。
- 订单 7 包括：货品 4，货品 5。

默认今年的订单和往年的订单类似，请依据往年的订单，完成货品摆放。

解：依据订单，画出有权图，如图 2-16a 所示，图 2-16b 和图 2-16c 给出了 Louvain 算

法的合并和粗化步骤，最终形成的社群有两个，一个包含了货品1、货品2、货品3；另一个包含货品4、货品5，模块度约为0.22。所以，我们应该将货品1、货品2、货品3放在相邻的位置，而货品4、货品5放在相邻的位置（实际上应该摆放在哪个位置，还应该考虑到其他一些参数，如商品的热度，但这部分内容超出本章讨论的范围）。

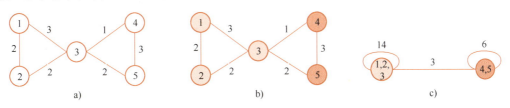

图 2-16　订单的图表示

a）订单的图模型　b）合并后的图　c）粗化后的图

2.5　本章小结

在本章中，针对最大流问题，着重介绍了 Ford-Fulkerson 算法（更应该是一种思想）以及其具体的实现 Edmonds-Karp 算法。因篇幅关系本章没有再分析其他算法，最大流的另外一个比较重要的算法是 Dinic 算法。Dinic 算法也采用了 BFS 算法，但不同于 Edmonds-Karp 算法，后者用 BFS 来寻找最短路径，而 Dinic 算法用 BFS 来构建层次图。之后，再通过层次图来发送多个流。在最大流问题中，本章特意将最大流和最小割问题的对偶性质通过一个小节来描述，以便读者对线性规划章节中学习的对偶性质有进一步的了解。

本章也讨论了图的中心性算法，尽管中心性的算法是为社交网络分析而发明的，但这些算法在其他领域已得到广泛的应用。中心性算法主要回答"如何去刻画图中一个节点的重要性"这一问题。节点的重要性可通过节点对网络的凝聚力来表达，如具有数目众多的邻节点的节点更加重要（度中心性），或者和重要节点相连的节点更加重要（特征向量中心性）；另外节点的重要性也可通过流或者路径表达，如能够通过更短路径到达其他节点的节点更加重要（紧密中心性），或者有更多最短路径通过的节点更加重要（中介中心性）。在深度学习的图网络中，通常需要输入图的拓扑结构和节点的特征值，图的中心性算法得到的值可视为节点的特征值。

最后，讨论了图的社群发现算法。我们将社群发现分成三类：第一类是基于模块度的算法，也就是在划分社群的过程中，通过模块度来衡量社群发现的好坏，而社群发现又分成两种方式，一种是合并方式，另一种是分割方式；第二类是基于标签传播的算法；第三类是基于团的算法。基于模块度的算法通常划分的社群是不重叠的；而基于标签传播的算法既可以得出不重叠社群发现，又可以实现重叠社群发现；基于团的算法一般获得的是重叠社群发现。

第 3 章 NP 问题

之前，我们对算法的复杂度做过很多分析。但实际上，我们对问题的复杂性更感兴趣。如果一个问题很复杂，说明了无论设计什么样的算法，计算机都无法在短时间内解决，所以也就不需要白费心力去设计一个可以在短时间内解决的算法。我们把那些在多项式时间内可以解决的问题称为简单问题，也就是 P 问题，而将那些无法在多项式时间内解决的问题称为复杂问题，也叫 NP 难问题。这些基本概念会在本章的 3.1 节中介绍，同时会介绍一个非常重要的概念：归约。归约是我们证明一个问题是简单问题还是困难问题的重要手段。之后，我们会讨论 P 问题的证明。显然，如果能够找到一个在多项式时间内的算法，该问题肯定是 P 问题，但是，如果目前找不到多项式时间内的算法，并不代表该问题一定就不是 P 问题，也许是因为我们暂时没有找到而已，所以证明一个问题是 P 问题也是必要的。本章的重点是困难问题的证明。我们将通过大量的困难问题证明来熟悉证明过程，从而学会如何判断一个算法问题是否是困难问题。如果是困难问题的话，我们将尽力去设计一个好的近似解，而不是费劲地设计能得出最优解的算法。

3.1 基本概念

3.1.1 P 问题、NP 问题、NP 难问题和 NPC 问题

定义 3.1.1 [P 问题（Polynomial）] 在多项式时间内可以解决的问题。

P 问题通常被认为是比较容易解决的问题，它的时间复杂度通常为多项式时间，如 $O(n)$、$O(n\log n)$、$O(n^3)$ 等。搜索、排序、小数背包问题等都是 P 问题。

定义 3.1.2 [NP 问题（Non-deterministic Polynomial）] 给定一个证书（Certificate），可以在多项式时间内验证此证书是否是问题的解的问题。

比如，在哈密顿回路中，我们给出一个所有节点的序列，即证书，可以很容易地在多项式时间内验证这个证书是否是一个哈密顿回路。可为什么要定义 NP 问题？这可能是看到这个定义的一个疑问。根据前面 P 问题的定义，可以认为 P 问题是比较容易的问题，但什么样的问题是比较复杂的问题？为此我们需要对复杂问题也进行定义，但同时希望将复杂问题进行某种限定，使得问题不要过于复杂，所以要先限定一个范围，也就是说研究问题的范围要局限于：问题是可以在多项式时间内验证的。这是我们定义 NP 问题的原因。另外，定义 NP 问题也是想确定，如果一个问题可以在多项式时间内验证，那么是否一定可以在多项式时间内解决？这就是著名的"**P 是否等于 NP**"。对那些在多项式时间内都无法验证的问题，显然不可能存在多项式时间内的解决方案。

定义 3.1.3 [NP 难问题（NP Hard）] 对于某个问题，如果所有的 NP 问题都可以

"归约"成此问题(归约(Reducibility)暂时可以理解成"转换"),那么此问题为 NP 难问题。

因为所有的问题都可以归约成此问题,我们可以认为 NP 难问题比所有的 NP 问题都要难,或者说不比任何一个 NP 问题容易,也就是说 NP 问题的难度(最难的 NP 问题)是 NP 难问题难度的下界,但 NP 难问题并没有给出上界。为此,我们又定义了 NPC 问题。

定义 3.1.4 [NPC 问题(NP 完全问题)] NPC(NP Complete)问题是 NP 问题中最难的问题,包含两个条件:①问题是一个 NP 问题;②所有的 NP 问题都可以归约成此问题。

从这个定义中,我们容易发现,定义的第二个条件就是 NP 难问题。所以如果一个问题是 NP 难问题,但同时这个问题又是 NP 问题,那么此问题就是 NPC 问题,即 NPC 问题包含于 NP 难问题。所以 NPC 问题是很难的问题,但不像 NP 难问题,NPC 问题的难度是有约束的(可以在多项式时间内去验证一个解),所以 NPC 问题是我们重点研究的对象。

上面定义的各类问题间的关系如图 3-1 所示,问题的难度沿着箭头增加。如果 P≠NP(通常都是这么认为的,但还没有被明确证明),得出如图 3-1a 所示的关系。按照定义可知,P 问题和 NPC 问题都属于 NP 问题,所以这两类问题被包含在 NP 问题中,P 问题可以在多项式时间内解决,而 NPC 问题不能,所以 NPC 问题要难于 P 问题。而 NP 难问题既包含 NPC 问题,也包括其他更难的问题,所以 NP 难问题是最难的。如果 P=NP,那么就得出如图 3-1b 所示的关系,因 NPC 问题属于 NP 问题,而 NP=P,所以 NPC 问题也可以在多项式时间内解决,即 NP=P=NPC。

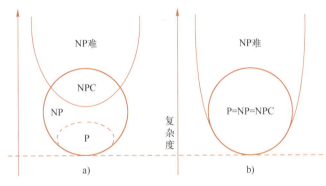

图 3-1 各类问题间的关系
a) P≠NP b) P=NP

在实际中,我们碰到的很多问题都是最优化问题,如旅行商问题,即求一个完全图的最小哈密顿回路。而证明一个问题是 NPC 问题时,第一个要满足的条件是这个问题是一个 NP 问题,也就是给出一个证书,在多项式时间内判断它是否是原问题的一个解。显然,针对最优化问题很难去判断问题是否是一个 NP 问题,如针对旅行商问题,对于给出的一个证书,可以容易地判断其是不是一个哈密顿回路(只要判断这个证书是不是经过图中的所有点一次且仅一次),但很难去判断这个证书是否是最小回路,即它是不是原问题的一个解。

为此,最优化问题通常需要先转换为判定性问题,如针对某个完全图 G 的旅行商问题可以转换为如下子问题:

- 此图中是否存在总权重为 1 的回路?
- 此图中是否存在总权重为 2 的回路?
- ……
- 此图中是否存在总权重为 n 的回路?

假设前 i 个问题的答案为否，而第 $i+1$ 个问题的答案为是，则说明图 G 的旅行商回路的权重（代价）为 $i+1$。所以一个最优化问题可分解为多个判定性问题，或者说一个最优化问题可以由多个判定性问题组成。因而，如果能够证明一个判定性问题为 NPC 问题，显然原最优化问题也是 NPC 问题。

把一个最优化问题转换成判定性问题的好处是，很容易知道是否可以在多项式时间内去验证一个证书是否是问题的解。如旅行商问题，给定一个证书，我们很容易去判断这个证书是否是一个总权重为 x 的回路。这就是为什么在证明一个最优化问题是否是 NP 难问题时，通常将这个问题转化为判定性问题。如证明旅行商问题为 NP 难问题时，我们将其转化为判定性问题的证明方法：是否存在总权重为 k 的哈密顿回路。

因 NPC 问题定义的第二条是"所有的 NP 问题都可以归约为一个 NPC 问题"（这也是把 NPC 问题称为完全问题的原因），所以如果我们能够证明一个 NPC 问题可以在多项式时间内来解决，那么可以用相应的方法来解决所有的 NP 问题，也就是说所有的 NP 问题都可以在多项式时间内解决，即 NP = P。显然，目前还没有发现任何一个 NPC 问题可以在多项式时间内解决。要理解 NPC 问题，首先要理解什么是归约。

3.1.2 归约性

通俗地讲，一个问题（如 Q_1）可以归约为另外一个问题（如 Q_2）是指问题 Q_1 可以转换为问题 Q_2，之后可以通过求解 Q_2 的方法来求解 Q_1，如求解一元一次方程（问题 Q_1）可归约为求解一元二次方程（问题 Q_2）：一元二次方程的二次项系数为 0 即可，之后可以通过求解一元二次方程的方法来求解一元一次方程。严格的归约定义为：

定义 3.1.5（归约） 一个问题（Q_1）可以归约为另外一个问题（Q_2），需满足以下两个条件：

1）实例对应性：Q_1 的任意一个实例 ϕ，通过函数 f 都可转化成 Q_2 的一个实例 $f(\phi)$ 且这个转化函数 f 必须在多项式时间内完成。

2）输出一致性：归约后的输出和原来的输出一致，如 $algo_1$ 是 Q_1 的算法，$algo_2$ 是 Q_2 的算法，则在相同的输入下，$algo_1(Q_1) = algo_2(Q_2)$。

第一个条件中的函数 f 是一个泛指的概念，可以是一个具体函数，也可以是一种规则，如在 3 合取范式（见 3.3 节）归约为团问题（见 3.4 节）中，3 合取范式的基本单元是布尔变量，而团是一个图，我们规定了每个布尔变量映射成图中的一个点。另外，函数必须满足**映射关系**，即 $x \in Q_1$ 当且仅当 $f(x) \in Q_2$。或者说，当 $x \in Q_1$ 时，则 $f(x) \in Q_2$；当 $x \notin Q_1$ 时，则 $f(x) \notin Q_2$。如上面的例子中，我们可以将任何一个一元一次方程（一个实例）转化为一个一元二次方程（一个实例）。

第二个条件对于上面的例子是容易理解的，如存在一个变量 x 的赋值，这个赋值使得一元一次方程成立，则必然对归约后的一元二次方程也成立。或者说，如果某个赋值对归约后的一元二次方程成立，则必然对一元一次方程也成立。但这个问题在 Q_1 和 Q_2 不是相同类型的问题时，就会产生疑惑。如 Q_1 可为 3 合取范式问题，而 Q_2 可为团问题，Q_1 的输出是布尔值，而 Q_2 的输出是图，如何判断是一致的？实际上，正如前面描述的，任何一个优化问题都可以转换为判定性问题，把问题转换为判定性问题后，则结果只有真和假，就可以判断结果是否一致。上面的例子中，3 合取范式可满足性问题本身就是判定性问题，而最大团问题可以转换为"图中是否存在大小为 k 的团"，这样就可以判断是否满足输出一致性了。在证

明 $algo_1(Q_1) = algo_2(Q_2)$ 时，需要证明以下两点：对任一输入，当 Q_1 为真时，Q_2 必为真；对任一输入，当 Q_2 为真时，Q_1 必为真。

基于上述分析，证明一个问题 Q_1 可以归约到问题 Q_2，需要证明**实例对应性**。

1) Q_1 问题的任意一个实例都可以转化为 Q_2 问题的一个实例。
2) 这个转化过程在多项式时间内可以完成，或者说转化函数 f 是个多项式函数。

其中，多项式函数通常是指，归约后问题的规模和原问题的规模是一个多项式的关系，而不是其他关系，如指数关系。还需要证明**输出一致性**。

1) Q_1 问题的任意一个实例，如果其输出为真，则对应 Q_2 问题实例的输出也一定为真。
2) Q_2 问题的任意一个实例，如果其输出为真，则对应 Q_1 问题实例的输出也一定为真。

如果问题 Q_1 可以归约为问题 Q_2，则记为 $Q_1 \leq_P Q_2$，表示 Q_1 大于 Q_2 的难度不会超过一个多项式时间因子（但通常我们可以根据小于等于号来认为 Q_1 的难度要小于等于 Q_2）。如 Q_1 和 Q_2 都是 NP 问题且 $Q_1 \leq_P Q_2$，可以推出：

1) 如果 Q_1 是 NPC 问题，则 Q_2 必然是 NPC 问题（因 Q_2 不比 Q_1 容易）。
2) 如果 Q_2 是 P 问题，则 Q_1 必然是 P 问题（因 Q_1 不比 Q_2 难）。

这两个结论非常重要，通过第一个结论，能够大大简化 NPC 问题的证明，使得在证明一个问题（设为 Q）为 NPC 问题时，无须去证明所有的 NP 问题都可以归约到问题 Q，而只需要证明一个已知的 NPC 问题可以归约到问题 Q 即可。但必须指出，以上结果并不是一个严谨的证明结果，严谨的过程可以通过归约的一个重要性质"**传递性**"来证明。归约的传递性指出：如果问题 Q_1 可归约为问题 Q_2，问题 Q_2 可归约为问题 Q_3，则问题 Q_1 一定可归约为问题 Q_3。通过第二个结论，我们可以**证明一个问题是 P 问题**。

推理 如果 Q_1 是 NPC 问题，Q_2 是 NP 问题且 $Q_1 \leq_P Q_2$，则 Q_2 必然是 NPC 问题。

证明：Q_1 是 NPC 问题，则有 $\forall$ NP 问题 $\leq_P Q_1$，同时，因 $Q_1 \leq_P Q_2$，根据传递性，可以得出 $\forall$ NP 问题 $\leq_P Q_2$ 且 Q_2 是 NP 问题，由 NPC 问题的定义，得出 Q_2 是 NPC 问题。因而，可以通过上述推理来证明一个问题是 NPC 问题。

3.2 P 问题的证明

对于一个问题，如果能够找到多项式时间的算法来解决此问题，则这个问题显然是一个 P 问题。但在某些情况下，目前还没有找到该问题的多项式时间算法，如果可以将该问题归约到一个已知的 P 问题，那么该问题必然是 P 问题。下面，我们通过 2 合取范式（Conjunctive Normal Form，CNF）的可满足性问题（Boolean Satisfiability Problem，SAT）来分析 P 问题的证明过程。2CNF-SAT 定义如下：

定义（2CNF-SAT） 2CNF 是一个布尔表达式，其由子句（clause）的"与"组成，而每个子句都由 2 个文字（literal，文字为一个变量或者变量的"否"）的"或"组成。如 $(\neg x \lor y) \land (\neg y \lor z) \land (x \lor \neg z) \land (z \lor y)$，其中共有 x，y，z 三个变量，这些变量及其"否"为文字，两个文字构成了一个子句。2CNF 的可满足性问题是指是否存在一个赋值，使得 2CNF 为真。

为了证明 2CNF-SAT 问题是 P 问题，我们需要将它归约到一个已知的 P 问题。这里我们直接给出前人的经验，对于布尔公式问题，通常是归约到图问题。你可能会疑惑，这两个问题看似完全不相关，怎么归约？实际上，我们主要是找到一个规则，使得一个 2CNF-SAT 问题的实例能够得出一个图问题的实例。

设 2CNF-SAT 有 n 个变量，m 个子句，构造图 $G=(V,E)$，图中共 $2n$ 个节点，代表 n 个变量及每个变量的"否"。对于 2CNF 中的每个子句，如 $(x \vee y)$，则图中同时存在从节点 $\neg x$ 到节点 y 的有向边和从 $\neg y$ 到 x 的有向边。这些边代表了如果 x 为假，则 y 必为真，或者 y 为假，则 x 必为真，所以构建的图共有 $2m$ 条边。如对于 2CNF：$(\neg x \vee y) \wedge (\neg y \vee z) \wedge (x \vee \neg z) \wedge (z \vee y)$。2CNF 构建图如图 3-2 所示。因 2CNF 有 3 个变量，所以图中有 6 个节点，2CNF 有 4 个子句，则图中共有 8 条边。

容易得到，当且仅当 2CNF 中存在子句 $(x \vee y)$，图 G 中存在边 $\neg x \to y$ 和边 $\neg y \to x$，所以有如下结论。

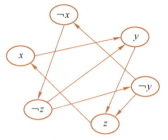

图 3-2 2CNF 构建图

1) 如图 G 中存在边 $x \to y$，则必然会同时存在边 $\neg y \to \neg x$。

2) 如图 G 中包含一条从 x 到 y 的路径，则必然也包含一条从 $\neg y$ 到 $\neg x$ 的路径。

第一个结论由图的构建可直接得出。现证明第二个结论：设 x 到 y 的路径为 $x \to z_1 \to z_2 \cdots \to z_k \to y$，依据第一个结论，必然存在如下路径 $\neg y \to \neg z_k \cdots \to \neg z_2 \to \neg z_1 \to \neg x$，即存在一条从 $\neg y$ 到 $\neg x$ 的路径。基于以上结论，得出如下定理。

定理 3.2.1 2CNF 是不可满足的，当且仅当存在变量 x，使得在图 G 中同时存在：①一条从 x 到 $\neg x$ 的路径；②一条从 $\neg x$ 到 x 的路径。

证明（反证法）：

- 设 $x_i = \text{true}$。

  设在图 G 中存在一条从 x_i 到 $\neg x_i$ 的路径 $x_i \cdots \to x_j \to x_k \cdots \to \neg x_i$，但也存在一个可满足的赋值，设为 $\{x_1, \cdots, x_i, \cdots, x_n\}$，使得 2CNF 为真。

  由图的构建可知，图 G 中的任意边 $(x_l \to x_m)$ 代表了 2CNF 中的子句 $(\neg x_l \vee x_m)$，因 $\{x_1, \cdots, x_i, \cdots, x_n\}$ 是一组使 2CNF 为真的赋值，所以子句 $(\neg x_l \vee x_m)$ 必然为真，则可得如果 x_l 为真，则 x_m 必然为真。同理，如果 x_m 为假，则 x_l 必然为假。

  基于上面的结论，可得，当 x_i 为真，由上面路径的前半部分 $x_i \cdots \to x_j$，可以得出从 x_i 到 x_j 所有的节点都为真，即 $x_j = 1$；同时，因 $\neg x_i$ 为假，则由上面路径的后半部分 $x_k \cdots \to \neg x_i$，可以得出从 $\neg x_i$ 到 x_k 都为假。所以边 $(x_j \to x_k)$ 的两个顶点 x_j 为真，x_k 为假，而这条边对应 2CNF 的子句 $(\neg x_j \vee x_k)$，此子句为假，即 2CNF 为假。这与"$\{x_1, \cdots, x_i, \cdots, x_n\}$ 使得 2CNF 为真"的假设相矛盾。

- 设 $x_i = \text{false}$。

  结合条件"一条从 $\neg x$ 到 x 的路径"，并按照上面相同的方法可得出与假设矛盾。

定理得证。

定理 3.2.2 从 2CNF 的可满足性问题（设为 $Q_{2\text{CNF}}$）到图 G 中是否同时存在从 x 到 $\neg x$ 和从 $\neg x$ 到 x 的路径问题（设为 Q_G）是归约过程。也就是 $Q_{2\text{CNF}} \leqslant_P Q_G$。

证明：

1) 实例对应性。

① 容易得出，任意一个 $Q_{2\text{CNF}}$ 问题的实例都可以转化为 Q_G 问题的实例。

② 图 G 的顶点数是 2CNF 变量个数的 2 倍（$2n$），边的条数是子句个数的 2 倍（$2m$），所以这个转化是在多项式时间内完成的。

2) 输出一致性。

① 对于 Q_{2CNF} 问题的任意一个实例，存在一组赋值使得实例为真（假），则这个实例对应的图中必然不会同时存在（必然会同时存在）从 x 到 $\neg x$ 和从 $\neg x$ 到 x 的路径。

② 对于 Q_G 问题的任意一个实例，如果同时存在（不存在）从 x 到 $\neg x$ 和从 $\neg x$ 到 x 的路径，则这个实例对应的 2CNF 必然为假（真）。

输出一致性的两个结论可以通过定理 3.2.1 直接得出。

推理　在以上方法得出的图 $G=(V,E)$ 中，可以在多项式时间内求解是否同时存在从 x 到 $\neg x$ 和从 $\neg x$ 到 x 的路径（$x \in V$），也就是问题 Q_G 是 P 问题。

证明：对于图 G 中的任意节点，可以通过广度优先（或者深度优先）算法（复杂度为 $O(m)$）得出到其他节点的路径，遍历所有的节点就可以验证图 G 是否同时存在从 x 到 $\neg x$ 和从 $\neg x$ 到 x 的路径。复杂度为 $O(mn)$，所以问题 Q_G 是 P 问题。结合定理 3.2.2 和该推理，得出 2CNF 可满足性问题是 P 问题。

3.3　3CNF 可满足性问题

从本章开始，我们要证明几个 NPC 问题，按照 NPC 问题的定义，需要证明两点，一是问题是 NP 类的，这个证明是比较简单的；二是所有的 NP 类问题都可以归约到该问题。显然第二点的证明太困难了，但前面也已经指出，可以通过一个已知的 NPC 问题归约到该问题来实现第二点的证明。这就必须要有第一个已经被证明的 NPC 问题，通常认为电路可满足性问题是第一个被证明的 NPC 问题[○]。

定义 3.3.1 [电路可满足性问题（Circuit SAT）]　给定一个由逻辑与门、或门、非门和异或门组成的逻辑电路，问是否存在一组赋值，使得逻辑电路的输出为真。

如图 3-3 所示的逻辑电路，当输入为 $\{x_1=0, x_2=1, x_3=0, x_4=1\}$ 时，则电路的输出为真，所以存在这么一组赋值，使得该电路的输出为真。读者也许会觉得为什么看上去如此简单的问题目前计算机也无法解决。这是因为当电路的规模变大时，计算成指数增长，计算机就无法在有限的时间内解决这个问题。而逻辑公式是指由变量（变元）、逻辑联接词（否定 $\neg$、合取 $\wedge$、析取 $\vee$、蕴含 $\rightarrow$、等价 $\leftrightarrow$），以及括号按照一定的规则组成的表达式。逻辑公式的取值为 0（假）或者 1（真）。逻辑公式称为合取范式，如果其每个子句都由合取联接构成，其中，**子句**是指一个或多个文字的析取，而**文字**是变量本身或者变量的否。例如，$x_1 \wedge (\neg x_2 \vee x_3) \wedge (x_1 \vee \neg x_2 \vee x_4)$ 是一个合取范式，该范式一共有 4 个变量、3 个子句：x_1、$(\neg x_2 \vee x_3)$、$(x_1 \vee \neg x_2 \vee x_4)$，可以看出每个子句都是由一个文字或者多个文字通过析取构成。如果每个子句必然包含 3 个文字，那么称之为 **3 合取范式**（3CNF）。

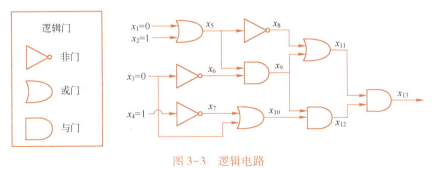

图 3-3　逻辑电路

○　有兴趣的读者参考 Cook 于 1971 发表的关于 NPC 问题奠基性的论文。

定义 3.3.2 [3 合取范式可满足性问题（3CNF-SAT）] 给定一个 3 合取范式，问是否存在一组赋值，使得该逻辑公式的取值为真。

为了证明此问题是 NPC 问题，首先需要证明第一个引理。

引理 3.3.1 3 合取范式可满足性问题是一个 NP 问题，即 3CNF-SAT $\in$ NP。

为此我们只要证明 3CNF-SAT 的任意实例 ϕ，ϕ 的任意一个可满足指派组成的证书可以在多项式时间内验证，验证算法：

- 将实例 ϕ 中的每个变量用相应的值代换。
- 计算所得的表达式。如果表达式的值是 1，则实例 ϕ 可满足。

显然上述验证算法的复杂度是关于 $n+m$ 的多项式，即 $O(n+m)$。

接着需要证明一个已知的 NPC 问题可以归约到 3 合取范式可满足性问题。因目前已知的 NPC 问题是电路可满足性问题，所以只能从该问题归约到 3 合取范式可满足性问题。

引理 3.3.2 电路可满足性问题可以归约到 3 合取范式可满足性问题。

实际上，因逻辑电路问题和布尔公式问题的相似性，它们之间的归约是较容易实现的。但正因为相似性，很容易造成错误的归约。因为每个逻辑电路都可以写成一个布尔公式，显然这种直接的转换满足归约中的输出一致性要求，可惜它并不满足归约实例对应性要求的第 2 点（实例转化需要在多项式时间内完成），也就是这种直接转换并不是在多项式时间内可完成的。以图 3-3 为例，该电路对应的布尔公式为

$$x_{13} = x_{11} \wedge x_{12}$$
$$= (x_8 \vee x_9) \wedge (x_9 \wedge x_{10})$$
$$= (\neg x_5 \vee (x_5 \wedge x_6)) \wedge ((x_5 \wedge x_6)) \wedge (x_7 \vee x_3))$$
$$= (\neg (x_1 \vee x_2) \vee ((x_1 \vee x_2) \wedge \neg x_3)) \wedge (((x_1 \vee x_2) \wedge \neg x_3)) \wedge (\neg x_4 \vee x_3))$$

这是一个很简单的电路，但对应的布尔公式已经稍显复杂。假设在电路中输入某变量 x_1，通过一个逻辑门后，该逻辑门输出线扇出为 2，之后与这个变量相关的逻辑门扇出都为 2，则第 1 层（类似于图 3-3 中，将逻辑门从左到右依次排列为第 1 层、第 2 层、…）中，变量 x_1 个数为 1，第 2 层个数为 2，第 3 层个数为 4，第 4 层个数为 8，可见变量 x_1 以指数的方式进行增长。也就是说原问题多一个门，转化后的问题变量成倍增长，这就造成了这种转化并不是一种多项式转化。

思路 上面的分析可以看出，之所以变量会成指数增长，是因为我们将每个逻辑门输入都进行了展开，以和输入的变量相关。如果不进行展开，而是对每个门只写成输入和输出的关系，这样变量的个数和门的个数呈线性关系，所以实例转化是在多项式时间内完成的。

如图 3-3 中输出为 x_{11} 的或门，对此门，输入和输出的关系为 $x_{11} \leftrightarrow (x_8 \vee x_9)$。如果存在一组输入，使得电路可满足，则电路中每个逻辑门输入输出的等价关系必然成立且最终的输出为真。写成图 3-3 中输出为 x_{13} 对应的布尔公式为

$$f(\text{circuit}) = x_{13} \wedge (x_{13} \leftrightarrow x_{11} \wedge x_{12}) \wedge (x_{12} \leftrightarrow (x_9 \wedge x_{10}) \wedge (x_{11} \leftrightarrow x_8 \vee x_9)$$
$$(x_{10} \leftrightarrow x_7 \vee x_3) \wedge (x_9 \leftrightarrow x_5 \wedge x_6) \wedge (x_8 \leftrightarrow \neg x_5) \wedge (x_7 \leftrightarrow \neg x_4)$$
$$(x_6 \leftrightarrow \neg x_3) \wedge (x_5 \leftrightarrow x_1 \vee x_2)$$

看上去这个式子比上面的电路布尔公式更复杂，但实际上，这里的子句个数等同于电路中逻辑门的个数，而子句中变量个数和逻辑门中变量个数也是一样的。因每个电路都可以按照上述方法写成逻辑公式，显然，这种转化实现了归约的实例对应性，那么输出一致性呢？

- 如果存在一组输入，使得电路的最终输出为真，则电路中每个逻辑门所对应的子句

$x_{out} \leftrightarrow x_{in}$ 必然为真,所以电路对应的布尔公式 $f(circuit)$ 必然为真。
- 如果存在一组赋值,使得布尔公式 $f(circuit)$ 为真,则布尔公式中的每个子句都为真,也就是子句对应的每个逻辑门都成立,所以电路的输出必然为真。

输出一致性得证,所以归约得证。现在的问题是,我们得出的布尔公式还并不是 3 合取范式,需要将这个公式转化为 3 合取范式,这些是数字逻辑课程的相关内容,这里做简单介绍。对于任意一个子句,先构造子句的真值表,如对于子句 $\beta = x_{13} \leftrightarrow x_{11} \wedge x_{12}$,其真值表见表 3-1。根据真值表中值为 0 的项,得出析取范式,此析取范式等价于子句的否,即:

表 3-1 真值表

x_{11}	x_{12}	x_{13}	$x_{13} \leftrightarrow x_{11} \wedge x_{12}$
0	0	0	1
0	0	1	0
0	1	0	1
0	1	1	0
1	0	0	1
1	0	1	0
1	1	0	0
1	1	1	1

$\neg \beta = (\neg x_{11} \wedge \neg x_{12} \wedge x_{13}) \vee (\neg x_{11} \wedge x_{12} \wedge x_{13}) \vee (x_{11} \wedge \neg x_{12} \wedge x_{13}) \vee (x_{11} \wedge x_{12} \wedge \neg x_{13})$

对 $\neg \beta$ 取否,得

$\beta = (x_{11} \vee x_{12} \vee \neg x_{13}) \wedge (x_{11} \vee \neg x_{12} \vee \neg x_{13}) \wedge (\neg x_{11} \vee x_{12} \vee \neg x_{13}) \wedge (\neg x_{11} \vee \neg x_{12} \vee x_{13})$

这样,我们就将 β 转化成 3 合取范式,对于那些只有两个文字的子句,通过表 3-1 转化后得到的子句也只有两个文字,此时,可以将两个文字的子句分别析取一个变量(任意一个变量)本身以及变量的否,如子句 $x_8 \vee \neg x_5$,转化为 $(x_8 \vee \neg x_5 \vee x_1) \wedge (x_8 \vee \neg x_5 \vee \neg x_1)$。如果子句只有一个文字,如 x_{13},则转化为 $(x_{13} \vee x_1 \vee x_2) \wedge (x_{13} \vee x_1 \vee \neg x_2) \wedge (x_{13} \vee \neg x_1 \vee x_2) \wedge (x_{13} \vee \neg x_1 \vee \neg x_2)$。

上面布尔公式到 3 合取范式的转换也是多项式时间,这是因为,通过真值表将布尔公式转换为析取范式最多是一个子句变成 8 个子句;取否操作并不影响子句的数量;将子句转换为 3 个文字的合取范式最多引入 4 个子句,所以以上转换也是多项式时间且这种转换是等价的,也就是并没有改变实例对应性和输出一致性。所以引理 3.3.2 成立。得出如下定理。

定理 3 合取范式的可满足性问题是 NPC 问题。

3.4 最大团问题

从本节开始,会讨论图中的一些 NPC 问题。实际上,本书对图问题特别关注,这是因为随着人工智能、大数据等新技术的发展,图起着越来越重要的作用,现实生活中很多复杂问题都需要用图来描述,比如社交网络、计算机网络、复杂任务关系等。然而,图中的很多问题都是非常复杂的问题,我们讨论的第一个问题是最大团问题,关于最大团问题的回溯求解,有兴趣的读者可以参考教材《算法设计与应用》的第 9 章。本节我们证明最大团问题是 NPC 问题。这里需要指出,因回溯法得出的是一个精确解,而最大团是 NPC 问题,所以回溯法只能应用于问题规模较小的情况。

引理 3.4.1 最大团问题（CLIQUE）是一个 NP 问题，即 CLIQUE $\in$ NP。

证明：不同于 3 合取范式的可满足性问题，最大团问题是最优化问题，直接去验证一个证书是不是给定图 $G=(V,E)$ 的最大团是无法做到的，所以需要将它转化为判定性问题。也就是说，对于一个证书，需要去验证是不是节点数为 k 的团。对于一个证书 V'，很容易验证其节点数目是不是 k，另外，通过判断 V' 中每个节点是不是和其他所有的节点都存在边（复杂度为 $O(k^2)$），判断 V' 是不是一个团，引理得证。

接着，应该用哪个已知的 NPC 问题来归约到团问题呢？现在我们证明了两个 NPC 问题，而正如在 3.2 节 P 问题的证明中，可将 2 合取范式的可满足性问题转化一个图问题，所以有以下引理。

引理 3.4.2 3 合取范式可满足性问题归约为最大团问题，3CNF-SAT $\leq_p$ CLIQUE。

设 3 合取范式由 k 个子句 $X_1 \wedge X_2 \wedge \cdots \wedge X_k$ 构成，其中每个子句 X_i 是 3 个由 $\{x_1, x_2, \cdots, x_n\}$ 组成文字的析取式。依据合取范式，构造图 $G=(V,E)$ 如下：

- V 构造：每个文字构造一个顶点，属于同一子句的三个文字所对应的顶点被看成一组顶点。
- E 构造：组内顶点没有边，组间顶点都用边相连，除了这两个顶点对应的变量是相同的且存在否的关系，如 x_1 顶点和 $\neg x_1$ 顶点间没有边。

按照上面的构造方法，将 3 合取范式 $(x_1 \vee x_2 \vee \neg x_3) \wedge (\neg x_2 \vee \neg x_3 \vee x_4) \wedge (\neg x_1 \vee x_3 \vee \neg x_4)$ 构造图，如图 3-4 所示。很显然，对于每个 3 合取范式实例，都可以构造一个对应的图实例，这个图实例对应一个团问题（实例对应性）。而且这种转化是多项式时间的，因为，构造的图的顶点的个数和文字的个数是一样的，构造图的边的条数最多为 $3k \times 3(k-1)$（k 为子句的个数）。实例对应性得证，接着，证明输出一致性。

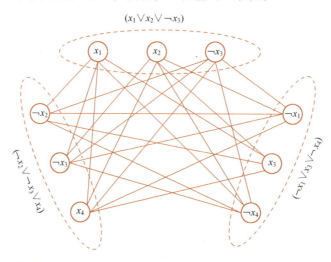

图 3-4 最大团问题

- 如果存在一组赋值，使得 3 合取范式为真，则每个子句至少有一个文字被指派 1，我们从每个子句中取这样一个文字，因为一个文字对应一个顶点，对应图中 k 个顶点，我们可以肯定的是这 k 个顶点必然存在边，这是因为这 k 个文字一定不会同时存在一个变量和变量的否，按照图的构造，这 k 个顶点两两之间必然存在边。所以，图 G 中必然存在规模为 k 的团。

- 如果图 G 存在一个规模为 k 的团。由于图的组内顶点没有边，因此 k 个顶点分别来自 k 个子句。依据图的构造，这 k 个顶点对应的文字是彼此相容的，即不同时存在某个变量以及变量的否。对这些文字赋值 1，容易得出 3 合取范式每个子句都为 1。所以，3 合取范式为真。

由以上证明，可得

定理 最大团问题为 NPC 问题。

还有一个发现，我们构造出来的图是一种特殊的图，通过上面的过程确实证明了这种特殊图中的团是 NPC 问题，那能说明一般图中的团也是 NPC 问题吗？这是可以的，因为"一般"包含"特殊"，所以如果有一个能在一般图上解决团问题的多项式时间算法，那么它必然也能在特殊的图上解决团问题，反之，在特殊图中没有多项式时间算法，则一般图也没有多项式时间算法。实际上，归约通常是将原问题转化到目标问题的一个子集，所以任何归约都可认为是转换到特殊的问题。

3.5 顶点覆盖问题

当一个顶点 v 和某条边 e 相连时，称该顶点覆盖了这条边。

定义（顶点覆盖问题） 给定无向图 $G=(V,E)$，找出最小数目的顶点集合 S，使得 G 中的每条边都至少被集合 S 中的一个顶点覆盖。

如图 3-5 所示，点集合 $\{b,e,f\}$ 是一个顶点覆盖，顶点覆盖中点的数目 $k=3$，显然，顶点覆盖不是唯一的，如图中 $\{b,d,c\}$ 也是顶点覆盖，但顶点覆盖点的数目 k 是唯一的。因顶点覆盖是最优化问题，为了证明顶点覆盖问题是一个 NPC 问题，需要把它描述成一个判定性问题，即是否可以在给定的图中找到一个有 k 个顶点的覆盖集。

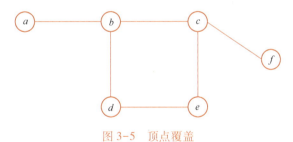

图 3-5 顶点覆盖

引理 3.5.1 图的顶点覆盖（Vertex-Cover）为 NP 问题，即 Vertex-Cover $\in$ NP。

证明：假定已知一个图 $G=(V,E)$，选取的证书是顶点覆盖 $V' \subseteq V$。验证算法可证实 $|V'|=k$，然后对每条边 $(u,v) \in E$，检查是否有 $u \in V'$ 或 $v \in V'$。我们很容易在多项式时间内验证这一问题。

思路 直觉上，因为最大团问题和顶点覆盖问题非常相似，很容易会想到用最大团来归约顶点覆盖。如果对离散数学熟悉，很容易想到图中的最大团等价于其补图的最大独立集（互不相邻的点构成的集合为独立集），而最大独立集和顶点覆盖互补，这就为归约指明了方向。

引理 3.5.2 图的团问题可以归约为顶点覆盖（Vertex-Cover）问题，即 CLIQUE $\leq_p$ Vertex-Cover。

证明：按照思路，为了证明顶点覆盖问题，需要定义原图 $G(V,E)$ 的补图 $\overline{G}(V,\overline{E})$，如

图 3-6 所示,图 3-6b 为图 3-6a 的补图。团问题的实例为 G,顶点覆盖的实例为 $\overline{G}$,容易得出"团问题的任意一个实例可以转化为顶点覆盖问题的一个实例"。因为补图的顶点数和原图的顶点数是一样的,而补图的边是原图的边的补集,显然这个转化是多项式时间的。证明了实例对应性,接下来证明输出一致性。

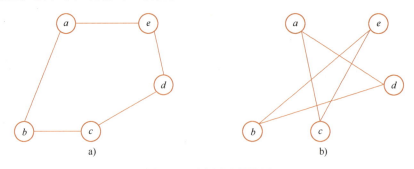

图 3-6 无向图及其补图
a) 原图 b) 补图

1) 如果 $G(V,E)$ 的存在规模为 k 的团 S,则 $\overline{G}$ 必然存在规模为 $|V|-k$ 的顶点覆盖 $(V-S)$。
我们从结果出发,来推导到已知条件的思路来进行证明。这里给出的条件是:G 的团为 S。需要证明在 $\overline{G}$ 中 $(V-S)$ 可以覆盖所有的边。

⇐ 需要证明:$\overline{G}$ 中任意一条边(假设为 (u,v))至少有一个节点在 $(V-S)$(如果一条边的两个节点都不在 $(V-S)$,$(V-S)$ 就不能覆盖这条边,$(V-S)$ 也就不是覆盖集)。

⇐ 需要证明:$\overline{G}$ 中任意一条边 $((u,v))$ 至少有一个节点不在 S。

⇐ 而 $\overline{G}$ 中任意一条边 $((u,v))$,在图 G 中是没有边的,所以 (u,v) 中至少有一个节点不在 S(否则 S 就不是团)。

得证。

2) 如果 $\overline{G}(V,\overline{E})$ 存在规模为 $|V|-k$ 的顶点覆盖 S',则图 G 必然存在规模为 k 的团 $(V-S')$。

这里给出的条件是:$\overline{G}$ 的顶点覆盖为 S'。需要证明图 G 的团为 $(V-S')$。

⇐ 也就是 $(V-S')$ 中的任意两个节点在图 G 中都有边,即不属于 S' 的任意两个节点在图 G 中都有边。

⇐ 如果有两个节点都不属于 S',则这两个点在 $\overline{G}$ 中是没有边的(否则,这条边就不会被 S' 覆盖),则在图 G 中一定是有边的。

所以任意两个不属于 S' 的顶点在图 G 中一定有边,即 $(V-S')$ 为图 G 的团,得证。

这里也可以通过反证法来证明:假设图 G 的 $(V-S')$ 中存在两个节点间没有边,则这两个节点在 $\overline{G}$ 存在边,这条边没有被包括在 S' 中,所以 S' 不是顶点覆盖集,矛盾。

由以上证明,得出:

定理 图的顶点覆盖问题为 NPC 问题。

3.6 最大公共子图

子图是图论的基本概念之一,我们称 $G'=(V',E')$ 是 $G=(V,E)$ 的子图,当且仅当 $V'\subseteq V$ 且 $E'\subseteq E$。子图有一种特殊形式,称为导出子图,是指由原图顶点的一个子集,以及原图中连接这个子集顶点所有的边组成的图，如 $G'=(V',E')$ 是 $G=(V,E)$ 的导出子图，则 $V'\subseteq V$，G' 的边由 G 中连接 V' 所有的边组成，即 $E'=E(V')$。最大公共子图问题是基于导出子图定义的。

定义（最大公共子图） 现有两个图 $G_1=(V_1,E_1)$ 和 $G_2=(V_2,E_2)$，求 G_1 的一个最大的导出子图 $G_S=(V_S,E_S)$，使得 G_S 和 G_2 的某个导出子图一致（同构）。

最大公共子图是最优化问题，为了证明最大公共子图问题是一个 NPC 问题，需要把它描述成一个判定性问题，即对两张图 G_1 和 G_2 是否有一个大小为 k 的公共子图。

引理 3.6.1 最大公共子图（Max-Com-Graph）为 NP 问题，即 Max-Com-Graph $\in$ NP。

证明：假定已知图 $G_1=(V_1,E_1)$ 和 $G_2=(V_2,E_2)$，以及整数 k，现有证书 $G_S=(V_S,E_S)$，需要证明 G_S 是大小为 k 且既是 G_1 又是 G_2 的子图。很容易在多项式时间内验证，G_S 是否等于 k。为了验证 G_S 是 G_1 的子图，只需要验证 V_S 是否 $\in V_1$，E_S 是否 $\in E_1$，很显然，在多项式时间内很容易验证这一点。同理，验证 G_S 是 G_1 的子图也可以在多项式时间内完成。

接着，我们证明归约，容易想到用现有的图 NPC 问题去归约最大公共子图问题，实际上，团问题和顶点覆盖问题都可以归约到最大公共子图问题，但困难的是，无论是团问题还是顶点覆盖问题，其实例都只有一个图，而最大公共子图问题的实例有两个图。

思路 归约需要从原问题（团问题）的实例（设为图 G）生成最大公共子图问题的实例（设为图 G' 和 G''）。因团本身就是图 G 的子图，容易想到令 $G'=G$。为了实现归约，需要让这个团是图 G' 和 G'' 的公共子图，所以这个团也需要是图 G'' 的子图，基于此思路，令图 G'' 为图 G 的完全图，也就是对图 G 添加边，使之成为完全图（用 K_G 表示），则 $G''=K_G$。

引理 3.6.2 图的团问题可以归约为最大公共子图问题，即 CLIQUE $\leqslant_p$ Max-Com-Graph。

证明：设团问题的某一实例为图 G，按照前面的分析，我们构造 G 的完全图 K_G，图 G 和图 K_G 作为最大公共子图的实例。显然对于团问题的每一个实例，都可以构造最大公共子图的一个实例且容易知道这种构造是在多项式时间内完成的，实例对应性证明完毕。

输出一致性的证明如下：

- 如果图 G 存在一个大小为 k 的团，那么图 G 和图 K_G 必然存在一个大小为 k 的公共子图。这一点是容易证明的，这个团是图 G 的子图，这个团也必然是图 K_G 的子图。
- 如果图 G 和图 K_G 存在一个大小为 k 的公共子图 G_S，则 G_S 必然是一个团，因为完全图 K_G 的导出子图必然也是完全图，所以 G_S 是 G 的一个大小为 k 的团。

根据上面的实例对应性和输出一致性的证明，有定理：

定理 最大公共子图是 NPC 问题。

3.7 哈密顿回路*

扫码看视频

定义 3.7.1（哈密顿回路问题） 在一个图（通常指无向图）中，从某个顶点出发，经过所有其他顶点一次且仅一次的回路称作哈密顿回路（Hamiltonian Circuit）。我们把这个问题转换为一个判定性的问题"给定一个图，判断这个图是否包含哈密顿回路"，这个问题称为哈密顿回路问题。

为了证明哈密顿回路是 NPC 问题，首先证明是 NP 问题。

引理 3.7.1 哈密顿回路是 NP 问题，即 Hamiltonian-Circuit $\in$ NP。

高级算法

证明：给定一个证书（回路），我们容易在多项式时间内验证这个回路是否覆盖了原图中所有的顶点一次且仅一次，那么应该用哪个已知的 NPC 问题来归约哈密顿回路问题？分析可知，顶点覆盖问题是覆盖一个图中所有的边，而哈密顿回路需要遍历所有的点，所以从顶点覆盖归约到哈密顿回路应该是一个可行的思路。那顶点覆盖一个实例（图）该如何转化成一个哈密顿回路的一个实例（图）？

思路 3.7.1 按照前面的思路，应该将顶点覆盖图中的边转化成哈密顿回路图中的一个点。如此，当通过顶点覆盖里的点来遍历图（原图）中的所有边时，根据转化关系，就可以实现访问转化后的图中所有的顶点，反之亦然，这就证明了原图存在顶点覆盖当且仅当转化后的图存在哈密顿回路，即证明了原问题（顶点覆盖）和归约问题（哈密顿回路）的输出一致性。

但再深入地想一下，当通过顶点覆盖集来遍历原图中所有的边时，存在一种可能，某条边会被遍历两次，如图 3-7a 所示，顶点覆盖集为 $\{b,c,d\}$，当通过顶点覆盖集中的节点来遍历边时，访问节点 b，遍历所有与之相连的边 $\{1,2,3\}$；访问节点 c，遍历所有与之相连的边 $\{2,5,6\}$；访问节点 d，遍历所有与之相连的边 $\{3,4\}$。其中，边 $\{2,3\}$ 被遍历两次。按照转化关系，转化后的图中的相应顶点也会被访问两次，显然这就不会形成哈密顿回路。图 3-7b 给出了相应的例子，这里将图 3-7a 中的边 $\{1,2,3,4,5,6\}$ 映射成图 3-7b 中的节点 $\{1,2,3,4,5,6\}$，同时保留三个顶点覆盖集中的顶点 $\{b,c,d\}$。当我们在图 3-7a 中通过顶点覆盖集依次遍历各边时，图 3-7b 中做相应的操作。

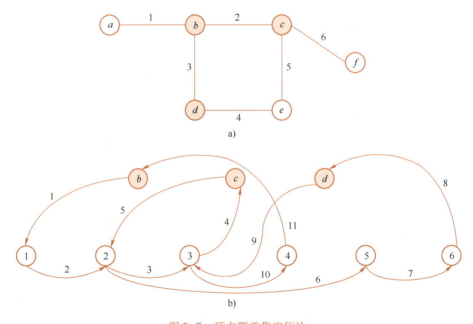

图 3-7 顶点覆盖集遍历边
a) 顶点覆盖集 b) 依据顶点覆盖集访问形成的回路

1) 在图 3-7a 通过顶点 b 依次遍历边 1，2，3，即在图 3-7b 中从顶点 b 出发，依次通过边 $\{1,2,3\}$，访问顶点 $\{1,2,3\}$，之后通过边 4 到达顶点 c。

2) 在图 3-7a 通过顶点 c 依次遍历边 2，5，6，即在图 3-7b 中从顶点 c 出发，依次通过边 $\{5,6,7\}$，访问顶点 $\{2,5,6\}$，之后通过边 8 到达顶点 d。

3）在图 3-7a 通过顶点 d 依次遍历边 3，4，即在图 3-7b 中从顶点 d 出发，依次通过边 $\{9,10\}$，访问顶点 $\{3,4\}$，之后通过边 11 到回到顶点 b。

图 3-7b 的回路存在对某些节点访问两次（因顶点覆盖集的顶点会对公共边访问两次），显然，不是哈密顿回路。思路 3.7.1 还需要改进。

思路 3.7.2 将原图的一条边仅仅转化为一个顶点是不可行的，按照上面的分析，转化后的东西（暂且用这个词）既能够被访问一次（对应原图中的边只有一个顶点在顶点覆盖集中），也能被访问两次（对应原图中的边的两个顶点都在顶点覆盖集中）。

我们把这个边转化成一个子图，这个子图称为附件图（Widget）。

定义 3.7.2（附件图） 附件图由 12 个顶点组成，其中左边 6 个顶点，右边 6 个顶点，如图 3-8a 所示，其表示为原图中边 (x,y) 转化过来的附件图，其中左边顶点代表由原图中顶点 x 为起始顶点的边，而右边顶点代表由原图中顶点 y 为起始顶点的边（这样定义的目的是哈密顿回路访问这个附件图的时候能够同边进、同边出，见后面分析）。另外附件图定义了 14 条边，其对顶点的连接如图 3-8 所示。

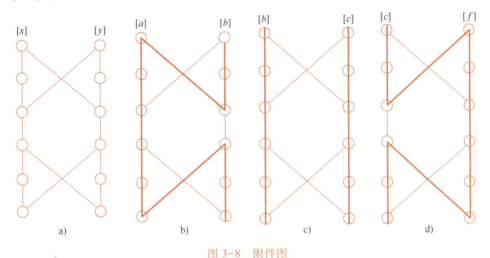

图 3-8　附件图

a）附件图　b）从右边对附件图进行一次访问　c）对附件图两次访问　d）从左边对附件图进行一次访问

附件图为什么这么定义？从下面几点分析一下，在分析的过程中，需要记住附件图是由原图的边转化而来的。

- 附件图实现了一次访问和两次访问吗？

这是我们定义附件图的原因，而附件图确实实现了通过一次访问或者两次访问来遍历所有的点的效果。

图 3-8b 的附件图对应图 3-7a 的边"1"，当在原图中通过顶点 b 遍历边"1"的时候，因原图中的边只遍历一次，而且是通过顶点 b 遍历的，所以在附件图中需要通过 $[b]$ 的这一边进入，访问完所有的节点后从 $[b]$ 出来，即通过图 3-8b 中的粗线遍历所有的顶点一次（实现一次访问）。

图 3-8c 对应图 3-7a 的边"2"，当在原图中通过顶点 b 遍历边"2"的时候，因原图中边"2"的另外一个顶点 c 也属于顶点覆盖集，所以需要留一半的顶点给 c 访问，如此，在附件图中需要通过 $[b]$ 的这一边进入，访问一半的节点后从 $[b]$ 出来，即通过图 3-8c 左边的粗线遍历左边的顶点一次；而后，当在原图中通过顶点 c 遍历

边"2"的时候,在附件图中需要通过[c]的这一边进入,访问另一半的节点后从[c]出来,即通过图3-8c右边的粗线遍历右边的顶点一次(实现两次访问)。

图3-8d的附件图对应图3-7a的边"6",当在原图中通过顶点c遍历边"6"的时候,因原图中的边只遍历一次,而且是通过顶点c遍历的,所以在附件图中需要通过[c]的这一边进入,访问完所有的节点后从[c]出来,即通过图3-8d中的粗线遍历所有的顶点一次(实现一次访问)。

- 为什么需要同一边进、同一边出?

  先从原图的遍历来分析:在图3-7a中,当遍历顶点b的边时,需要依次遍历边{1,2,3},如果边"2"对应的附件图存在一条路径从一边([b]边)进,而从另外一边([c]边)出,会造成原图中顶点b遍历完边{1,2}后就直接转到了顶点c,造成顶点b所连的边没有遍历完整。

  所以附件图的遍历只能是同边进、同边出,不允许存在一种路径从附件图的一边进入,而从另外一边出去。

- 附件图为什么要这么定义?

  附件图为什么这么画,为什么定义了12个顶点,定义4个顶点、6个顶点或8个顶点(见图3-9)行不行? 答案是不行的,原因是上面指出的附件图的遍历只能是同边进、同边出。当定义4个顶点时(见图3-9a),不管是一次访问还是两次访问,都能实现从一边进入,而从另外一边出去,不符合要求。当定义6个顶点时(见图3-9b),一次访问完所有的顶点只能是一边进入,另一边出去,更加不符合要求。当定义8个顶点时(见图3-9c),同样,不管一次访问还是两次访问,都能实现从一边进入,而从另外一边出去,也不符合要求。而只有图3-8a定义的附件图,不管是一次访问还是两次访问,都只能同边进、同边出。

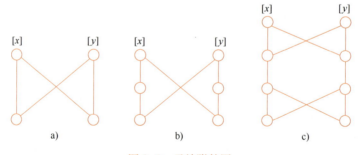

图3-9 无效附件图

定义好附件图后,将图3-7b中的顶点{1,2,3,4,5,6}用附件图替换,如图3-10所示,其中原属于顶点覆盖集中的顶点(b,c,d)称之为选择器顶点。之后,需要将附件图和附件图之间、附件图和选择器顶点之间添加边。

- 附件图之间的边:在原图中,当通过一个顶点遍历边时,需要依次遍历所有和此顶点相连的边,如原图中的节点b依次遍历边{1,2,3},此操作映射到转换后的图,相当于访问完附件图{[a],[b]},接着访问附件图{[b],[c]},之后访问附件图{[b],[d]},所以需要在这些附件图之间添加边。把这些用边连接起来的附件图称为**附件图组**,而本例中附件图{[a],[b]},{[b],[c]},{[b],[d]}称之为**顶点b附件图组**。容易得出对每个节点$v_i \in V$的附件图组,添加边的数目是$\text{degree}(v_i)-1$,其中degree(v_i)是顶点v_i的度。设原问题的图G有n个顶点,m条边,则总共添加的边是$\sum_{i=1}^{n}(\text{degree}(v_i)-1) = 2m-n$条,如图3-10中的虚线所示。

- 附件图和选择器顶点之间的边:将选择器顶点和上面定义的每一个附件图组进行首尾相连,如图3-10中的点横线所示。因为一个附件图组对应原图中的一个节点,所以总共有$2kn$条边,其中k表示顶点覆盖集中顶点的个数。

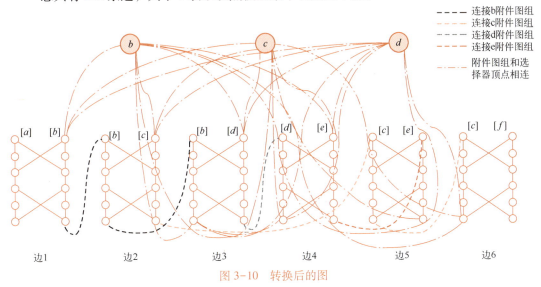

图3-10 转换后的图

所以转换后的图中共有顶点数

$$12m+k$$

式中,$12m$表示附件图顶点的总和;k表示选择器顶点的个数。边数为

$$14m+2m-n+2kn$$

式中,$14m$表示附件图边的总和;$2m-n$表示附件图之间的边数;$2kn$表示附件图和选择器顶点之间的边数。

依据图3-7a中先遍历顶点b的边,顺序为$\{1,2,3\}$,再遍历顶点c的边,顺序为$\{2,5,6\}$,最后遍历顶点d的边,顺序为$\{3,4\}$。则在转换后的图中画出相应的哈密顿回路,如图3-11所示,即从选择器顶点b出发,访问附件图$\{[a],[b]\}$中所有顶点,再访问附件图$\{[b],[c]\}$中$[b]$半部分顶点,再访问附件图$\{[b],[d]\}$中$[b]$半部分顶点,之后返回选择器顶点c;从c出发,访问附件图$\{[b],[c]\}$中$[c]$半部分顶点,再访问附件图$\{[c],[e]\}$中所有顶点,再访问附件图$\{[c],[f]\}$中所有顶点,再返回到节点d;从d出发,访问附件图$\{[b],[d]\}$中$[d]$半部分顶点,再访问附件图$\{[d],[e]\}$中所有顶点,最后回到顶点b,从而形成一条哈密顿回路。

为了证明以上过程是一种归约,需要证明实例对应性。

1) 顶点覆盖问题的任意一个实例可以转换为哈密顿回路问题的一个实例。按照上述过程,很容易得出顶点覆盖问题的任何一个实例(图)都可以映射为哈密顿回路问题的一个实例(图)。

2) 顶点覆盖问题实例到哈密顿回路问题实例的转换是多项式时间。前面已经计算过了,转换后的图的顶点个数和边的条数都是原问题m,n的多项式,所以转换是在多项式时间内完成的。

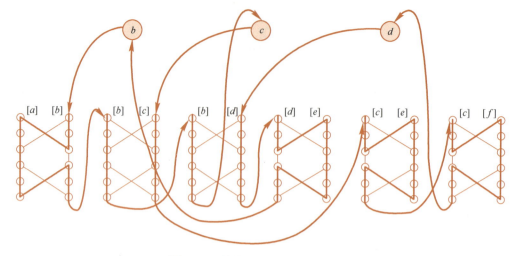

图 3-11 转换后图中的哈密顿回路

接着证明输出一致性。

1) 如果原图存在规模为 k 的顶点覆盖,则转换后的图必然存在一条哈密顿回路。我们在上面的例子中已经描述了如何通过原图的顶点覆盖集遍历边,来找到转换后的图的一条哈密顿回路,说明如果原图存在规模为 k 的顶点覆盖,则转换后的图必然存在一条哈密顿回路。为了从理论上证明必然存在一条哈密顿回路,先定义两个引理。

引理 3.7.2 对顶点覆盖集中所有顶点的附件图组的访问不会造成对附件图中顶点的多次访问。

证明:按照前面制定的访问规则,当附件图所代表的边,只有一个顶点在原图中属于顶点覆盖集时,对附件图的访问需访问所有的顶点;当附件图所代表的边的两个顶点在原图中都属于顶点覆盖集时,对附件图的访问只访问一边的顶点。当通过顶点覆盖集中的顶点访问相应的附件图组时,只会对附件图进行一次访问或者两次访问,根据访问规则,不会对附件图的顶点进行多次访问。

引理 3.7.3 对顶点覆盖集中所有顶点的附件图组进行访问,则会遍历所有的选择器顶点以及所有的附件图顶点。

证明:因为顶点覆盖集中的顶点覆盖所有的边,则在转换图中,这些顶点也必然覆盖所有的附件图,其中一些附件图被一个顶点覆盖,另外一些附件图被两个顶点覆盖,通过对顶点覆盖集中所有顶点的附件图组进行访问,必然会遍历所有附件图中的顶点。

设原图的顶点覆盖集为 $\{v_1, v_2, \cdots, v_k\}$,并在原图中按上述顶点顺序来遍历边,则在转换后的图中从选择器顶点 v_1 出发,访问 v_1 附件图组,回到顶点 v_2,访问 v_2 附件图组,以此类推,最后回到顶点 v_1。如果用 wgt_{v_i} 表示访问 v_i 附件图的路径,则形成回路 $v_1 \to \text{wgt}_{v_1} \to v_2 \to \text{wgt}_{v_2} \to \cdots \to \text{wgt}_{v_k} \to v_1$。以上回路访问了所有的选择器顶点一次且仅一次,同时包含了所有顶点覆盖集中顶点的附件图组,按照引理 3.7.2 和引理 3.7.3,此回路也访问转换后图中顶点一次且仅一次。

2) 如果转换后的图有一条哈密顿回路,则原图必然存在规模为 k 的顶点覆盖。

引理 3.7.4 哈密顿回路对所有的附件图访问一次或者两次,无论是一次访问还是两次访问都会遍历完附件图的所有顶点,而且同边进、同边出。

证明：依据附件图的构造，以及哈密顿回路的性质，很容易得出引理 3.7.4。

接着，做如下操作：遍历所有的附件图。

- 如果附件图是一次访问的，那么此附件图的访问边（进入和出去的那条边）所对应的顶点加入顶点覆盖集，另外一个顶点为非顶点覆盖集。
- 如果附件图的访问是两次完成的，那么此附件图的两条边所对应的顶点都加入顶点覆盖集。

因附件图对应原图的边且哈密顿回路访问所有的附件图，所以按照上述操作形成的顶点覆盖集覆盖原图所有的边且其规模为 k，k 为转换后图的选择器顶点规模。

由以上证明，可得引理如下：

引理 3.7.5 图的顶点覆盖问题可以归约到哈密顿回路问题，即 Vertex-Cover $\leqslant_p$ Hamiltonian-Circuit。

由引理 3.7.1 和引理 3.7.5 得出：

定理 哈密顿回路是 NPC 问题。

3.8 本章小结

NPC 问题的研究在数学领域和计算机领域一直保持着高热度，特别是美国马萨诸塞州的克雷（Clay）数学研究所于 2000 年 5 月 24 日在巴黎法兰西学院宣布了一件被媒体炒得火热的大事：对七个"千禧年数学难题"的每一个难题悬赏一百万美元，而其中 NPC 问题排在百万美元大奖的首位。在 NPC 领域，有两篇文章奠定了这方面的研究基础，一是前面提到的 Cook 奠定了 NPC 理论的基础，另外就是 1972 年 Karp 提出的 21 个 NPC 问题及其之间的归约关系，其中包括一些我们已经接触过的问题，如公式 SAT 问题、0-1 整数规划、最大团等。本书后面的算法（包括近似算法、随机算法、启发式算法等）都以解决 NPC 问题为目的。本章对 NP 类问题做了初步讨论，其中重点是困难问题的证明，这对将来做研究很有意义，因为实际中遇到的很多问题都是困难问题，但必须证明其确实是困难问题，如此才能说明必须为该问题设计一个近似算法。

在本章中，我们罗列的很多 NPC 问题是和图相关的，这里总结图的一些常用性质，这些性质在近似算法、在线算法中也会用到。设 $G=(V,E)$ 是完全图，$G'=(V',E')$ 也是完全图且 $V'\subseteq V$，$E'\subseteq E$；T 是图 G 上的最小生成树，H 是图 G 上的旅行商回路（最小哈密顿回路），T' 是图 G' 上的最小生成树，H' 是图 G' 上的旅行商回路；$w(\cdot)$ 表示权重函数，则以下不等式成立。

- 图的最小生成树的权重小于旅行商回路的权重（旅行商回路去除一条边就是树，最小生成树是所有树中权重最小的）。

$$w(T)<w(H) \tag{3-1}$$

- 图的旅行商回路的权重小于等于最小生成树权重的 2 倍（见 4.2 节）。

$$w(H)\leqslant 2w(T) \tag{3-2}$$

- 图 G' 上的旅行商回路小于等于图 G 的旅行商回路。

$$w(H')\leqslant w(H) \tag{3-3}$$

第 4 章 近似算法

在第 3 章，我们分析了问题的复杂度，并指出 NPC 问题是一种很困难的问题，当 NPC 问题的规模较大时，目前的计算机很难得出一个精确解。所以我们不得不退而求其次，通过近似算法来求得一个近似的最优解，本章主要讨论如何用近似算法得出 NPC 问题的近似解。近似算法虽然被归类于一种算法，但是它不像动态规划、贪心算法等，制定了明确的算法流程和规则，我们把那些得出的解不一定是最优解却近似最优解的算法统称为近似算法，比如贪心算法在很多情况下得出的是一个近似最优解，所以此时贪心算法就是近似算法。本章首先会介绍衡量近似算法的一个重要因素：近似因子。之后，对旅行商问题、子集和问题、集合覆盖、斯坦纳最小树这几个 NPC 问题进行求近似解分析，其中，我们会再次讨论之前已经学过的算法，如贪心算法实现旅行商问题的近似求解、原始-对偶算法实现对集合覆盖的近似求解等。最后，讨论近似算法在作业调度中的应用。

4.1 基本概念

衡量近似算法的好坏，除了算法的运行时间（复杂度），还包括算法结果的好坏。算法结果的好坏通常通过和最优解比较来获得。

定义（ρ-近似算法） 在最小化问题（最大化问题）中，对于此问题的每个实例 $\mathcal{I}$，用近似算法得出最小解（最大解）的目标函数值，设为 $C(\mathcal{I})$，而此实例最优解对应的目标函数值为 $C^*(\mathcal{I})$。同时，定义近似因子 ρ，$\rho \geq 1$（$\rho \leq 1$），如果 $C(\mathcal{I}) \leq \rho C^*(\mathcal{I})$（$C(\mathcal{I}) \geq \rho C^*(\mathcal{I})$），则称近似算法为 ρ-近似算法。

对于近似计算，除了要分析算法复杂度外，更重要的是分析算法的近似因子。

在近似算法中，算法的复杂度除了和问题规模相关，也和 ρ 有关，当 $\rho \to 1$ 时，近似算法将得出最优解，显然，此时算法的复杂度也会变得非常大。对于最小化问题（最大化问题），令 $\rho = 1+\epsilon$（$\rho = 1-\epsilon$），如果算法的计算时间和 $\frac{1}{\epsilon}$ 是指数相关的，如 $O(n^{1/\epsilon})$，则当 $\rho \to 1$ 时，算法复杂度急剧增加。而如果算法的计算时间和 $\frac{1}{\epsilon}$ 是多项式相关的，如 $O\left(\left(\frac{1}{\epsilon}\right)^3 n^2\right)$，当 $\rho \to 1$ 时，算法复杂度的增加要相对缓和，这种复杂度和 n 以及 $\frac{1}{\epsilon}$ 都是多项式相关的近似算法，称之为**完全多项式时间近似算法**。

4.2 旅行商问题

我们在第 3 章中已经分析过旅行商问题是 NPC 问题，

扫码看视频

在问题规模较大时，只能求近似解。本节用近似算法来求解旅行商问题，为了算法能够在多项式时间内得出近似解，前提条件是旅行商问题必须满足三角不等式。所谓三角不等式是指，图 $G=(V,E)$ 中任意三个点间，两边的长度（或者开销）之和大于等于第 3 边的长度，即对于所有的 $u,v,w \in V$，有

$$c(u,v)+c(v,w) \geqslant c(u,w)$$

式中，c 表示代价函数。

旅行商问题的近似算法非常简单，其主要有两步组成，一是对图 G 生成最小生成树，二是对树进行先序遍历的顺序访问节点，节点的访问顺序形成了旅行商回路。

例 用近似算法解决图 4-1a 所示图 G（图 G 为完全图）的旅行商问题。

解：

1）建立图 G 的最小生成树，如图 4-1b 所示。

2）从 a 开始对树进行一次完整的先序遍历访问各节点，访问顺序为 $\{a,b,c,b,d,e,d,f\}$，如图 4-1b 中的标号所示。

按照此节点的访问顺序形成如图 4-1c 所示的近似旅行商回路，而最优旅行商回路如图 4-1d 所示。

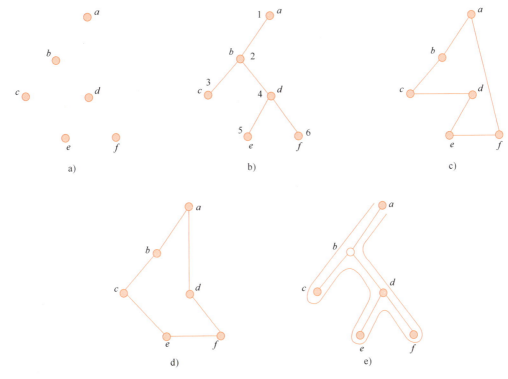

图 4-1 旅行商问题的近似算法

a）包含 6 个节点的完全图 G b）图 G 的最小生成树
c）近似旅行商回路   d）最优旅行商回路   e）按先序往返遍历形成的回路

算法 8 给出了旅行商回路的近似算法。此算法中，最小生成树可以用 Kruskal 算法或者 Prim 算法，复杂度都为 $O(m\log n)$。先序遍历的复杂度为 $O(n)$，所以旅行商问题的近似算法复杂度取决于最小生成树复杂度，为 $O(m\log n)$。接着，我们分析算法的近似因子。

算法 8 旅行商的近似算法
─────────────────────────────
1：输入：$G = (V, E)$
2：输出：旅行商回路
3：$T \leftarrow G$ 的最小生成树；
4：$H \leftarrow$ 对 T 进行先序遍历；
5：**return** H；
─────────────────────────────

定理 4.2.1 在三角不等式成立的条件下，旅行商问题的近似算法是 2-近似算法。

证明：设图 G：①近似算法旅行商回路为 H；②最优旅行商回路为 H^*；③对 H^* 去掉一条边，形成树 T^H；④图 G 最小树为 T^*；⑤对 T^* 按先序往返遍历形成的回路为 W，如图 4-1e 所示，因 W 刚好对 T^* 所有的边遍历两次，得

$$c(W) = 2c(T^*) \tag{4-1}$$

依照三角不等式，可得

$$c(H) \leq c(W) \tag{4-2}$$

因最小生成树 T^* 的总开销小于 T^H，而 T^H 又小于旅行商回路 H^*，得

$$c(T^*) \leq c(T^H) \leq c(H^*) \tag{4-3}$$

结合式（4-1）~式（4-3），可得

$$c(H) \leq c(W) = 2c(T^*) \leq 2c(H^*) \tag{4-4}$$

所以旅行商问题的近似算法是 2-近似算法。注意，这个结论是在三角不等式成立的条件下才得出的，否则，我们甚至无法在多项式时间内得到旅行商问题的一个近似解。

定理 4.2.2 如果三角不等式不成立，则无法在多项式时间内得到旅行商问题的 ρ 近似算法。

这个定理的证明有点无从下手，不过如果能够证明三角不等式不成立的条件下，ρ 近似的旅行商问题是一个 NPC 问题，则定理自然成立。

思路 因哈密顿回路问题可以归约到旅行商回路问题，如果能将哈密顿回路问题归约到 ρ 近似旅行商回路，自然就证明了 ρ 近似旅行商问题是一个 NPC 问题。

证明：令 $G = (V, E)$ 是哈密顿图问题的任一实例，将图 G 扩充为完全图 $G' = (V', E')$，其中 $V' = V$，E' 包含了原有的边 E 和新添加的边 $\overline{E}$，并赋予原有的边 E 的权重为 1，新的边 $\overline{E}$ 的权重为 $n\rho$。显然，以上的转换为多项式时间。

- 如果图 G 存在一条哈密顿回路 H，则图 G' 必然存在一条代价为 n 的旅行商回路 TSP（同 H）：因为图 G' 每条边的权重至少为 1，所以 TSP 为最优旅行商回路，即 TSP = TSP$^* \leq \rho \cdot$ TSP*，显然此回路为 ρ 近似旅行商回路。
- 如果图 G' 存在一条 ρ 近似的旅行商回路 TSP$_\rho$，则图 G 必然存在一条哈密顿回路 H：因为在图 G' 中，回路 TSP 只要包含一条边 $e \in \overline{E}$，则此回路的代价为

$$C(\text{TSP}) = (n-1) + \rho n > \rho n$$

也就是说，只要包含了一条边 $e \in \overline{E}$，旅行商回路就不是 ρ 近似的旅行商回路。所以，一条 ρ 近似的旅行商回路 TSP$_\rho$ 必然全部由边 $e \in E$ 组成，得出结论：若图 G' 存在一条 ρ 近似的旅行商回路 TSP$_\rho$，则图 G 必然存在一条哈密顿回路 H。

因此，哈密顿回路问题可归约到 ρ 近似旅行商回路问题，所以 ρ 近似旅行商回路问题也

为 NPC 问题，定理得证。

4.3 子集和问题

子集和问题是 NPC 问题，其定义如下：

定义（子集和） 在集合 $E=\{e_1,e_2,\cdots,e_n\}$（$e_i \geq 0$）的所有子集中，寻找一个子集，其所有元素相加小于等于某个值 w 的最大值。

对于此问题，我们可以找出集合 E 的所有子集，并计算所有这些子集的和，从而得出元素相加不大于 w 的最大子集。集合 E 的子集和计算，可通过计算集合 E 第一个元素 $\{e_1\}$ 的子集和，计算前两个元素 $\{e_1,e_2\}$ 的子集和，计算前三个元素 $\{e_1,e_2,e_3\}$ 的子集和，直到 n 个元素的子集和。这个过程中，第 i 次迭代（计算 $\{e_1,e_2,\cdots,e_i\}$）的子集和，包含了第 $i-1$ 次迭代（计算 $\{e_1,e_2,\cdots,e_{i-1}\}$）的子集和，以及这些子集和与第 i 个元素 e_i 的和。设 P_{i-1} 为第 $i-1$ 次得出的所有子集和的集合，则第 i 次得出的所有子集和的集合 $P_i = P_{i-1} \cup (P_{i-1}+e_i)$。

例 求集合 $E=\{1,3,5,7\}$ 的所有子集和。

解：

1) $i=1$，子集 $\{1\}$ 的所有子集和为 $P_1=\{0,1\}$。
2) $i=2$，子集 $\{1,3\}$ 的所有子集和为 $P_2=P_1 \cup (P_1+3)=\{0,1,3,4\}$。
3) $i=3$，子集 $\{1,3,5\}$ 的所有子集和为 $P_3=P_2 \cup (P_2+5)=\{0,1,3,4,5,6,8,9\}$。
4) $i=4$，子集 $\{1,3,5,7\}$ 的所有子集和为 $P_4=P_3 \cup (P_3+7)=\{0,1,3,4,5,6,8,9,7,10,11,12,13,15,16\}$。

为了减少子集和的个数，从而降低算法复杂度，在每次循环时对产生的大于 w 的子集和元素进行舍去。如上例中设 $w=7$，则每次循环产生的 P 为

1) $i=1$，集合 $\{1\}$ 的所有子集和为 $P_1=\{0,1\}$。
2) $i=2$，集合 $\{1,3\}$ 的所有子集和为 $P_2=\{0,1,3,4\}$。
3) $i=3$，集合 $\{1,3,5\}$ 的所有子集和为 $P_3=\{0,1,3,4,5,6\}$。
4) $i=4$，集合 $\{1,3,5,7\}$ 的所有子集和为 $P_4=\{0,1,3,4,5,6,7\}$。

然而，即使通过删除大于 w 的子集和元素，当 w 的值较大时，P 的规模依然会很大。

思路 为了进一步减少 P 的规模，我们对那些相近的元素，只保留一个元素，而删除剩余的元素。那如何确定哪些元素是相近的？我们定义一个因子 δ，当两个数 x 和 y 满足以下关系

$$\frac{x}{1+\delta} \leq y \leq x \tag{4-5}$$

时，就认为 x 和 y 是相近的，x 可以被 y 代替，也就是删除 x。

上面的例子中，设 $\delta=0.5$，对 $P_4=\{0,1,3,4,5,6,7\}$。

1) 考察第一个元素 0 和第二个元素 1，它们不存在 δ 因子关系，所以不能用 0 代替 1。
2) 继续考察第二个元素 1 和第三个元素 3，依然不存在 δ 因子关系，不能代替。
3) 继续考察第三个元素 3 和第四个元素 4，因为 $\frac{4}{1+\delta} \leq 3 \leq 4$，4 可用 3 代替，删除元素 4。

继续上述流程，最后，剔除相近元素后的子集和（我们用 L 来表示剔除相近子集和元

素的集合，以便和 P 区别开）为：$L_4=\{0,1,3,5\}$。算法 9 给出了求子集和的近似算法，此算法中，我们用 $\hat{L}_i$ 表示第 i 步迭代初始子集和集合，用 L_i 表示删除相近元素和大于 w 元素后的集合。

算法 9　子集和的近似算法

1：**Input**：集合 E，数 w
2：$n \leftarrow |E|$，$L_0 \leftarrow \{0\}$；
3：**for** $i=1$ **to** n **do**
4：　　$\hat{L}_i \leftarrow L_{i-1} \cup (L_{i-1}+e_i)$；
5：　　$L_i \leftarrow$ 依据式（4-5）删除 $\hat{L}_i$ 相近元素；
6：　　$L_i \leftarrow$ 在 L_i 中，删除那些大于 w 的元素；
7：**end for**
8：**return** L_n 中的最大元素；

定理　当 $\delta=\epsilon/2n$ 时，其中 ϵ 来自近似因子，n 为集合 S 中元素的个数，子集和的近似算法是一个完全多项式的近似模式。

为证明子集和的近似算法是一个完全多项式的近似模式，设 x^* 为最优解，y^* 是近似算法返回的解，则需要证明两点：

1）$x^*/y^* \leqslant 1+\epsilon$。
2）算法既是 $1/\epsilon$ 的多项式时间，又是 n 的多项式时间。

1. $x^*/y^* \leqslant 1+\epsilon$ 的证明

我们需要首先证明如下引理。

引理　对于 P_i（相近元素不删除）中的每一个元素 x，在 L_i（删除相近元素）中存在一个元素 y，使得

$$\frac{x}{(1+\epsilon/2n)^i} \leqslant y \leqslant x \qquad (4-6)$$

归纳法证明：

1）当 $i=1$ 时，$P_1=\{0,e_1\}$，$L_1=\{0,e_1\}$，显然，对于 P_1 中的任意一个元素 x，L_1 中存在一个元素 y，使得不等式成立。

2）假设 $i=n-1$ 时，不等式（4-6）成立，即

$$\frac{x'}{(1+\epsilon/2n)^{n-1}} \leqslant y' \leqslant x', \quad x' \in P_{n-1} 且 y' \in L_{n-1} \qquad (4-7)$$

因 $P_n=P_{n-1} \cup (P_{n-1}+e_n)$，当 $x \in P_n \Rightarrow x \in P_{n-1}$ 或者 $x \in (P_{n-1}+e_n)$ 时。

① 当 $x \in P_{n-1}$ 时，由假设条件可知：

$$\frac{x}{(1+\epsilon/2n)^{n-1}} \leqslant y' \leqslant x, \quad x \in P_{n-1} 且 y' \in L_{n-1} \qquad (4-8)$$

由 $y' \in L_{n-1}$，可得 $y' \in \hat{L}_n$，因 $\hat{L}_n = L_{n-1} \cup (L_{n-1}+e_n)$。同时，$\hat{L}_n$ 可以写成 $\hat{L}_n = L_n \cup \bar{L}_n$（$\bar{L}_n$ 为在第 n 步迭代被删除元素的集合），得出 $y' \in L_n$ 或者 $y' \in \bar{L}_n$，继续按这两种不同的情况

讨论。

a) 如果 $y' \in \bar{L}_n$,则 $\exists y \in L_n$,使得

$$\frac{y'}{1+\epsilon/2n} \leq y \leq y' \tag{4-9}$$

因为只有满足这个不等式的元素才会被删除。

b) 如果 $y' \in L_n$,则不等式（4-9）显然成立。

结合不等式（4-8）和式（4-9），则

$$\frac{x}{(1+\epsilon/2n)^n} \leq y \leq x, \quad x \in P_n \text{ 且 } y \in L_n$$

成立,即证明了当 $x \in P_{n-1}$ 时,以及 $i=n$ 时,不等式（4-6）成立。

② 当 $x \in (P_{n-1}+e_n)$ 时,设 $x=p+e_n$,p 为 P_{n-1} 集合中的任意元素。由假设可知,$\exists y' \in L_{n-1}$,使得

$$\frac{p}{(1+\epsilon/2n)^{n-1}} \leq y' \leq p$$

对式子进行变换得

$$\frac{p+e_n}{(1+\epsilon/2n)^{n-1}} \leq \frac{p}{(1+\epsilon/2n)^{n-1}}+e_n \leq y'+e_n \leq p+e_n$$

令 $y=y'+e_n$,则 $y \in \hat{L}_n$,不等式转化为

$$\frac{x}{(1+\epsilon/2n)^{n-1}} \leq y \leq x \tag{4-10}$$

式中,$x=p+e_n$。

因为 $\hat{L}_n = L_n \cup \bar{L}_n$,得出 $y \in L_n$ 或者 $y \in \bar{L}_n$,同样,分两种情况讨论。

a) 如果 $y \in L_n$,有

$$\frac{x}{(1+\epsilon/2n)^n} \leq \frac{x}{(1+\epsilon/2n)^{n-1}} \leq y \leq x, \quad x \in P_n \text{ 且 } y \in L_n$$

即不等式（4-6）成立。

b) 如果 $y \in \bar{L}_n$,则 $\exists v \in L_n$,使得

$$\frac{y}{1+\epsilon/2n} \leq v \leq y \tag{4-11}$$

结合不等式（4-10）和不等式（4-11），得

$$\frac{x}{(1+\epsilon/2n)^n} \leq v \leq x, \quad x \in P_n \text{ 且 } v \in L_n$$

同样证明了不等式（4-6）成立。

以上证明,当 $x \in (P_{n-1}+e_n)$ 时,不等式（4-6）成立。

由点1）和点2）的归纳可知,引理成立。下面,基于此引理,证明 $x^*/y^* \leq 1+\epsilon$。

因 $x^* \in P_n$,根据式（4-6）,$\exists y \in L_n$,式（4-12）成立。

$$\frac{x^*}{(1+\epsilon/2n)^n} \leq y \leq x^* \Rightarrow \frac{x^*}{y} \leq (1+\epsilon/2n)^n \tag{4-12}$$

因为 $(1+\epsilon/2n)^n$ 单调递增 $\left(\frac{\mathrm{d}}{\mathrm{d}n}(1+\epsilon/2n)^n > 0\right)$ 且 $\lim_{n \to \infty}(1+\epsilon/2n)^n = e^{\epsilon/2}$,所以有

$$(1+\epsilon/2n)^n \leq e^{\epsilon/2} \tag{4-13}$$
$$\leq 1+\epsilon/2+(\epsilon/2)^2 \tag{4-14}$$
$$\leq 1+\epsilon \tag{4-15}$$

$x^*/y^* \leq 1+\epsilon$ 得证。

2. 证明"算法既是 $1/\epsilon$ 的多项式时间，又是 n 的多项式时间"

算法的复杂度主要取决于 L_n 的规模，我们知道：

1) L_n 中所有的元素都小于等于 w。根据式（4-5），任意两个元素的比值如果小于等于 $1+\delta$，其中一个元素必会被剔除。

2) L_n 中任意两个相邻的元素的比值必大于 $1+\delta$，也就是说相邻两元素，后一个元素是前一个元素的 $1+\delta$ 倍多。

由以上两点，可以得出 L_n 中元素的个数不会超过 $\log_{1+\delta}w$ 个。同时，因 L_n 必然包含 0 元素，可能包含 1 元素，所以，总元素个数不会超过 $\log_{1+\delta}w+2$ 个。

$$\begin{aligned}\log_{1+\delta}w+2 &= \frac{\ln w}{\ln(1+\epsilon/2n)}+2 \\ &\leq \frac{2n(1+\epsilon/2n)\ln w}{\epsilon}+2\left(\frac{x}{1+x}\leq\ln(1+x)\leq x\right) \\ &< \frac{3n\ln w}{\epsilon}+2\left(1+\epsilon/2n<\frac{3}{2}\right)\end{aligned} \tag{4-16}$$

所以算法既是 $1/\epsilon$ 的多项式时间，又是 n 的多项式时间，得证。

4.4 集合覆盖

4.4.1 简单集合覆盖

定义 4.4.1（集合覆盖） 给定集合 $E=\{e_1,e_2,\cdots,e_n\}$，以及 E 的 m 个子集 $S_1,S_2,\cdots,S_m$，$E=\bigcup_{\forall i}S_i$，令 $\mathcal{S}=\{S_1,S_2,\cdots,S_m\}$，要求在 $\mathcal{S}$ 中，找到一个最小子集 $\mathcal{R}$，使得其成员覆盖 E 中所有的元素，即

$$\min \ |\mathcal{R}|$$
$$\text{s.t.} \ E=\bigcup_{S\in\mathcal{R}}S$$

例 设集合 $E=\{a,b,c,d,e,f,g,h,i,j,k,l\}$，$E$ 的子集有 $S_1=\{a,b,c,d\}$，$S_2=\{e,f,g,h,i\}$，$S_3=\{j,k,l\}$，$S_4=\{a,e\}$，$S_5=\{b,f,g\}$，$S_6=\{c,d,g,h,k,l\}$，$S_7=\{j\}$，即 $\mathcal{S}=\{S_1,S_2,S_3,S_4,S_5,S_6,S_7\}$，$\mathcal{S}$ 的子集 $\mathcal{R}=\{S_1,S_2,S_6,S_7\}$ 可以覆盖 E，子集 $\mathcal{R}=\{S_1,S_2,S_3\}$ 也可以覆盖 E，但最优集合覆盖是 $\mathcal{R}=\{S_1,S_2,S_3\}$。

集合覆盖是 NPC 问题，为了求集合覆盖的近似解，设计基于贪心算法的近似算法：每次从 $\mathcal{S}$ 中选出一个子集，使其能够覆盖 E 中最多的尚未被覆盖的元素，算法一直执行下去，直到 E 中所有的元素都被覆盖为止，此时覆盖集合 $\mathcal{R}$ 就形成了。

算法 10 给出了集合覆盖的近似算法，此算法中，while 循环最多执行 $\min(|E|,|\mathcal{S}|)$ 次，语句 6 的复杂度为 $O(|E||\mathcal{S}|)$，所有算法的总复杂度为 $O(|E||\mathcal{S}|\min(|E|,|\mathcal{S}|))$，显然，算法对于输入规模 E 和 $\mathcal{S}$ 是多项式时间的近似算法。

算法 10 集合覆盖的近似算法

1: **Input**: 集合 E, 子集集合 $\mathcal{S}$;
2: **Output**: 覆盖 E 的集合 $\mathcal{R}$;
3: $X \leftarrow E$
4: $\mathcal{R} \leftarrow \varnothing$
5: **while** $X \neq \varnothing$ **do**
6:     从 $\mathcal{S}$ 中选取一个子集 S, 其能覆盖最多尚未被覆盖元素的集合;
7:     $X \leftarrow X - S$;
8:     $\mathcal{R} \leftarrow \mathcal{R} \cup S$;
9: **end while**
10: **return** $\mathcal{R}$;

定理 4.4.1 集合覆盖的近似算法是多项式时间的 $\rho(n)$ 近似算法, 其中 $\rho(n) = H(\max\{|S|: S \in \mathcal{S}\})$, 其中 $H(d) = \sum_{i=1}^{d} \frac{1}{i}$。

前面已经分析过集合覆盖的近似算法是多项式时间的近似算法, 这里主要分析算法是 $\rho(n)$ 近似算法, 假设最优解是 $\mathcal{R}^*$, 也就是要证明 $\frac{|\mathcal{R}|}{|\mathcal{R}^*|} \leq \rho(n)$。

思路 4.4.1 无论是计算最优解的代价 ($|\mathcal{R}^*|$) 还是近似算法的代价 ($|\mathcal{R}|$), 都需要计算所包含子集的个数。所以, 很自然地设置每个子集的代价是 1。

假设近似算法第 i 次选择子集 S_i 加入顶点覆盖集 $\mathcal{R}$, 则其总代价+1, 同时假设有 n_i 个新的元素 $\{e_1^i, e_2^i, \cdots, e_{n_i}^i\}$ 被子集 S_i 覆盖 (集合 $\{e_1^i, e_2^i, \cdots, e_{n_i}^i\}$ 是 S_i 的子集), 即

$$n_i = |S_i - (S_1 \cup S_2 \cup \cdots \cup S_{i-1})|$$

设子集 S_i 的代价 "1" 被均匀地分配到每个新覆盖的元素, 所以, 每个新覆盖元素分配到的代价为

$$c_{e_1^i} = c_{e_2^i} = \cdots = c_{e_{n_i}^i} = \frac{1}{n_i}$$

假设近似算法一共选取了 k 个子集, 分别为 $(S_1, S_2, \cdots, S_k)$, 则近似算法的代价 $|\mathcal{R}| = k$, 也可以写成

$$|\mathcal{R}| = (c_{e_1^1} + c_{e_2^1} + \cdots + c_{e_{n_1}^1}) + (c_{e_1^2} + c_{e_2^2} + \cdots + c_{e_{n_2}^2}) + \cdots + (c_{e_1^k} + c_{e_2^k} + \cdots + c_{e_{n_k}^k})$$
$$= c_{e_1} + c_{e_2} + \cdots + c_{e_n}$$
$$= \sum_{e \in E} c_e \tag{4-17}$$

式 (4-17) 成立是因为每次新覆盖的元素肯定是不一样的, 而最终会覆盖所有的元素。同时, 因最优解 $\mathcal{R}^*$ 覆盖所有的元素, 即包含任意的 e_i 至少一次, 所以有

$$|\mathcal{R}| = \sum_{e \in E} c_e \leq \sum_{S \in \mathcal{R}^*} \sum_{e \in S} c_e \tag{4-18}$$

式 (4-18) 给出了 $\mathcal{R}$ 和 $\mathcal{R}^*$ 的关系 (注意: 不等式右边 S 是属于最优覆盖的 $S \in \mathcal{R}^*$, 但是 S 中元素的代价计算是依照近似覆盖 c_e), 现在的关键问题是求 $\sum_{e \in S} c_e$, 也就是, 对于任意的 $S \in \mathcal{S}$, 其所有元素的代价之和。

引理 4.4.1 对于任意的 $S \in \mathcal{S}$，$\sum_{e \in S} c_e \leqslant H(|S|)$。

证明：对于 S，当近似算法第 i 次选出子集 S_i 时，S 中会有 t_i 个新的元素被覆盖，即

$$t_i = |S-(S_1 \cup S_2 \cup \cdots \cup S_{i-1})| - |S-(S_1 \cup S_2 \cup \cdots \cup S_{i-1} \cup S_i)|$$
$$= v_{i-1} - v_i$$

式中，令 $v_i = |S-(S_1 \cup S_2 \cup \cdots \cup S_{i-1} \cup S_i)|$，其含义为：当近似算法选择了 i 个子集后，子集 S 中未被覆盖的元素的个数。

当近似算法第 i 次选出子集 S_i 时，E 中会有 n_i 个新元素被覆盖，而每个元素的代价为 $\dfrac{1}{n_i}$，所以，S 中 t_i 个新的元素的总代价为 $t_i \dfrac{1}{n_i}$。假设当近似算法选取了 l（$l \leqslant k$）个子集时，S 中所有的元素都被覆盖，则

$$\sum_{e \in S} c_e = \sum_{i=1}^{l} t_i \frac{1}{n_i}$$

如令 $S=\{e_1, e_2, e_3, e_4\}$，$S_1=\{e_1, e_2, e_5, e_6, e_7\}$，$S_2=\{e_3, e_8, e_9\}$，$S_3=\{e_4, e_5, e_{10}\}$。当算法选取第一个子集 S_1 时，总共覆盖了 5 个新元素，每个元素的代价为 $\dfrac{1}{5}$，但对于 S 而言，仅仅覆盖了 2 个元素（e_1 和 e_2），即 $t_1=2$；算法选取第二个子集 S_2 后，总共覆盖了 3 个新的元素，每个元素的代价为 $\dfrac{1}{3}$，但对于 S 而言，仅覆盖 1 个元素，即 $t_2=1$；算法选取第三个子集 S_3 后，总共覆盖了 2 个新的元素（元素 e_5 已经被覆盖），每个元素的代价为 $\dfrac{1}{2}$，但对于 S 而言，也仅覆盖 1 个元素，即 $t_3=1$。此时，S 的元素被完全覆盖，所以 S 所有元素的代价之和为

$$\sum_{e \in S} c_e = 2 \times \frac{1}{5} + 1 \times \frac{1}{3} + 1 \times \frac{1}{2} = \frac{37}{30}$$

又因为

$$n_i = |S_i-(S_1 \cup S_2 \cup \cdots \cup S_{i-1})| \geqslant |S-(S_1 \cup S_2 \cup \cdots \cup S_{i-1})| = v_{i-1} \quad (4-19)$$

式（4-19）成立是因为近似算法总是选取能够覆盖最多的尚未被覆盖元素（而这里被选择的是 S_i 而不是 S）。结合式（4-18）和式（4-19），可得

$$\sum_{e \in S} c_e \leqslant \sum_{i=1}^{l} t_i \frac{1}{v_{i-1}}$$
$$= \sum_{i=1}^{l} \sum_{j=v_i+1}^{v_{i-1}} \frac{1}{v_{i-1}} \quad (\text{因为 } t_i = v_{i-1} - v_i)$$
$$\leqslant \sum_{i=1}^{l} \sum_{j=v_i+1}^{v_{i-1}} \frac{1}{j} \quad (\text{因为 } j \leqslant v_{i-1})$$
$$= \sum_{i=1}^{l} \left(\sum_{j=1}^{v_{i-1}} \frac{1}{j} - \sum_{j=1}^{v_i} \frac{1}{j} \right)$$
$$= \sum_{i=1}^{l} (H(v_{i-1}) - H(v_i))$$
$$= H(v_0) - H(v_l)$$
$$= H(v_0) \quad (\text{因为 } v_l = 0)$$

$$= H(|S|) \text{ （因为 } v_0 = |S|)$$

引理得证。将以上结果代入式 (4-18)，可得

$$|\mathcal{R}| \leqslant \sum_{S \in \mathcal{R}^*} H(|S|)$$

$$\leqslant |\mathcal{R}^*| H(\max\{|S|: S \in \mathcal{S}\})$$

$$\Rightarrow \frac{|\mathcal{R}|}{|\mathcal{R}^*|} \leqslant H(\max\{|S|: S \in \mathcal{S}\})$$

定理 4.4.1 得证。

4.4.2 带权重的集合覆盖（广义集合覆盖）*

4.4.1 节分析了简单的集合覆盖问题，在本节继续分析集合覆盖问题，但每个子集被赋予一个权重，目标是找到子集的集合使得权重之和最小。4.4.1 节的集合覆盖可以看出权重为 1 的集合覆盖问题，所以本节讨论的带权重的集合覆盖称为广义集合覆盖。

定义 4.4.2（广义集合覆盖） 给定集合 $E = \{e_1, e_2, \cdots, e_n\}$，以及 E 的 m 个子集 $\{S_1, S_2, \cdots, S_m\}$，$E = \bigcup_{\forall i} S_i$，每个子集 S_i 被赋予一个权重 w_i，在集合 $\{S_1, S_2, \cdots, S_m\}$ 中，找到一个最小子集 C，使得 $\sum_{j \in C} w_j$ 最小化。

我们首先将 4.4.1 节中的贪心算法扩展到广义集合覆盖问题。

思路 4.4.2 针对简单集合覆盖问题，贪心算法每次都在剩余的子集中选取一个能够覆盖最多剩余元素的子集。而广义集合覆盖的目标是最小化选取子集的权重之和，显然，我们应该选取一个权重尽量小，但又能覆盖尽量多剩余元素的子集，因而，定义了 $w_i/|U \cap S_i|$ 作为选取标准，其中 U 表示还未被覆盖元素的集合，贪心算法在剩余的子集中选取一个子集能够最小化 $w_i/|U \cap S_i|$。

算法 11 给出了对广义集合覆盖的贪心算法。

算法 11 广义集合覆盖的贪心算法

1: **Input**：集合 $E = \{e_1, e_2, \cdots, e_n\}$，子集集合 $S = \{S_1, S_2, \cdots, S_m\}$，$S_i \in E$，子集权重 w
2: $U = E, C = \varnothing, F = S$;
3: **while** $U \neq \varnothing$ **do**
4:     在 F 中选取一个子集 S_i，其最小化开销 $\dfrac{w_i}{|U \cap S_i|}$;
5:     $U = U - S_i$;
6:     $F = S \backslash S_i$;
7:     $C = C \cup S_i$;
8: **end while**
9: **return** C;

定理 4.4.2 广义集合覆盖的贪心算法是一个 H_n 近似算法。

显然贪心算法能够覆盖所有的元素，所以贪心算法得出的解是可行解。为了分析近似解的代价，给元素标号 $e^1, e^2, \cdots, e^{n-1}, e^n$ 代表算法运行过程中第 1 个被覆盖的元素 e^1，第 2 个

被覆盖的元素 e^2，…，第 n 个被覆盖的元素 e^n。假设在第 k 次迭代中，子集 S_j 被选取，新覆盖的元素包含 e^i，则 e^i 的开销可写成 $c(e^i) = \dfrac{w_j}{U \cap S_j}$。另外，设 $C^* = \{O_1, O_2, \cdots, O_p\}$ 为最优解选取的子集的集合，最优解的开销（权重之和）为 OPT。

引理 4.4.2 对任意一个元素 e^i，其代价 $c(e^i) \leq \text{OPT}/(n-i+1)$。

证明：根据假设，可知 $\text{OPT} = w(O_1) + w(O_2) + \cdots + w(O_p)$，其中 $w(O_i)$ 表示子集 O_i 的权重。在任意一次迭代开始时，未被覆盖的元素个数为 $|U|$（也就是 $|E-C|$），因为所有的 O_i 的并集构成了所有元素的集合 E，以下不等式成立。

$$|U| \leq |U \cap O_1| + |U \cap O_2| + \cdots + |U \cap O_p|$$

贪心算法在每次迭代中，总选择开销最小的集合，设贪心解选择了 S'，其开销为 $\alpha = \dfrac{w'}{|U \cap S'|}$，则

$$\alpha \leq \dfrac{w(O_i)}{|U \cap O_i|}, \quad i = 1, 2, \cdots, p$$

此不等式对所有的 O_i 成立，不管是已经被贪心算法选中的还是未选中的，如果 O_i 未选中，显然成立，如果 O_i 已被选中，则不等式的右边为无穷，显然也成立。则

$$w(O_i) \geq \alpha |U \cap O_i|, \quad i = 1, 2, \cdots, p$$

所以，

$$\text{OPT} = \sum_{i=1}^{p} w(O_i) \geq \alpha \sum_{i=1}^{p} |U \cap O_i| \geq \alpha |U|$$

可得

$$\alpha \leq \dfrac{\text{OPT}}{|U|}$$

则当第 e^i 个元素被选取时，还未被覆盖的元素 $|U|$ 最多为 $(n-i+1)$ 个。

$$c(e^i) = \alpha \leq \dfrac{\text{OPT}}{|U|} \leq \dfrac{\text{OPT}}{n-i+1}$$

引理得证。根据引理 4.4.2 可得贪心算法的总开销为

$$\sum_{i=1}^{n} c(e^i) \leq \sum_{i=1}^{n} \dfrac{\text{OPT}}{n-k+1} = \text{OPT} \sum_{i=1}^{n} \dfrac{1}{n} = \text{OPT} \cdot H_n$$

所以，广义集合覆盖的贪心算法是一个 H_n 近似算法。

4.5 集合覆盖-整数规划

集合覆盖实际上就是一个整数规划问题（更确切地说是 0-1 规划问题），设变量 x_i 是对子集 S_i 的决策变量，$x_i = 0$ 表示没有选中子集 S_i，$x_i = 1$ 表示选中子集 S_i。则集合覆盖问题可写成

$$
\begin{aligned}
\min \quad & \sum_{j=1}^{m} w_j x_j \\
\text{s.t.} \quad & \sum_{j: e_i \in S_j} x_j \geq 1, \quad i = 1, 2, \cdots, n \\
& x_j \in \{0, 1\}, \quad j = 1, 2, \cdots, m
\end{aligned}
\tag{4-20}
$$

式中，约束条件 $\sum_{j:e_i \in S_j} x_j \geq 1$ 表示所有的元素必须被覆盖。整数规划（IP）是 NP 难问题。为求解此问题的近似解，这里通过对这个 IP 问题进行松弛，转化为线性规划（LP）问题，即

$$\begin{aligned}
\min \quad & \sum_{j=1}^{m} w_j x_j \\
\text{s.t.} \quad & \sum_{j:e_i \in S_j} x_j \geq 1, \quad i = 1,2,\cdots,n \\
& x_j \geq 0, \quad j = 1,2,\cdots,m
\end{aligned} \tag{4-21}$$

注意：这里对变量 x_j 的约束条件实际上是 $0 \leq x_j \leq 1$，但上述模型实际上已经隐含了 $x_j \leq 1$ 条件，因为如果最优解存在 $x_j > 1$，则可以将此 x_j 减少到"= 1"，使得目标函数的值进一步降低且依然满足约束条件。因 LP 问题可以在多项式时间内解决，我们可以在多项式时间内得出集合覆盖对应 LP 问题的解。问题是如何通过 LP 问题的解来得出集合覆盖的 α 倍整数解？

思路 4.5.1 一种简单的思路是将 LP 问题得出的最优解 x_j^* 进行四舍五入后作为 IP 问题的解，用 $\hat{x}_j$ 表示，然后选取那些值为 1 的 $\hat{x}_j$ 所对应的子集，构成近似解。

但问题是，这样选取的解并不一定满足约束条件"所有的元素必须被覆盖"。不过这依然提供了解决问题的思路，我们有必要找出一个数 $0 \leq \beta \leq 1$，当 $x_j^* \geq \beta$ 时，$\hat{x}_j$ 取 1，否则 $\hat{x}_j$ 取 0，使得这种赋值满足上面的约束条件。那么该如何找这个 β？

思路 4.5.2 考察在所有的子集 S_j 中出现频率最高的那个元素 e_k，设其出现频率为 f（e_k 出现在 f 个子集中），令 $\beta = 1/f$，这样保证了能够把 e_k 覆盖（因 e_k 所对应那些子集中必然存在一个 S_j，其对应的 $x_j^* \geq \beta$，否则包含 e_k 所有子集 $\{S_j : e_k \in S_j\}$ 的 x^* 值相加小于 1，和 LP 问题的约束条件相矛盾），而那些频率小于 f 的元素 $\{e_i : i \neq k\}$ 更应该被覆盖，也就是这些元素所对应的子集中 $\{S_j : e_i \in S_j\}$ 至少存在一个子集，其 x^* 值大于 β，否则其频率大于 f，矛盾。

根据以上思路，算法 12 给出了集合覆盖的近似算法。首先找出元素的最高频率 f（语句 3），所有的 x^*（x^* 是 LP 问题得出的最优解）和 $1/f$ 进行比较，如果大于 $1/f$，则相应的 $\hat{x}$（$\hat{x}$ 为 IP 问题的近似解）赋值为 1，否则赋值为 0（语句 4~语句 10）。

算法 12 集合覆盖的近似算法

1: **Input**：集合 $E = \{e_1, e_2, \cdots, e_n\}$，子集 $\{S_1, S_2, \cdots, S_m\}$，子集权重 w；
2: $f_i = |\{j : e_i \in S_j\}|, i = 1,2,\cdots,n$；
3: $f = \max_{i=1,2,\cdots,n} f_i$；
4: **for** $j = 1$ to m **do**
5:     **if** $x_j^* \geq \dfrac{1}{f}$ **then**
6:         $\hat{x}_j = 1$；
7:     **else**
8:         $\hat{x}_j = 0$；
9:     **end if**
10: **end for**
11: **return** all $\hat{x}$；

定理 4.5.1 基于 LP 松弛的集合覆盖的近似算法是多项式时间的 f 近似算法。

证明：显然上述近似算法可以在多项式时间内完成。下面证明基于 LP 松弛的集合覆盖的近似算法得出的解覆盖了集合 E 中所有的元素，实际上，我们在思路分析中已经分析了算法可以覆盖所有的元素，下面给出严谨的证明。

- 假设某个元素 e_i 未被覆盖，则包括此元素的所有子集 $\{S_j : e_i \in S_j\}$ 的 x^* 值，即由 LP 问题得出的最优解，必然小于 $1/f$。

$$x_j^* < \frac{1}{f}, \quad \forall j : e_i \in S_j$$

- 而包含元素 e_i 子集的个数 $|\{j : e_i \in S_j\}| \leq f$（因为 f 是最大的频率）。

$$\sum_{j: e_i \in S_j} x_j^* < \frac{1}{f} |\{j : e_i \in S_j\}| \leq \frac{1}{f} \cdot f = 1$$

显然，这与 LP 问题的最优解（x^*）满足约束条件相矛盾，所以近似算法得出的解覆盖所有的元素。

接着，证明算法是 f 近似算法。上述近似算法得出的解的权重之和为 $\sum_{j:\hat{x}_j=1} w_j$，因为 $1 \leq f \cdot x_j^*$（只有那些大于等于 $1/f$ 的 x^* 才会被选取），所以有

$$\sum_{j:\hat{x}_j=1} w_j \leq \sum_{j:\hat{x}_j=1} w_j \cdot (f x_j^*)$$
$$= f \sum_{j:\hat{x}_j=1} w_j \cdot x_j^*$$
$$\leq f \sum_{j=1}^m w_j \cdot x_j^*$$
$$= f \cdot \text{OPT}^{\text{LP}}$$
$$\leq f \cdot \text{OPT}^{\text{IP}}$$

式中，OPT^{LP} 是 LP 问题的最优值，OPT^{IP} 是 IP 问题的最优解，所以本节的近似算法是 f 近似算法。

对集合覆盖的线性规划模型式（4-21）做对偶变化得

$$\begin{aligned} \max \quad & \sum_{i=1}^n y_i \\ \text{s.t.} \quad & \sum_{i: e_i \in S_j} y_i \leq w_j, \quad j = 1, 2, \cdots, m \\ & y_i \geq 0, \quad i = 1, 2, \cdots, n \end{aligned} \quad (4\text{-}22)$$

对偶问题的 y_i 可以看成元素的价格，那么目标函数就是最大化所有元素的总价格，受约束于所包含子集的权重（w_j），也就是子集里元素的价格总和不能超过子集的权重。

在 1.6 节介绍了原始-对偶算法，也就是通过放宽互补松弛条件，即通过 α 和 β 将原始和对偶互补松弛条件放宽为不等式（1-44）和式（1-45），可以得到一个 $\alpha\beta$ 的近似解。1.7 节讨论了原始-对偶算法的通常步骤，回顾一下：①将原问题和对偶问题的解向量 $\boldsymbol{X}$ 和 $\boldsymbol{Y}$ 初始化为 $\boldsymbol{0}$；②通过改变 $\boldsymbol{Y}$，使得对偶问题的目标函数变大，同时使得原问题逐渐成为一个可行解。依照此步骤，并参考 1.7 节，得出算法流程。

1) 初始化：$X=(0,0,\cdots,0)$，$Y=(0,0,\cdots,0)$，$E_y=E$ 表示所有的元素可选。

2) 在 E_y 中随机选择一个元素，设为 e，增加此元素的价格 y 直到对偶问题的某个约束条件的等号成立，设此约束条件对应子集 S。

3) $x_S=1$，也就是选择子集 S 加入集合 $\mathcal{R}$ 中，此时，S 中所有的元素都被覆盖，令
$$E_y=E_y-S$$

4) 重复步骤 2) 直到 E_y 为空。

算法 13 给出集合覆盖的原始-对偶算法，注意，在语句 5 增加某个元素的 y 值时，可能会存在多个约束条件的等号同时成立，所以语句 6 是将所有等号成立的约束条件所对应的子集 S 加入到集合 $\mathcal{R}$ 中，即其相应的 x 值置 1。while 语句最多执行 $O(n)$，语句 5 最多执行 $O(k)$（k 为对偶问题约束条件的个数），所以算法总复杂度为 $O(kn)$。

算法 13 集合覆盖的原始-对偶算法

1: **Input**：集合 $E=\{e_1,e_2,\cdots,e_n\}$，子集 $\{S_1,S_2,\cdots,S_m\}$，子集权重 w

2: **Output**：$x\in\{0,1\}^m$

3: 初始化：$X\leftarrow\mathbf{0}$，$Y\leftarrow\mathbf{0}$，$E_y\leftarrow E$；

4: **while** $E_y\neq\varnothing$ **do**

5: 从 E_y 中随机选择一个没有被覆盖的元素 e，增加该元素的 y 值，直到至少有一个约束条件 $\sum_{i:e_i\in S_j} y_i=w_j$ 成立；

6: 将所有等号成立的约束条件所对应的 $x_S\leftarrow 1$；

7: $E_y\leftarrow E_y-S$；

8: **end while**

9: **return** X；

引理 4.5.1 算法得出的 X 是原问题的一个可行解。

证明（反证法）：假设存在一个元素 e 没有被集合 $\mathcal{R}$ 覆盖，因算法对 E_y 只减去 $\mathcal{R}$ 中的元素，所以 E_y 不为空，这和算法结束时 E_y 为空矛盾。

引理 4.5.2 算法得出的 Y 是对偶问题的一个可行解。

证明：Y 初始化为可行解，而算法在改变 Y 值的过程中，没有破坏任何约束条件，所以，最终得出的 Y 依然是可行解。

定理 4.5.2 集合覆盖的原始对偶算法是多项式时间的 f 近似算法。

证明：因算法的复杂度为 $O(kn)$，所以可以在多项式时间内完成。算法取 $x=1$ 时，当且仅当对偶问题的约束条件等式成立，有
$$x_j>0\Rightarrow\sum_{i:e_i\in S_j}y_i=w_j$$
所以对偶互补松弛性中，$\alpha=1$。算法增加 y_i 时，必然使得至少一个约束条件等号成立，也就是至少有一个 y_i 所在的子集会被选中，所以 $y_i>0\Rightarrow 1\leq\sum_{j:e_i\in S_j}x_j$，同时，任意一个元素至多被包括在 f 个子集中，所以 $y_i>0\Rightarrow\sum_{j:e_i\in S_j}x_j\leq f$，可得

$$y_i > 0 \Rightarrow 1 \leq \sum_{j:e_i \in S_j} x_j \leq f$$

所以对偶互补松弛性中，$\beta=f$。从而可得，算法对 x_j 和 y_i 的取值符合 $\alpha=1$，$\beta=f$ 互补松弛条件，算法是 f 近似算法。

例 设 $E=\{e_1,e_2,e_3,e_4,e_5,e_6\}$，$S_1=\{e_1,e_2\}$，$w_1=1$，$S_2=\{e_2,e_3\}$，$w_2=2$，$S_3=\{e_3,e_4\}$，$w_3=3$，$S_4=\{e_4,e_5\}$，$w_4=4$，$S_5=\{e_5,e_6\}$，$w_5=5$，通过原始-对偶算法求集合覆盖。

- 初始化：$X=(0,0,\cdots,0)$，$Y=(0,0,\cdots,0)$，$E_y=\{e_1,e_2,e_3,e_4,e_5,e_6\}$。
- 从 E_y 中随机选取一个元素，设为 e_3，此元素 y_3 值最多可以增加到 2（受子集 S_2 的约束条件约束），令 $y_3=2$，此时，对偶问题中，子集 S_2 所对应的约束条件等号成立，即 $y_2+y_3=0+2=2$。
- $x_2=1$，即 $\mathcal{R}=\{S_2\}$，$E_y=\{e_1,e_2,e_3,e_4,e_5,e_6\}-\{e_2,e_3\}=\{e_1,e_4,e_5,e_6\}$。
- 从 E_y 中随机选取一个元素，设为 e_1，此元素 y_1 值最多可以增加到 1（受子集 S_1 的约束条件约束），令 $y_1=1$，此时，对偶问题中，子集 S_1 所对应的约束条件等号成立，即 $y_1+y_2=1+0=1$。
- $x_1=1$，即 $\mathcal{R}=\{S_1,S_2\}$，$E_y=\{e_1,e_4,e_5,e_6\}-\{e_1,e_2\}=\{e_4,e_5,e_6\}$。
- 从 E_y 中随机选取一个元素，设为 e_4，此元素 y_4 值最多可以增加到 1（受子集 S_3 的约束条件约束），令 $y_4=1$，此时，对偶问题中，子集 S_3 所对应的约束条件等号成立，即 $y_3+y_4=2+1=3$。
- $x_3=1$，即 $\mathcal{R}=\{S_1,S_2,S_3\}$，$E_y=\{e_4,e_5,e_6\}-\{e_3,e_4\}=\{e_5,e_6\}$。
- 从 E_y 中随机选取一个元素，设为 e_6，此元素 y_6 值最多可以增加到 5（受子集 S_5 的约束条件约束），令 $y_6=5$，此时，对偶问题中，子集 S_5 所对应的约束条件等号成立，即 $y_5+y_6=0+5=5$。
- $x_5=1$，即 $\mathcal{R}=\{S_1,S_2,S_3,S_5\}$，$E_y=\{e_5,e_6\}-\{e_5,e_6\}=\varnothing$，算法结束。

算法得到的集合覆盖集总权重为 $\sum_j x_j w_j = w_1+w_2+w_3+w_5=11$，最优解为 $\mathrm{OPT}=w_1+w_3+w_5=9$，$f=2$，所以 $\sum_j x_j w_j \leq 2\mathrm{OPT}$。

4.6 斯坦纳最小树

定义 4.6.1（斯坦纳最小树） 给定无向连通图 $G=(V,E)$ 和边的权重 $w:E\rightarrow \mathbb{R}$。同时，给出集合 R 为 V 的子集，$R\subseteq V$，要求在图中寻找一棵子树 $T=(V',E')$，其中 $V'\subseteq V$，$E'\subseteq E$，使得 $R\subseteq V'$ 且 $\sum_{e\in E'} w(e)$ 最小。

图的斯坦纳最小树是 NP 难问题，我们需要找到一个近似算法。

思路 4.6.1 当 $R=V$ 时，图的斯坦纳问题就成为最小生成树问题，所以很自然会想到用最小生成树来近似求解斯坦纳最小树。但是直接用一个图的最小生成树来作为斯坦纳最小树，并不能得到一个好的近似算法。

图 4-2 展示了一个极端情况，在图 G（图 4-2a）中，需要生成圈出的两个节点（最上和最下的两个节点）的斯坦纳最小树，图 G 的最小生成树如图 4-2b 所示（加粗部分），其中权重为 $(n-1)$；而图 G 的斯坦纳最小树如图 4-2c 所示（加粗部分），其权重为 2，所以此方法是一个 $\frac{n-1}{2}$ 近似算法，显然不是一个好的近似算法。

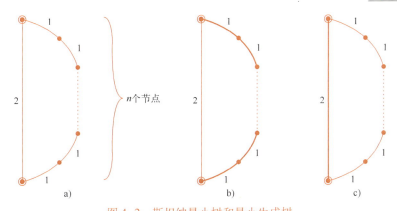

图 4-2 斯坦纳最小树和最小生成树
a) 原图 G b) 图 G 的最小生成树   c) 图 G 的斯坦纳最小树

思路4.6.2 这启发求解最小生成树不应该基于原图 G，而是应该基于只有 R 节点的图。因此，首先要根据原图 G 生成一个只有 R 节点的完全图 G_R，图中任意两个点之间边的权重设置为图 G 中的相应两点的最短路径；基于图 G_R，得出最小生成树 T_{MT}，再将 T_{MT} 中的边还原成图 G 中的路径，就得出了斯坦纳最小树的近似解。

结合图 4-3a 的例子，例子中需要生成 $R=\{b,c,f,g,h\}$（实心点）的斯坦纳最小树，给出基于最小生成树的近似算法，步骤如下：

1）基于原图 G（图 4-3a），生成 $R=\{b,c,f,g,h\}$ 的一个完全图 G_R（图 4-3b），其中任意一条边的权重 w 为原图 G 中的最短路径，如 $(w_{b,f})_{G_R} = (w_{b,d})_G + (w_{d,e})_G + (w_{e,f})_G$。

2）基于 G_R，生成最小生成树 T_{MT}，如图 4-3c 所示，树的权重为 21。

3）将 T_{MT} 中的边替换成原来的最短路径，得到图 G_{MT}，如图 4-3d 所示。

4）如果替换成最短路径后生成的图不是树，则需进一步生成最小生成树，本例中替换成最短路径后生成的图存在回路，所以不是树，生成的最小生成树如图 4-3e 所示，即为近似算法得出的斯坦纳最小树 T_{ST}，其总权重为 17。实际上，我们运气很好，近似算法得出的斯坦纳最小树就是最优斯坦纳最小树。

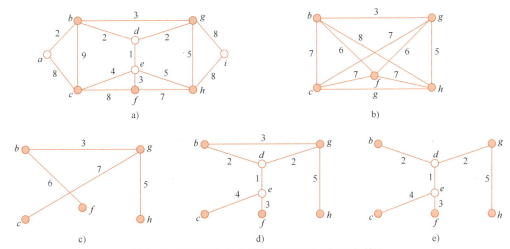

图 4-3 基于最小生成树的斯坦纳最小树近似算法
a) 原图 G b) 完全图 G_R c) G_R 上的最小生成树 T_{MT}
d) 图 G_{MT} 为 T_{MT} 中的边替换成原来的最短路径   e) 近似斯坦纳最小树 T_{ST}

定理 4.6.1 上述基于最小生成树的算法得出的是斯坦纳最小树。

需要证明以下 3 点：

1）算法得出的是一棵树。显然，算法通过第 4）步最终得出的 T_{ST} 是一棵树。

2）此树包含集合 R 中所有的点。算法第 1）步生成的图 G_R 包含 R 中所有的点，此图上的最小生成树 T_{MT} 也包含 R 中所有的点，图 G_{MT} 是在树 T_{MT} 的基础上增加了斯坦纳点，所以 G_{MT} 包含 R 中所有的点，最后 T_{ST} 仅仅消除了 G_{MT} 可能形成环的边，保留 G_{MT} 中所有的点，所以最终生成的树 T_{ST} 依然包含 R 中所有的点。

3）此树是原图 G 的子图。算法第 3）步得出的图 G_{MT} 是原图 G 的一个子图，这是因为 $V(G_{MT}) \subseteq V(G)$（见第 2）点的证明）且 $E(G_{MT}) \subseteq E(G)$（G_{MT} 每条边都是 G 中的最短路径的边）。而 T_{ST} 又是 G_{MT} 的子图，所以 T_{ST} 是 G 的子图。

定理 4.6.2 上述基于最小生成树的斯坦纳最小树近似算法是 2-近似算法。

思路 4.6.3 观察图 4-3，容易看出图 4-3e（近似算法斯坦纳最小树）的代价小于图 4-3d 的代价，图 4-3d 又小于图 4-3c，图 4-3c 又小于图 4-3b 的旅行商回路（最小生成树小于任何回路），而图 4-3b 是近似算法所对应的完全图，如果能够确定近似算法完全图和斯坦纳最小树完全图的关系，就可以得出近似算法的近似因子。

证明：设 T_{ST}^* 是图 G 的斯坦纳最小树，其总权重为 $w(T_{ST}^*)$，同时定义斯坦纳最小树上的完全图 $G_{ST}(V,E)$，其中 $V=V(T_{ST}^*)$，而任意边（$e \in E$）的权重为图 G 的最短路径（类似于图 G_R 的定义），对 T_{ST}^* 按照先序往返（返回时会再次遍历节点）遍历 W，W 刚好对所有的边遍历两次，则

$$2w(T_{ST}^*) = w(W) > w(H_{G_{ST}}^*) \tag{4-23}$$

式中，$H_{G_{ST}}^*$ 是图 G_{ST} 的旅行商回路，式（4-23）成立，是因为 W 回路大于按照先序遍历形成的回路（因为三角不等式，此部分的证明同 4.2 节），而此回路又大于等于旅行商回路。

接着，分析图 G_{ST} 的旅行商回路和图 G_R（近似算法完全图）的旅行商回路之间的关系（注意：两者都是完全图）。图 G_R 中任意两个节点之间的边都等于图 G_{ST} 相应顶点之间的边（都是图 G 中的最短路径），图 G_R 上的节点数小于等于图 G_{ST} 上的节点数（G_R 只包含集合 R 的节点，G_{ST} 包含集合 R 的节点和斯坦纳点），所以 G_{ST} 的旅行商回路的权重要大于等于图 G_R 的旅行商回路的权重，即

$$w(H_{G_{ST}}^*) \geq w(H_{G_R}^*)$$

到此，我们已经确定了近似算法完全图和斯坦纳最小树完全图的关系，下面的证明就比较容易了。继续比较图 G_R（图 4-3b）的旅行商回路和其上最小生成树 T_{MT}（图 4-3c），因为回路去掉一条边为树，而最小生成树小于所有树，所以有

$$w(H_{G_R}^*) > w(T_{MT})$$

继续比较树 T_{MT} 和图 G_{MT}（图 4-3d），因为图 G_{MT} 的边就是树 T_{MT} 边的还原，但在还原的过程中部分重叠的边被消除，只保留一条边，容易得出

$$w(T_{MT}) \geq w(G_{MT})$$

最后比较图 G_{MT} 和近似算法生成的树 T_{ST}（图 4-3e），因为树 T_{ST} 是图 G_{MT} 去除部分边得到的，所以有

$$w(G_{MT}) \geq w(T_{ST})$$

结合上面所有不等式，可得

$$w(T_{\text{ST}}) < 2w(T_{\text{ST}}^*) = 2\text{OPT}$$

定理得证，即基于最小生成树的算法是 2-近似算法。

4.7 近似算法在作业调度中的应用

作业调度类似于指派问题[○]，区别在于指派问题将 n 个作业在 n 个机器上分配，每个作业只能分配一个机器，一个机器只能分到一个作业，目的是使总效率最高（总时间最小）；而作业调度是对 m 个作业在 n 个机器上分配（默认 $m>n$，多个作业可分配到同一个机器），使得机器的最大作业时间最小化，其定义如下：

定义（作业调度） 有 m 个作业和 n 个机器，令 t_{ij} 为作业 i 在机器 j 上的执行时间，现需要将这 m 个作业调度到 n 个机器上，使得机器的最大作业时间最小化。

令 $x_{ij} \in \{0,1\}$，1 表示作业 i 分配到机器 j 上，0 表示没有，建立整数规划问题为

$$\begin{aligned}
\min \quad & T \\
\text{s.t.} \quad & \sum_j x_{ij} = 1, \ \forall i \\
& \sum_i x_{ij} t_{ij} \leq T, \ \forall j \\
& x_{ij} \in \{0,1\}
\end{aligned} \tag{4-24}$$

第一个约束条件表示一个作业必须被分配到一个且仅一个机器上；第二个约束条件表示任一个机器的总作业时间小于等于 T。

作业调度是 NPC 问题。为了解决作业调度问题，受 4.5 节启发，将整数规划转换为线性规划，通过线性规划的解来得出整数规划的近似解。需要指出的是，线性规划的解只是整数规划的一个下界，此问题中，将线性规划解作为下界，并不能达到很好的效果。例子说明如下：假设目前只有一个作业和 n 个相同的机器，这个作业在任一机器上的作业时间都为 n，则最优调度是将此作业在任一机器上运行，$T=n$；但线性规划的最优作业时间是 $T=1$，即将作业均匀地分配到 n 个机器，显然，此例子中的下界并不能很好地描述最优解（离最优解太远了）。

为此，我们将线性规划的解稍作调整，目的是将解向整数规划靠近。观察可知，那些 $t_{ij}>T$ 是不需要考虑的，所以可以令对应的 $x_{ij}=0$。现在的问题转化为：寻找最小的 T，满足如下的约束条件。

$$\begin{aligned}
& \sum_j x_{ij} = 1, \ \forall i \\
& \sum_i x_{ij} t_{ij} \leq T, \ \forall j \\
& t_{ij} > T, \quad x_{ij} = 0, \ \forall i,j \\
& x_{ij} \geq 0
\end{aligned} \tag{4-25}$$

可惜第 3 个约束不是线性约束，不过可以用二分搜索来寻找最优 T^*，也就是随机设置一个 T，先令所有 $t_{ij}>T$ 的 $x_{ij}=0$，之后求解满足约束条件 1 和约束条件 2 且大于等于 0 的所有 x。如果找到，则将 $T \leftarrow \dfrac{T}{2}$，否则令 $T \leftarrow 2T$，继续上述流程，直到找到 T^*，假设此时对应

○ 指派问题的常用算法是匈牙利算法，参考《算法设计与应用》教材。

的解为 $\boldsymbol{x}^*$。此 T^* 作为最优解 T^{OPT} 的下界（最优解 T^{OPT} 肯定是满足约束条件的，而 T^* 是所有满足约束条件中的最小值），有 $T^* \leq T^{\text{OPT}}$。

$\boldsymbol{x}^*$ 中包含整数解和小数解，整数解已经是最终解，但我们还需要将小数解转化为整数解，这个过程称为将部分调度调整为完整调度。设 $\boldsymbol{x}^*$ 中完整调度的作业个数为 n_{int}，部分调度的作业个数为 n_{frac}，则有

$$\begin{cases} n_{\text{int}} + n_{\text{frac}} = m \\ n_{\text{int}} + 2n_{\text{frac}} \leq n + m \end{cases}$$

第二个不等式成立是因为，一个部分作业至少要被调度到两个机器，所以至少有 $2n_{\text{frac}}$ 个对应的变量，而非零变量总数至多为 $n+m$ 个[○]。求解上面的方程，可得 $n_{\text{frac}} \leq n$，也就是说至多有 n 个部分作业。

为了将部分调度调整为完整调度，需要将作业的调度关系用图表现出来。也就是将 $\boldsymbol{x}^*$ 看成权重矩阵，行代表作业节点，列代表机器节点，矩阵的值（只需要考虑小数值）代表两个节点相连边的权重。之后，通过建立的图实现完整调度。我们通过一个例子来讲解部分调度调整为完整调度。

例 设有 6 个作业和 6 个机器，按照上面的二分搜索，得出

$$\boldsymbol{x}^* = \begin{pmatrix} 1 & 0 & 0 & 0 & 0 & 0 \\ 0.5 & 0.2 & 0.3 & 0 & 0 & 0 \\ 0 & 0 & 0.7 & 0.3 & 0 & 0 \\ 0 & 0 & 0.3 & 0.7 & 0 & 0 \\ 0 & 0 & 0 & 0 & 1 & 0 \\ 0 & 0 & 0 & 0.2 & 0.4 & 0.4 \end{pmatrix}$$

请用图来表示作业调度，并实现一个作业在一个机器上调度。

解： 以 $\boldsymbol{x}^*$ 为权重矩阵，生成图 4-4a，空心圆表示作业，实心圆表示机器，图中共有 $m+n$ 个节点，其中 m 个作业节点和 n 个机器节点。前面说明了最多有 $m+n$ 个非零变量，即图 4-4a 最多有 $m+n$ 条边，也就是图最多有一个环路。当将图 4-4a 中的完整调度节点和其相连的边去掉，形成图 4-4b。容易知道，图 4-4b 最多存在一个环路。同时，观察图 4-4b 可知，叶子节点必为机器，执行如下流程：

1）随机选择一个叶子节点（或者按照叶子节点所连边的权重为概率选择叶子节点）和其父节点，此操作相当于将父节点所代表的作业完整地分配给该叶子节点所代表的机器。之后，删除该叶子节点和父节点，以及父节点的其他叶子节点。

2）重复上面步骤，直到图中没有叶子节点。

3）此时，如果图为空，则对所有的作业实现了完整调度；否则，图中必然形成了一个环路，如图 4-4c 所示。之后在这个环路调度图中，寻找一个完美匹配，也就是一个作业匹配一个机器，实现了剩余作业的完整调度。

○ 证明见参考文献 [25]

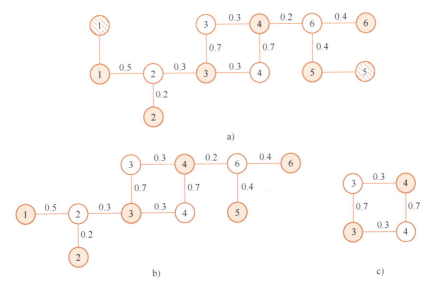

图 4-4 作业调度例子

a) 包含完整调度和部分调度的调度图　b) 只包含部分调度的调度图　c) 删除操作后形成的调度图

4.8　本章小结

将上述流程应用到上述例子，得到完整的调度为：作业 1→机器 1，作业 2→机器 1（假设算法随机选择了叶子节点 1），作业 3→机器 3，作业 4→机器 4，作业 5→机器 5，作业 6→机器 5（假设算法随机选择了叶子节点 5）。

通过上述流程，实现了所有作业的完整调度。因 x^* 是可满足调度，有两个性质：

1) 即对于任意一个机器，其总作业时间 $\leqslant T^*$。
2) 对于任意一个作业，其在任意一个分配的机器上的作业时间 $\leqslant T^*$。

第一个性质可以通过式（4-24）的第二个约束条件直接得出，第二个性质由式（4-24）的第三个约束条件得出，因为那些作业时间 $>T^*$，已经全部被置 0。

定理　作业调度近似算法是 2 近似算法。

证明：在部分调度调整为完整调度时，一个机器最多增加一个 T^* 作业时间，这是因为：

1) 当机器是叶子节点时，其只有一个父节点，对应一个作业，也就是该机器最多增加该作业的作业时间，根据性质 2，任一作业的作业时间 $\leqslant T^*$。
2) 当机器为非叶子节点时，调整算法需要找到工作节点的完美匹配，同样，一个机器节点仅增加一个作业时间。

在调整之前，任一机器的总作业时间 $\leqslant T^*$，调整之后，增加的作业时间 $\leqslant T^*$，所以调整后任一机器的总作业时间 $\leqslant 2T^*$，结合 $T^* \leqslant T^{\mathrm{OPT}}$，近似算法的作业时间 $\leqslant 2T^{\mathrm{OPT}}$，定理得证。

第 5 章 随机算法

第 4 章讨论了通过近似算法来求解困难问题，本章讨论一种新的算法：随机算法。该算法也可求解部分困难问题的近似解。所谓随机算法，是指在算法中加入随机因素，使得算法的输出和运行时间不再确定。加入随机因素的好处是什么？一是避免算法落入最坏的情形，如快速排序的平均复杂度是 $O(nlogn)$，但最坏情形下的复杂度是 $O(n^2)$，通过加入随机因素，可以避免算法落入最坏情形，从而获得期望的复杂度 $O(nlogn)$；二是降低算法复杂度，其主要思想是为了避免在整个解空间搜索解，而只在随机形成的子空间中搜索解。本章正是从这两方面来讨论随机算法。首先，本章讨论随机算法的基本概念。之后，通过随机快速排序、随机快速选择、最小圆覆盖等问题来讨论随机算法是如何避免落入最坏情形的。接着，通过弗里瓦德算法、惰性选择、最小割问题等来分析随机算法是如何降低算法复杂度的。最后，讨论了一个在机器学习中应用广泛的随机算法：随机游走，并对该算法的应用进行讲解。

5.1 基本概念

本书前面讨论的算法都是确定性的算法，确定性的算法（Deterministic Algorithm）有两个特征：

- 算法总能得出确定的结果。
- 算法总能在确定的时间内完成（尽管存在最好时间复杂度、最坏时间复杂度）。

但如果在算法中引入一些随机因素，使得算法不再具有上述性质，如：

```
RamdonAlgo (int n){
    x=0;
    a=Random(0 ,1);
    if (a<=0.5)
        return x;
    else{
        for (i=1 to n)
            x=x+a ;
        return x
    }
}
```

此算法可能返回 0，也可能返回 $n*a$，算法复杂度可能为 $\Theta(1)$，也可能为 $\Theta(n)$。这种加了随机因素的算法称之为随机算法。通常将随机算法分成以下两类。

1. 拉斯维加斯（Las Vegas）算法

这类随机算法能够得到一个确定性的解，但算法执行时间不确定。例如，在有 n 个元素的数组 A 中，有一半的元素为 0，另一半的元素为 1（随机分布），找到一个值为 1 的元素的下标。

```
LasVegas (int n){
    repeat:
        k = Random(n);
        if A[k] = 1    return k;
}
```

此例子中，只要无限执行下去，是一定可以得到正确解的，但是执行时间是不确定的。如果把拉斯维加斯算法限定在一定的时间内，则定义拉斯维加斯算法为：算法不一定能够找到解，如找到解，则该解一定是正确解。

2. 蒙特卡洛（Monte Carlo）算法

和拉斯维加斯算法相反，蒙特卡洛算法得出的解是不确定的，但是执行时间是确定的。还是上面的例子。

```
MonteCarlo (int n){
    repeat 300 次:
        k = Random(n);
        if A[k] = 1    return k;
    return k;
}
```

这个例子中，算法一定会得到一个解，但这个解可能是正确解，也可能是错误解，而算法的执行时间是确定的 $\Theta(300)$。

对上述例子的确定性算法是：从下标 1 开始，依次遍历每个元素，直到找到第一个值为 1 的元素为止，表 5-1 为三种算法的比较。

表 5-1　三种算法的比较

项目	算法		
	确定性	拉斯维加斯算法	蒙特卡洛算法
解	正确解	正确解	大概率正确解
复杂度	$O(n)$	大概率 $O(1)$	$O(1)$

以上是从随机算法的特点来进行分类，但我们更关注的一点是：为什么需要随机算法，随机算法能实现什么样的效果？从算法的应用来分，可分为两大类。

1）避免落入最坏情形：针对某些确定性算法，算法的平均复杂度和最坏情形下的复杂度相差较大，此时，可以通过在算法中加入随机因素，以尽量避免算法落入最坏情形。通常这类随机算法称为舍伍德（Sherwood）算法。

2）降低算法复杂度：这是随机算法的重要应用，也是为什么随机算法也可以用来解决 NPC 问题的原因。但显然降低复杂度是有代价的，代价是随机算法可能无法获得解或者只能得到一个近似解（最优化问题），因而针对这类问题，分别定义了：

① 求解概率：如果随机算法是多项式时间的算法且对于一个常数 c，算法无法得出解的概率不超过 n^{-c}，称此随机算法为多项式时间的 c 随机算法。

② 近似因子：如果随机算法得到的是一个近似解，此时随机算法是一种近似算法，如同在第 4 章所描述的，需要计算算法的近似因子 ρ，而具有 ρ 近似因子的算法称为 ρ 近似算法。

5.2 避免落入最坏情形

5.2.1 随机快速排序

快速排序是一种重要的排序算法[注]，其平均复杂度是 $O(n\log n)$，但是在最坏情形下，算法复杂度为 $O(n^2)$。为了消除最坏情形，可以在快速排序引入随机因素。在快速排序中，主元是数组的第一个元素或者最后一个元素，为了增加随机性，随机快速排序在数组中随机选择一个元素作为主元，用这个主元对数组进行划分。算法 14 称之为 Lomuto 划分，是随机划分的一种，其特点是通过一次循环实现对数组的随机划分。划分后的流程和快速排序是一致的，如算法 15 所示。

算法 14 Lomuto 划分 $(A[l,\cdots,h])$

1：随机选择一个下标 p，以 $A[p]$ 作为主元；
2：交换 $A[p]$ 和 $A[h]$；
3：tmp $\leftarrow A[h]$；
4：$k \leftarrow l-1$；
5：**for** $i = l$ to $h-1$ **do**
6：　　**if** $A[i] \leq$ tmp **then**
7：　　　　$k \leftarrow k + 1$；
8：　　　　交换 $A[i]$ 和 $A[k]$；
9：　　**end if**
10：**end for**
11：交换 $A[k+1]$ 和 $A[h]$；
12：return $A[p]$ 的下标

算法 15 RandomizedQuickSort$(A[p,\cdots,l])$

1：**if** $p < l$ **then**
2：　　$m \leftarrow$ Lomuto$(A[p,\cdots,l])$；
3：　　RandomizedQuickSort$(A[p,\cdots,m])$；
4：　　RandomizedQuickSort$(A[m+1,\cdots,l])$；
5：**end if**

定理 5.2.1 随机快速排序的期望复杂度为 $O(n\log n)$。

证明：设未排序的数组为 S，排序好的数组为 S'，对于任意 $x, x \in S$，其在 S' 中的位置称为 x 的**秩**。在快速排序中，所有的元素只和主元比较且一旦元素成为主元后，再也不会和其他元素比较，所以任意两个元素要么只比较一次，要么从不比较。随机快速排序算法的复杂度取决于元素间比较的次数，为了计算比较次数，定义随机变量

㊀ 参考教材《算法分析与应用》。

$$X_{ij} = \begin{cases} 1, & \text{秩为}i\text{的元素和秩为}j\text{的元素进行比较} \\ 0, & \text{其他} \end{cases}$$

定义 $p_{ij} = \mathbf{Pr}(X_{ij}=1)$，则算法期望比较次数为

$$\text{随机快速排序期望比较次数} = E\left[\sum_{i=1}^{n-1}\sum_{j=i+1}^{n} X_{ij}\right]$$

$$= \sum_{i=1}^{n-1}\sum_{j=i+1}^{n} E[X_{ij}] = \sum_{i=1}^{n-1}\sum_{j=i+1}^{n} p_{ij}$$

接着，在排序好的数组 S' 中分析 p_{ij}，不失一般性，假设 $i<j$，如图 5-1 所示。如上所述，只有主元才会和其他元素进行比较，在图 5-1 中，如果秩小于 i 的元素被选为主元，则元素 i 和 j（确切的应该是秩为 i 和 j 的元素）会被分到大于主元的部分，但 i 和 j 的比较概率并不会受到影响。同理，如果秩大于 j 的元素被选为主元，则元素 i 和 j 会被分到小于主元的部分，同样 i 和 j 的比较概率也不会受到影响。最后，观察 i 和 j 间的元素，如果 i 和 j 被选为主元，则 i 和 j 进行比较（共 2 个元素），但如果大于 i 且小于 j 的元素被选为主元（共 $j-i-1$ 个元素），则 i 和 j 会被分到不同的部分，也就是 i 和 j 再也不会进行比较。由以上分析，可得 $p_{ij} = \dfrac{2}{j-i-1+2} = \dfrac{2}{j-i+1}$。

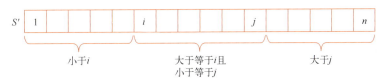

图 5-1　随机快速排序比较分析

$$\text{期望比较次数} = \sum_{i=1}^{n-1}\sum_{j=i+1}^{n} \frac{2}{j-i+1}$$

$$= 2\sum_{i=1}^{n-1}\sum_{k=2}^{n-i+1} \frac{1}{k}$$

$$\leq 2\sum_{i=1}^{n-1}\sum_{k=1}^{n} \frac{1}{k}$$

$$= 2\sum_{i=1}^{n-1} H_n$$

$$< 2nH_n = O(n\log n)$$

通过对快速排序增加一个随机的因素，使期望复杂度为 $O(n\log n)$，避免了落入最坏情形。

5.2.2　随机快速选择（Random Quick Select）

在分治章节中[一]，我们讨论了"寻找第 k 小元素"问题的求解，也就是通过中项的中项来对数组进行划分，划分后，只在第 k 小元素所在的那一部分继续搜索，最终使得寻找第 k 小元素的复杂度为 $O(n)$。虽然算法得出了一个线性的复杂度，但其系数是比较高的。实际上，采用快速排序的思想，我们可以直接选择第一个或者最后一个元素作为主元，对原数组

[一]　参考教材《算法设计与应用》。

进行划分。数组被划分为两部分，左边部分小于主元，右边部分大于主元，之后，依照分治算法，决定在哪部分中寻找第 k 小元素（参考分治章节），此算法称为**快速选择**，算法 16 表示以第一个元素作为主元的快速选择算法。

算法 16　QuickSelect($A[l,\cdots,h],k$)

1： **if** $l = h$ **then**
2：　　return $A[l]$；
3： **else**
4：　　$p \leftarrow$ 以 $A[l]$ 为主元，将原数组分成两部分，并返回 $A[l]$ 新的下标；
5：　　**if** $k = p$ **then**
6：　　　　return $A[p]$；
7：　　**else if** $k < p$ **then**
8：　　　　递归调用 QuickSelect($A[l,\cdots,p-1],k$)；
9：　　**else**
10：　　　递归调用 QuickSelect($A[p+1,\cdots,h],k-p$)；
11：　　**end if**
12： **end if**

很显然，如果算法在划分时总是将所有的元素（$n-1$ 个）划分到一边，则最差复杂度为 $O(n^2)$。为了避免算法落入最坏情形，如同随机快速排序，在数组中随机选择一个元素作为主元，对数组进行划分。

定理 5.2.2　随机快速选择的期望复杂度为 $O(n)$。

证明：参照随机快速排序的方法来证明上述定理。在快速选择中，任意两个元素最多只比较一次。定义随机变量：

$$X_{ij} = \begin{cases} 1, & \text{秩为 } i \text{ 的元素和秩为 } j \text{ 的元素进行比较} \\ 0, & \text{其他} \end{cases}$$

定义 $p_{ij} = \Pr(X_{ij} = 1)$，则算法期望比较次数 C 为

$$C = E\left[\sum_{i=1}^{n-1}\sum_{j=i+1}^{n} X_{ij}\right]$$

$$= \sum_{i=1}^{n-1}\sum_{j=i+1}^{n} E[X_{ij}] = \sum_{i=1}^{n-1}\sum_{j=i+1}^{n} p_{ij}$$

我们采用相同的方法来计算概率 p_{ij}，但需要考虑以下 3 种情况（见图 5-2）。

1）情况 1：第 k 小元素介于 1 和 i 之间（$1 \leq k \leq i$），如图 5-2a 所示，此时，当选择的主元小于 k 或者大于 j 时，并不影响 i 和 j 之间的比较概率（还没有找到第 k 小元素且 i 和 j 都还在搜索部分）；如果选择的主元介于 k 和 j 之间（元素个数为 $j-k+1$），又分为 3 种情况。

① 选择 i 和 j，则进行比较。
② 小于 i，i 和 j 元素不在搜索部分，所以不会进行比较。
③ 大于 i 且小于 j，则 i 和 j 元素被分在两个部分，也不会进行比较。

所以得出在此种情况下，比较概率为 $p_{ij} = \dfrac{2}{j-k+1}$。

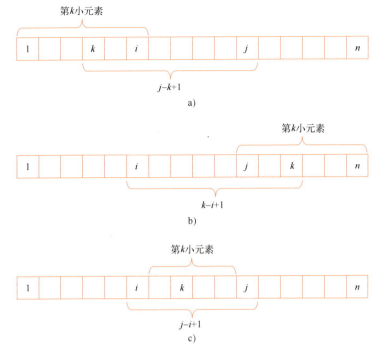

图 5-2 快速选择例子

a) 第 k 小元素介于 1 和 i 之间　b) 第 k 小元素介于 j 和 n 之间　c) 第 k 小元素大于 i 且小于 j

2) 情况 2：第 k 小元素介于 j 和 n 之间（$j \leq k \leq n$），如图 5-2b 所示，此时，当选择的主元小于 i 或者大于 k 时，并不影响 i 和 j 之间的比较概率；如果选择的主元介于 i 和 k 之间（元素个数为 $k-i+1$），比较概率为 $p_{ij} = \dfrac{2}{k-i+1}$。

3) 情况 3：第 k 小元素大于 i 且小于 j（$i<k<j$），如图 5-2c 所示，此时，当选择的主元小于 i 或者大于 j 时，并不影响 i 和 j 之间的比较概率；如果选择的主元介于 i 和 j 之间（元素个数为 $j-i+1$），比较概率为 $p_{ij} = \dfrac{2}{j-i+1}$。

综上所述，秩为 i 的元素和秩为 j 的元素的比较概率为

$$p_{ij} = \begin{cases} \dfrac{2}{j-k+1}, & 1 \leq k \leq i \\ \dfrac{2}{k-i+1}, & j \leq k \leq n \\ \dfrac{2}{j-i+1}, & i<k<j \end{cases}$$

考虑情况 1 有

$$\begin{aligned} C &= \sum_{i=k}^{n-1}\sum_{j=i+1}^{n} \frac{2}{j-k+1} = \sum_{i=k}^{n-1}\sum_{j=i}^{n-1} \frac{2}{j-k+2} \\ &= \sum_{j=k}^{n-1}\sum_{i=k}^{j} \frac{2}{j-k+2} = 2\sum_{j=k}^{n-1} \frac{j-k+1}{j-k+2} \\ &\leq 2(n-k) \leq 2n = O(n) \end{aligned}$$

对情况 2 和情况 3，按照类似的推导可得复杂度都为 $O(n)$。定理得证。

5.2.3 最小圆覆盖

扫码看视频

定义 给定平面上的 n 个点的集合 $P=\{p_1,p_2,\cdots,p_n\}$，求一个最小圆，使其能够覆盖所有的点。

最小圆覆盖在实际中有着很广泛的应用，例如，在一些偏远地区，分布着一些小村庄（一个小村庄看成一个点），那么该如何为一个急救中心（或者消防中心）选址，使得到最远村庄的距离最小化。这个问题只要得出覆盖所有村庄的最小圆，选址圆心所在的位置即可。

对此问题的暴力求解是，计算所有可能的圆，并判断其是否覆盖所有的点。因为圆可以由两个（这两个点在圆直径的两端）或者三个点确定，所以最小覆盖圆的边界上必有 P 集合中的两个点或者三个点。因此，暴力求解首先得出 P 中所有两个点形成的圆和三个点形成的圆，再判断这些圆是否包含了所有的点，最后在所有符合判断条件的圆中找到的最小圆，为最小覆盖圆。所有三个点形成的圆个数的复杂度为 $O(n^3)$，判断每个圆是否包含所有其他点的复杂度 $O(n)$，暴力求解的总复杂度为 $O(n^4)$。

下面讨论一种最小圆覆盖的**随机增量法**（Randomized Incremental Construction），正如其名称，算法是基于以下两点：

- 增量：通过逐个添加点，来计算每一步的最小覆盖圆，即计算一个点的最小覆盖圆，两个点的最小覆盖圆，……，直到 n 个点的最小覆盖圆。
- 随机：通过一种随机的方式来添加点，避免算法跌入最坏情形。

算法的关键点是：已知 $\{p_1,p_2,\cdots,p_{i-1}\}$ 个点的最小覆盖圆 C_{i-1}，当添加一个新的点 p_i 后，如何得出点集 $\{p_1,p_2,\cdots,p_{i-1},p_i\}$ 的最小覆盖圆 C_i？

思路 5.2.1 设目前新添加的点是 p_i，那么存在两种情况：

1) 如果添加的新点 p_i 已经被包含在 C_{i-1} 内，那么 $C_i=C_{i-1}$，如图 5-3a 所示。

2) 否则，如图 5.3b 所示，直觉上，此时需要增大圆 C_{i-1}，增大到什么时候为止？圆 C_i 刚好能够包含 p_i，所以 p_i 点一定是在 C_i 的边界上的。

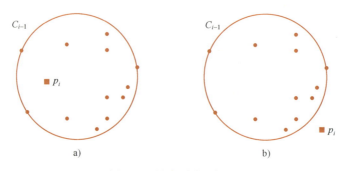

图 5-3 最小覆盖圆例子

引理 当 p_i 没有被包含在 C_{i-1} 内时，p_i 一定是在 C_i 的边界上。

证明：当 $i=2$ 或者 $i=3$ 时，引理显然成立。当 $i>3$ 时，假设不成立，也就是"p_i 没有被包含在 C_{i-1} 内且 p_i 不在 C_i 的边界上，即 p_i 在 C_i 内"。因 $\{p_1,p_2,\cdots,p_{i-1}\}$ 既被 C_{i-1} 包含，又被 C_i 包含，所以它们一定在两个圆的相交处。图 5-4 给出了两圆相交的两种不同情况，一种是大圆包含小圆的圆心，另一种是没有。这两种情况，p_i 都在 C_i 内，因三个点确定一个圆，而确定 C_i 圆的三个点一定在被小圆包含的弧线上，这三个点的外部两个点在图中用方形阴影表示，当将 C_i 圆的圆心往箭头所指的方向移动（实际上是沿着两个方形阴影点的中轴线移动），并保持两个方形阴影点始终在圆的边界上（圆会越来越小），直到包含点 p_i（p_i 落在 C_i 圆的边界上），我们会得到一个更小但包含所有点的圆，这与 C_i 圆是最小圆矛盾。

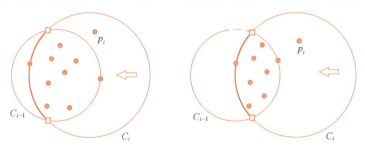

图 5-4　p_i 一定是在 C_i 的边界上例子

现在，我们知道了在第二种情况下，p_i 点一定是在 C_i 的边界上的，关键是得出 C_i 圆。

思路 5.2.2　因三个点确定一个圆，现在已经知道点 p_i 在圆上，可以通过遍历 $\{p_1, p_2, \cdots, p_{i-1}\}$ 上任意两个点的组合来确定 C_i，但这样做的复杂度为 $O(n^2)$。怎么优化？继续采用上面的随机增量法思路，也就是逐步将点 $\{p_1, p_2, \cdots, p_{i-1}\}$ 加入到包含 p_i 的圆上。

首先将 p_1 加入，这样 p_1 和 p_i 形成两个节点的最小圆，再依次加入 $\{p_2, p_3, \cdots, p_{i-1}\}$，直到找到第一个不被当前最小圆包含的点（设为 p_j，$j<i$），同理 p_j 必然在 $\{p_1, p_2, \cdots, p_j, p_i\}$ 这些点最小圆的边界上，也就是说目前找到了两个点：p_j 和 p_i，它们是 $\{p_1, p_2, \cdots, p_j, p_i\}$ 这些点的最小圆边界上的点。接下来，我们再次对 $\{p_1, p_2, \cdots, p_{j-1}\}$ 这些点做增量判断，一旦发现某个点（设为 p_k）不被当前最小圆包含，其必然会和 p_j 和 p_i 形成 $\{p_1, p_2, \cdots, p_k, p_j, p_i\}$ 的最小圆，继续遍历点 $\{p_{k+1}, p_{k+2}, \cdots, p_j\}$，一旦发现某个点不被当前最小圆包含，此点和 p_j 及 p_i 形成新的最小圆，最终得到 $\{p_1, p_2, \cdots, p_j, p_i\}$ 这些点的最小圆。

执行上述流程，得到 $\{p_1, p_2, \cdots, p_{j'}, p_i\}$，$j'>j$ 这些点的最小圆，重复流程，直到得到 $\{p_1, p_2, \cdots, p_{i-1}, p_i\}$ 所有这些点的最小圆。基于上述流程，算法 17 给出了最小覆盖圆算法主函数，主函数通过随机增量法的方式依次计算 $\{p_1, p_2, \cdots, p_n\}$ 的最小覆盖圆，其中，在增加 p_i 点时，如 p_i 并没有被 C_{i-1} 包含，则调用 MinDisc1Piont 函数（算法 18），此函数的作用为，已知 p_i 在圆的边界上，计算 $\{p_1, p_2, \cdots, p_i\}$ 的最小覆盖圆，而其计算方法依然采用了随机增量法的方式，其会调用 MinDisc2Piont 函数（算法 19），此函数的作用为，已知 p_i 和 p_j 在圆的边界上，计算 $\{p_1, p_2, \cdots, p_j, p_i\}$ 的最小覆盖圆。

算法 17　最小圆覆盖算法

1：对点集 P 进行随机排列，形成 $\{p_1, p_2, \cdots, p_n\}$；
2：$C_2 \leftarrow p_1, p_2$ 形成的最小圆；
3：**for** $i = 3$ to n **do**
4：　　**if** p_i 被 C_{i-1} 所包含 **then**
5：　　　　$C_i \leftarrow C_{i-1}$；

6： **else**
7： $C_i \leftarrow$ MinDisc1Piont($\{p_1, p_2, \cdots, p_i\}, p_i$)；
8： **end if**
9： **end for**

算法 18 MinDisc1Piont(P', p_i) /* 已知 p_i 在圆的边界上，计算 P' 的最小圆 */

1： 对点集 P' 进行随机排列，形成 $\{p_1, p_2, \cdots, p_m\}$；
2： $C_1 \leftarrow p_1, p_i$ 形成的最小圆；
3： **for** $j=2$ **to** m **do**
4：　　**if** p_j 被 C_{j-1} 所包含 **then**
5：　　　　$C_j \leftarrow C_{j-1}$
6：　　**else**
7：　　　　$C_j \leftarrow$ MinDisc2Piont($\{p_1, p_2, \cdots, p_j, p_i\}, p_i, p_j$)；
8：　　**end if**
9： **end for**

算法 19 MinDisc2Piont(P'', p_i, p_j) /* 已知 p_i, p_j 在圆的边界上，计算 P'' 的最小圆 */

1： 对点集 P'' 进行随机排列，形成 $\{p_1, p_2, \cdots, p_l\}$；
2： $C_1 \leftarrow p_1, p_i, p_j$ 形成的最小圆；
3： **for** $k=2$ **to** l **do**
4：　　**if** p_k 被 C_{k-1} 所包含 **then**
5：　　　　$C_k \leftarrow C_{k-1}$
6：　　**else**
7：　　　　$C_k \leftarrow p_i, p_j, p_k$ 形成的圆；
8：　　**end if**
9： **end for**

直观上，因算法有三个 for 循环嵌套，所以很容易认为算法的复杂度为 $O(n^3)$（比起暴力求解，也已经有优化），确实，算法在最坏的情形下，其复杂度为 $O(n^3)$。但我们观察到在三个 for 循环中，只有执行 if 语句的 else 部分，才会进入里层的 for 循环，如果 if 判断条件成立，并不会进行里层的 for 循环。这也是为什么在三个 for 循环前都对所有的点进行随机排列的原因：避免总是进入里层的 for 循环，也就是避免落入最差情况。下面，分析一下算法的期望复杂度。我们通过后向分析（Backwards Analysis）方法来分析。

设 C_i 是添加了 p_i 且 p_i 在边界上的最小圆（也就是执行了 if 语句的 else 部分），如图 5-5 所示，因为点排列的随机性，第 i 个点在 C_i 边界上的概率只有 $\frac{3}{i}$（图 5-5a）或者 $\frac{2}{i}$（图 5-5b），也就是说，因为添加了随机因素，算法执行 if 语句的 else 部分的概率只

有 $\frac{3}{i}$（或者 $\frac{2}{i}$）。则当添加第 i 个点时，算法执行的时间复杂度为 $\frac{i-3}{i}O(1)+\frac{3}{i}T'(i)$ $\left(\text{或者}\frac{i-2}{i}O(1)+\frac{2}{i}T'(i)\right)$。

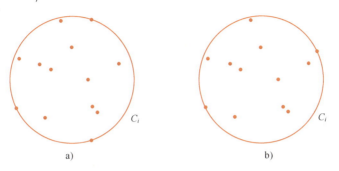

图 5-5　最小圆覆盖期望复杂度计算

所以算法总的时间复杂度为

$$T(\text{最小圆}) = O(n) + \sum_{i=3}^{n}\left(\frac{i-3}{i}O(1) + \frac{3}{i}T'(i)\right) \tag{5-1}$$

式中，第一项是随机排列的复杂度；$T'(i)$ 是执行 MinDisc1Piont 函数的复杂度。同理，在 MinDisc1Piont 函数中，设 C_j 是添加了 p_j 且 p_j 在边界上的最小圆，同样因点排列的随机性，第 j 个点在 C_j 边界上的概率只有 $\frac{2}{j}$ 或者 $\frac{1}{j}$（注意：最小圆边界上的一个点已经被 p_i 占用），所以 MinDisc1Piont 函数执行 if 语句的 else 部分的概率只有 $\frac{2}{j}$（或者 $\frac{1}{j}$）。则当添加了第 j 个点时，MinDisc1Piont 函数执行的时间复杂度为 $\frac{j-2}{j}O(1)+\frac{2}{j}T''(j)$ $\left(\text{或者}\frac{j-1}{j}O(1)+\frac{1}{j}T''(j)\right)$，得到 $T'(i)$ 为

$$T'(i) = O(i) + \sum_{j=2}^{i}\left(\frac{j-2}{j}O(1) + \frac{2}{j}T''(j)\right) \tag{5-2}$$

式中，$T''(j)$ 是执行 MinDisc2Piont 函数的复杂度。将 $T''(j)=O(j)$ 代入式 (5-2) 可得

$$\begin{aligned}T'(i) &= O(i) + \sum_{j=2}^{i}\left(\frac{j-2}{j}O(1) + \frac{2}{j}O(j)\right) \\ &= O(i) + \sum_{j=2}^{i}\left(\frac{2}{j}O(j)\right) \\ &= O(i) + \sum_{j=2}^{i}O(1) \\ &= O(i)\end{aligned} \tag{5-3}$$

代入式 (5-1) 可得

$$\begin{aligned}T(\text{最小圆}) &= O(n) + \sum_{i=3}^{n}\left(\frac{i-3}{i}O(1) + \frac{3}{i}O(i)\right) \\ &= O(n) + \sum_{i=3}^{n}\left(\frac{3}{i}O(i)\right)\end{aligned} \tag{5-4}$$

$$= O(n) + \sum_{i=3}^{n} O(1)$$
$$= O(n)$$

所以，得出定理：

定理 5.2.3 基于随机增量法的最小圆覆盖的期望复杂度为 $O(n)$。

注意，这里并不是通过一种随机的方式将算法的复杂度降到 $O(n)$。算法复杂度的降低是通过随机增量法实现的，这种随机增量法可以避免算法落入最差情况 $O(n^3)$（三个 for 循环嵌套）。

5.3 降低算法复杂度

扫码看视频

5.3.1 弗里瓦德算法（Frievald's Algorithm）

弗里瓦德算法用于判断两个矩阵相乘是否等于另外一个矩阵的问题。

定义 5.3.1（矩阵是否相等判断） 对于任意三个 $n\times n$ 的矩阵 A，B，C，判断 $A\times B$ 是否和 C 相等。

回忆下矩阵相乘的定义如下：

$$C_{ij} = \sum_{k=1}^{n} A_{ik} B_{kj}, \quad \forall 1 \leq i,j \leq n$$

通过 for 循环来实现矩阵相乘，需要三个从 1 到 n 的 for 循环，因而复杂度为 $O(n^3)$。当然，可以通过施特拉森算法（Strassen Algorithm）将复杂度降低到 $O(n^{\log_2 7})$ ⊖，但我们的问题并不是矩阵相乘，而是判断是否相等，所以可以通过一种随机的方式来降低复杂度，此随机算法被称为弗里瓦德算法。

弗里瓦德算法的核心思想是：如果 $A\times B = C$，则对于任意的列向量 $r = (r_1, r_2, \cdots, r_n)^T$，必然有 $(A\times B)\times r = C\times r$，等式的左边等价于 $A\times (B\times r)$，其计算复杂度为 $O(n^2)$，右边的复杂度显然为 $O(n^2)$。所以弗里瓦德算法可以通过 $O(n^2)$ 时间来判断两边是否相等。

虽然当 $A\times B = C$ 时，必然有 $(A\times B)\times r = C\times r$，但当 $A\times B \neq C$ 时，也可能出现 $(A\times B)\times r = C\times r$，所以此随机算法属于蒙特卡洛算法，即算法一定会得到解，但不一定是正确解。算法 20 给出了弗里瓦德算法。

算法 20 Frievald's Algorithm

1: 输入：矩阵 A, B, C；
2: 输出：$A \times B$ 是否等于 C；
3: 随机生成 n 个元素 $r_i \in \{0,1\}$，$i = \{0,1,\cdots,n\}$；
4: 生成列向量 $r \leftarrow (r_1, r_2, \cdots, r_n)^T$；
5: $x \leftarrow A \times (B \times r)$；
6: $y \leftarrow C \times r$；
7: **If** $x = y$ **then** return true；**else** return false；

⊖ 目前矩阵相乘的最低复杂度为 $O(n^{2.377})$。

定理 5.3.1 弗里瓦德算法得到错误解的概率 $\leq \frac{1}{2}$。

证明：因为 $A \times B = C$ 时，弗里瓦德算法必然是正确的，所以只需考虑 $A \times B \neq C$，令 $D \leftarrow A \times B - C$，则 D 必然有至少一个元素（设 d_{ij}）不为 0。一旦算法得出 $d_i \times r \neq 0$（d_i 为矩阵 D 的第 i 行）则算法判断 $A \times B \neq C$，得到正确的结果。下面先证明概率 $\Pr(d_i \times r = 0) \leq \frac{1}{2}$。因为 $d_{ij} \neq 0$，将 $d_i \times r$ 写成

$$d_i \times r = d_{ij} r_j + \sum_{k \neq j} d_{ik} r_k$$

分别令 Z 为 $d_i \times r$ 的随机变量，X 为 $d_{ij} r_j$ 的随机变量，Y 为 $\sum_{k \neq j} d_{ik} r_k$ 的随机变量。因此 $Z = X + Y$ 且 X 和 Y 独立。

$$\begin{aligned}
\Pr(Z=0) &= \Pr(Z=0 \mid Y=0) \cdot \Pr(Y=0) + \Pr(Z=0 \mid Y \neq 0) \cdot \Pr(Y \neq 0) \\
&\leq \Pr(X=0 \mid Y=0) \cdot \Pr(Y=0) + \Pr(X \neq 0 \mid Y \neq 0) \cdot \Pr(Y \neq 0) \\
&= \Pr(X=0) \cdot \Pr(Y=0) + \Pr(X \neq 0) \cdot (1 - \Pr(Y=0)) \\
&= \Pr(X \neq 0) \\
&= \frac{1}{2}
\end{aligned}$$

式中不等式成立是因为在 $Y \neq 0$ 的情况下，为了使 $Z = 0$，必须 $X = -Y$。因 $\{X = -Y\} \subseteq \{X \neq 0\}$，所以 $\Pr(Z=0 \mid Y \neq 0) \leq \Pr(X \neq 0 \mid Y \neq 0)$。式中最后两步成立是因为 $\Pr(X=0) = \Pr(X \neq 0) = \frac{1}{2}$，由于 $d_{ij} \neq 0$，则 $\Pr(X) = \Pr(r_j)$，而因随机性，$\Pr(r_j = 0) = \Pr(r_j = 1) = \frac{1}{2}$。概率 $\Pr(d_i \times r = 0) \leq \frac{1}{2}$ 得证。

所以，概率 $\Pr(d_i \times r \neq 0) \geq \frac{1}{2}$ 成立，即在矩阵 D 只有一个元素（设 d_{ij}）不为 0 的情况下，得到正确解的概率 $\geq \frac{1}{2}$，因为矩阵 D 至少有一个元素不为 0，则算法得到正确解的概率必然大于等于只有一个元素不为 0 的情况，即算法得到正确解的概率必然 $\geq \frac{1}{2}$，从而算法得出错误解的概率 $\leq \frac{1}{2}$，定理得证。弗里瓦德算法的执行时间是确定的（$O(n^2)$），但算法并不一定能够得出正确解，所以弗里瓦德算法属于蒙特卡洛算法。

单次运行弗里瓦德算法得出正确解的概率并不高，为了使算法能够大概率获得正确解，可以多次运行算法，如运行 k 次，则算法得出正确解的概率 $\geq 1 - \frac{1}{2^k}$。

5.3.2 惰性选择（Lazy Select）*

前面讨论了通过随机选择算法来解决寻找第 k 项元素的问题，随机选择算法的基本思想是和《算法设计与应用》中寻找第 k 小元素的算法[⊖]是一致的，都是基于分治的思想，也就

⊖ 有兴趣可以参考《算法设计与应用》4.5 节。

是在寻找第 k 项的过程中，不断地舍弃部分元素，来降低算法复杂度。本节通过另外一种思路，也能够实现线性时间内找到第 k 项元素，但不同于分治思想，这里，我们在原数组中选择部分元素的思路来解决问题，其基本思路如下：

思路 5.3.1 从原来的数组 S 中，取部分数组，形成新的数组 T，如果 T 中的元素为 t 个（$t<n$）且这个数组包含需要寻找的第 k 个元素，那么只要对 T 进行排序，再在相应的位置找到第 k 个元素。对 t 个元素进行排序的复杂度是 $O(t\log t)$，当 $O(t\log t)=O(n)$ 时，寻找第 k 项元素的复杂度为 $O(n)$。

这个算法面临的第一个问题是"怎么形成新的数组 T"？为了回答这个问题，我们定义 rank(E) 为元素 E 的秩，也就是 E 是第 rank(E) 项元素；同时定义 min(S,i) 表示数组 S 的第 i 项元素。注意，在下面的讨论中，**我们用大写字母表示元素，用小写字母表示秩**。

思路 5.3.2 寻找一个下界元素 L 和一个上界元素 H，使得 rank(L)≤k≤rank(H)，再将 S 中所有介于 L 和 H 之间的元素放入到 T 中，从而有 t = rank(H) - rank(L)。另外，在确定 L 和 H 时，要使 t 尽量小。

现在第一个问题变成了如何找到 L 和 H？通过下面两个步骤来实现。

1）在 S 中选取部分元素，放入一个新的数组 R（假设 R 中有 m 个元素），对 R 进行排序，那么数组 S 的第 k 个元素，大概就是 R 中的第 $k\dfrac{m}{n}$ 个元素（设为元素 K）。

2）为了使上下界尽可能包含第 k 个元素，以 R 中的这个 K 元素为中心元素，往左右数 $\sqrt{n}$ 个元素，分别得到 L（R 中第 $(k\dfrac{m}{n}-\sqrt{n})$ 项）和 H（R 中第 $(k\dfrac{m}{n}+\sqrt{n})$ 项），如图 5-6 所示，这样得到的两个界，大概率会使得 rank(L)≤k≤rank(H) 成立。

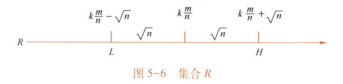

图 5-6 集合 R

第二个问题是 R 中应该选取多少个元素？怎么选？

因为刚开始的时候没有选取的标准，只能随机选，而因为要对 R 中元素进行排序，选取的元素的个数必须符合排序的复杂度 $O(n)$，所以这里随机选取 $n^{3/4}$ 个元素，排序的复杂度为 $O(n^{3/4}\log n^{3/4})=O(n)$。综上所述，寻找第 k 项元素随机算法的流程如算法 21 所示。接着，分析一下这个算法。

1）语句 2 从集合 S 中随机选取 $n^{3/4}$ 个元素，复杂度为 $O(n)$。

2）语句 3 对 $n^{3/4}$ 个元素进行排序，复杂度为 $O(n^{3/4}\log n^{3/4})=O(n)$。

3）语句 4 和语句 5 计算集合 R 中的秩，复杂度都为 $O(1)$。

4）语句 6 通过上面计算的秩，得出相应的上下界 L 和 H，复杂度也为 $O(1)$。

5）语句 7 计算 L 和 H 在 S 中的秩，l_s 和 h_s，而 l_s 和 h_s 分别代表了 S 中小于 L 和 H 元素的个数（假设数组中元素的秩从 0 开始），复杂度为 $O(n)$。

6）语句 8 将 S 中所有介于 L 和 H 之间的数选取，并放入数组 T 中，复杂度为 $O(n)$。

7）语句 9 分别判断一下第 k 项元素是否在数组 T 中和数组 T 的元素是否小于 $4n^{3/4}+1$，第一个判断可以通过 k 是否介于 l_s≤k≤l_h 之间判断，复杂度为 $O(1)$。

8）语句 10 对 T 进行排序，复杂度为 $O(n^{3/4}\log n^{3/4})=O(n)$。

9）语句 11 返回 S 中的第 k 项元素，也就是 T 中的第 $k-l_s$ 项元素，复杂度为 $O(1)$。根据以上分析，算法总复杂度为 $O(n)$。

算法 21 寻找第 k 项元素惰性选择算法

1：Input：集合 $S=\{s_1,s_2,\cdots,s_n\},k$；
2：R := 从 S 中随机选取 $n^{3/4}$ 个元素；
3：对 R 进行排序；
4：计算秩 $k'=\dfrac{k}{n}n^{3/4}$；
5：计算秩 $l_r=\max\{k'-\sqrt{n},0\}$ 和 $h_r=\max\{k'+\sqrt{n},n^{\frac{3}{4}}\}$；
6：得到上下界，$L=\min(R,l_r)$ 和 $H=\min(R,h_r)$；
7：计算 L 和 H 在 S 中的秩，$l_s=\mathrm{rank}(S,L),h_s=\mathrm{rank}(S,H)$；
8：$T:=\{x:x\in S \text{ and } L\leqslant x\leqslant H\}$；
9：**if** $\min(S,k)\in T$ and $|T|\leqslant 4n^{3/4}+1$ **then**；
10：   对 T 进行排序；
11：   return $\min(T,k-l_s)$；
12：**else**
13：   goto 2；
14：**end if**

1. 算法得出正确解的概率

惰性选择算法属于拉斯维加斯算法，所以算法会以一定的概率求得第 k 项元素，那么这个概率是多少？算法执行一次求得第 k 项元素的条件为算法中 if 语句的两个判断条件成立：

1）集合 T 包含第 k 项元素，即 $\min(S,k)\in T$。
2）$|T|\leqslant 4n^{3/4}+1$

我们用 p_1 表示第一个条件不成立的概率，用 p_2 表示第一个条件成立的前提下，第二个条件不成立的条件概率，则算法执行一次求得第 k 项元素的概率为

$$p=1-p_1-p_2$$

① p_1 的求解。

$\min(S,k)\notin T$ 在这两种情况下出现：$\min(S,k)<L$ 或者 $\min(S,k)>H$，造成 $\min(S,k)<L$ 的情况，是因为在第一次抽取元素形成集合 R 时，抽取小于等于 $\min(S,k)$ 的元素的个数小于 l_r，以至于 $L>\min(S,k)$，如图 5-7a 所示；而造成 $\min(S,k)>H$ 的情况，是因为在第一次抽取元素形成集合 R 时，抽取小于等于 $\min(S,k)$ 的元素的个数大于 h_r，以至于 $H<\min(S,k)$，如图 5-7b 所示。

为了求 p_1 概率，令随机变量 X_i 为第 i 个抽取的元素，如果第 i 个抽取的元素小于等于 $\min(S,k)$，则 $X_i=1$，否则 $X_i=0$，而

$$p(X_i=1)=\dfrac{k}{n},\quad p(X_i=0)=1-\dfrac{k}{n}$$

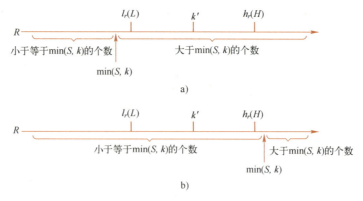

图 5-7 $\min(S,k)$ 的值

a) $L > \min(S,k)$ b) $H < \min(S,k)$

令 $X = \sum_{i=1}^{n^{3/4}} X_i$,即 X 表示集合 R 中小于等于 $\min(S,k)$ 的样本数,显然,X 是服从 $b\left(n^{3/4}, \dfrac{k}{n}\right)$ 的二项分布,根据二项分布的期望 $\mu_x = np$ 与方差 $\sigma_x^2 = np(1-p)$,可得:

X 的数学期望 $\mu_x = \dfrac{k}{n} n^{3/4}$。

X 的方差 $\sigma_x^2 = \dfrac{k}{n}\left(1 - \dfrac{k}{n}\right) n^{3/4} \leqslant \dfrac{1}{4} n^{3/4}$,$\left(\dfrac{k}{n}\left(1 - \dfrac{k}{n}\right) \leqslant \dfrac{1}{2} \times \dfrac{1}{2} = \dfrac{1}{4}\right)$。

X 的标准差 $\sigma_x \leqslant \dfrac{1}{2} n^{3/8}$。

p_1 的计算如下:

$$\begin{aligned}
p_1 &= p(\min(S,k) \notin T) \\
&= p(\min(S,k) < L \vee \min(S,k) > H) \\
&= p(X < l_r \vee X > h_r) \\
&= p(X < \mu_x - \sqrt{n} \vee X > \mu_x + \sqrt{n}) \quad \left(\mu_x = \dfrac{k}{n} n^{3/4} = k'\right) \\
&= p(|X - \mu_x| > \sqrt{n}) \\
&\leqslant p(|X - \mu_x| > 2n^{1/8} \sigma_x) \quad \left(\sigma_x \leqslant \dfrac{1}{2} n^{3/8} \Rightarrow \sqrt{n} \geqslant 2n^{1/8} \sigma_x\right) \\
&\leqslant \dfrac{1}{(2n^{1/8})^2} \quad \left(\text{切比雪夫不等式 } p(|X - \mu_x| > t\sigma_x) \leqslant \dfrac{1}{t^2}\right) \\
&= O(n^{-1/4})
\end{aligned}$$

② p_2 的求解。

p_2 表示 $\min(S,k) \in T$ 的情况下,$|T| > 4n^{3/4} + 1$ 的概率,即以下任一事件成立的概率。

- T 中,小于 $\min(S,k)$ 元素的个数大于 $2n^{3/4}$ 个[○],即在 S 中,从第 $k - 2n^{3/4}$ 个元素到第 k 个元素都被选入 T,也即 $L < \min(S, k - 2n^{3/4})$,如图 5-8 所示。

○ 本书作者认为这里存在不严谨性,当小于 $\min(S,k)$ 元素的个数大于 $2n^{3/4}$ 时,只能说大于 $\min(S,k)$ 元素的个数依据对称性也大于 $2n^{3/4}$,但并不是绝对的。

- T 中，大于 $\min(S,k)$ 元素的个数大于 $2n^{3/4}$ 个，即在 S 中，从第 k 个元素到第 $k+2n^{3/4}$ 个元素都被选入 T，也即 $H>\min(S,k+2n^{3/4})$，如图 5-8 所示。

图 5-8　p_2 事件成立的场景

依据以上分析，p_2 概率为

$$p_2 = p(L<\min(S,k-2n^{3/4}) \vee H>\min(S,k+2n^{3/4}))$$

按照上面相似的推导，可得 $p_2 = O(n^{-1/4})$。

最后，得出运行惰性算法一次，可以得出正确解的概率为 $1-O(n^{-1/4})$。显然，如果惰性算法无限地运行下去，是一定可以得出正确解的，所以惰性算法属于拉斯维加斯算法类。

2. 集合 R 元素的个数为什么是 $n^{3/4}$ 个

惰性算法从 S 中选择 $n^{3/4}$ 个元素形成集合 R，为什么是 $n^{3/4}$ 个？一个原因是算法需要排序 R，并且复杂度需要为 $O(n)$，而 $n^{3/4}$ 个元素排序的复杂度为 $O(n)$。读者也许会问，当 $0<\alpha<1$ 时，$n^\alpha \log n^\alpha = O(n)$，所以是否可以选择 $n^{2/3}$ 个或者 $n^{4/5}$ 个？

思路 5.3.3　分析一下，如果选择的元素比较少（如 $n^{2/3}$ 个），则得出的界（L 和 H）将第 k 小元素包含在内的概率就会小，也就是 p_1 会增大；反之，如果选择的元素比较多（如 $n^{4/5}$ 个），则得出的界（L 和 H）将包含比较多的元素，也就是 p_2 会增大。因而，运行惰性算法一次，可以得出正确解的概率会降低。

所以选择 $n^{3/4}$ 个元素是同时由排序复杂度和最终的正确解概率决定的，同理，集合 T 中的元素个数为 $4n^{3/4}+1$ 也是同时由排序复杂度和最终的正确解概率决定的。为了使算法复杂度为 $O(n)$ 且算法得出正确解的概率为 $1-O(n^{-1/4})$，集合 R 和集合 T 中元素的个数设置为 $n^{3/4}$ 和 $4n^{3/4}+1$。通过上面计算正确解概率的逆过程，可以得出集合 R 和集合 T 中元素的个数分别为 $n^{3/4}$ 和 $4n^{3/4}+1$。上面的推导过程中，我们采用切比雪夫不等式来得出结果。此外，我们也可以通过概率中另一个重要的不等式"切诺夫界（Chernoff Bounds）"来实现推导，切诺夫界的定义如下：

定理 5.3.2（切诺夫界）　设 $X_1, X_2, \cdots, X_n$ 为相互独立的布尔随机变量，$P(X_i = 1) = p_i$，$P(X_i = 0) = 1 - p_i$。X 服从二项式分布，$X = \sum_{i=1}^{n} X_i$，$\mu = E[X] = \sum_{i=1}^{n} p_i$，对于 $\forall \delta > 0$，有

- 上尾（Upper Tail）：$P(X \geq (1+\delta)\mu) < e^{-\frac{\mu\delta^2}{2}}$。

- 下尾（Lower Tail）：$P(X \leq (1-\delta)\mu) < e^{-\frac{\mu\delta^2}{2}}$。

证明：先证明上尾，对于任意的 $t>0$，有

$$P(X \geq (1+\delta)\mu) = P(e^{tX} > e^{t(1+\delta)\mu}) \tag{5-5}$$

由马尔可夫不等式可得

$$P(e^{tX} \geq e^{t(1+\delta)\mu}) \leq \frac{E[e^{tX}]}{e^{t(1+\delta)\mu}} \tag{5-6}$$

○　同上一注释。

由 X_i 的独立性,可得

$$E[e^{tX}] = E[e^{t\sum_i X_i}] = E\left[\prod_i e^{tX_i}\right] = \prod_i E[e^{tX_i}] \quad (5\text{-}7)$$

因为,

$$\begin{aligned} E[e^{tX_i}] &= p_i e^t + 1 - p_i \\ &= 1 + p_i(e^t - 1) \\ &\leq e^{p_i(e^t-1)}, \quad \text{因为 } 1+x \leq e^x \end{aligned} \quad (5\text{-}8)$$

所以,

$$\begin{aligned} E[e^{tX}] &\leq \prod_i e^{p_i(e^t-1)} \\ &= e^{\sum_i p_i(e^t-1)} \\ &= e^{\mu(e^t-1)}, \quad \text{因为 } \mu = E[X] = E\left[\sum_i X_i\right] = \sum_i p_i \end{aligned} \quad (5\text{-}9)$$

由式(5-5)、式(5-6)和式(5-9)可得

$$\begin{aligned} P(X \geq (1+\delta)\mu) &\leq \frac{e^{\mu(e^t-1)}}{e^{t(1+\delta)\mu}} \\ &= \left[\frac{e^{\delta}}{(1+\delta)^{(1+\delta)}}\right]^{\mu}, \quad \text{令 } t = \ln(1+\delta) \end{aligned} \quad (5\text{-}10)$$

对 $\ln(1+\delta)$ 泰勒展开,有

$$\begin{aligned} \ln(1+\delta)^{(1+\delta)} &= (1+\delta)\ln(1+\delta) \\ &= (1+\delta)\left(\delta - \frac{\delta^2}{2} + \frac{\delta^3}{3} + o(\delta^3)\right) \\ &\geq \delta + \frac{\delta^2}{2} \end{aligned}$$

即 $(1+\delta)^{(1+\delta)} > e^{\delta + \frac{\delta^2}{2}}$,代入式(5-10)可得

$$\begin{aligned} P(X \geq (1+\delta)\mu) &< \left[\frac{e^{\delta}}{e^{\delta+\frac{\delta^2}{2}}}\right]^{\mu} \\ &= e^{-\mu\frac{\delta^2}{2}} \end{aligned} \quad (5\text{-}11)$$

得证。按照相似的方法,可证得 $P(X \leq (1-\delta)\mu) < e^{-\mu\frac{\delta^2}{2}}$。之后,可以用切诺夫界来替换 p_1 和 p_2 计算过程中的切比雪夫不等式,而获得相似的结果。有兴趣的读者可以自行推导。

5.3.3 集合覆盖

这里我们再次讨论集合覆盖问题,在4.5节中,我们讨论了通过 IP(整数规划)建模来求集合覆盖的近似解,集合覆盖的随机算法同样基于 IP 建模,以及其对应的松弛 LP(线性规划)问题。假设已经求得 LP 问题的最优解 x^*,在随机算法中,最优解 x^* 看成子集 S 的选取概率(就是以 x^* 的概率选取对应的子集是否加入覆盖集),如 $x_1^* = 0.34$,则子集 S_1 被选取的概率为34%。用 X_j 表示子集 S_j 是否被选取的随机变量,则

$$p(X_j = 1) = x_j^*, \quad p(X_j = 0) = 1 - x_j^*, \quad j = 1, 2, \cdots, m$$

通过这种随机算法得出代价（权重之和）的期望是

$$E\left[\sum_{j=1}^{m} w_j X_j\right] = \sum_{j=1}^{m} w_j p(X_j = 1) = \sum_{j=1}^{m} w_j x_j^* = \text{OPT}^{\text{LP}} \leqslant \text{OPT}^{\text{IP}}$$

期望值比整数规划的最优值还小？显然问题出在这种随机算法得出的解不一定能够满足覆盖所有元素这个条件，实际上通过随机算法元素 e_i 没有被覆盖的概率是非常大的。

$$\begin{aligned} p(e_i \text{ 没有被覆盖}) &= \prod_{j:e_i \in S_j}(1 - x_j^*) \\ &\leqslant \prod_{j:e_i \in S_j} e^{-x_j^*} \quad (1 - x \leqslant e^{-x}) \\ &= e^{-\sum_{j:e_i \in S_j} x_j^*} \\ &\leqslant e^{-1} \end{aligned}$$

最后一步不等式成立是因为约束条件 $\sum_{j:e_i \in S_j} x_j^* \geqslant 1$。所以某个元素 e_i 没有被覆盖的概率上限是 e^{-1}，考虑到 n 个元素，则至少存在一个元素没有被覆盖的概率上限是

$$p(\text{至少有一个元素没有被覆盖}) \leqslant \sum_{k=1}^{n} \binom{n}{k} e^{-k}(1 - e^{-1})^{n-k}$$

为了增加对元素覆盖的概率，可以采取抛硬币的方式。假设 x_j^* 是硬币朝上的概率，也就是子集 S_j 被选中的概率，抛 k 次硬币，只要出现一次硬币朝上，子集 S_j 被选中，某个元素 e_i 没有被覆盖的概率为

$$\begin{aligned} p(e_i \text{ 没有被覆盖}) &= \prod_{j:e_i \in S_j}(1 - x_j^*)^k \\ &\leqslant \prod_{j:e_i \in S_j} e^{-x_j^* k} \\ &= e^{-k \sum_{j:e_i \in S_j} x_j^*} \\ &\leqslant e^{-k} \end{aligned} \tag{5-12}$$

令 $k = c \ln n$，其中 c 为常数，n 为集合 E 的元素的个数，则通过抛硬币的集合覆盖随机算法为 c 随机算法。为了算法能够得出一个合法解，可以通过多次执行上面的抛硬币流程，直到得出合法解为止，如算法 22 所示。在此算法中，我们除了希望算法能够得出合法解外，也希望得出的解其总代价小于 $4k\text{OPT}^{\text{LP}}$（参考后面分析）。现在的问题是，达到这样的目标，需要做多少次"repeat"？因为是随机算法，所以需要求"repeat"次数的期望值。为此，定义事件 EV_1 为"R 为合法解"，事件 EV_2 为"R 总代价 $w(R) \leqslant 4k\text{OPT}^{\text{LP}}$"，需要求概率 $p(EV_1, EV_2)$。

算法 22　集合覆盖随机近似算法

1：　$x^* \leftarrow$ 线性规划最优解；
2：　**repeat**
3：　　　$R \leftarrow \varnothing$；/* R 为解集合 */
4：　　　**for** $i = 1$ to k **do**

5: $\forall S_j$,按照概率 x_j^* 选取 S_j 到集合 R;
6: **end for**
7: **until** R 为合法解且总代价 $\leq 4k\text{OPT}^{\text{LP}}$

先求概率 $p(EV_2)$。每次"repeat"循环,算法对所有的子集 S_j 都通过 k 次抛硬币决定是否被选取,所以子集 S_j 被选中的概率为

$$p(X_j=1)=1-(1-x_j^*)^k \leq kx_j^*$$

算法期望的权重之和 $w(R)$ 为

$$E\left[\sum_{j=1}^m w_j X_j\right] = \sum_{j=1}^m w_j p(X_j=1) \leq \sum_{j=1}^m w_j kx_j^* = k\sum_{j=1}^m w_j x_j^* = k\text{OPT}^{\text{LP}} \tag{5-13}$$

由式(5-13),结合马尔可夫不等式,可得

$$p(w(R) \geq 4k\text{OPT}^{\text{LP}}) \leq \frac{1}{4}$$

也就是,事件 EV_2 的概率为

$$p(EV_2) \geq \frac{3}{4} \tag{5-14}$$

再求概率 $p(EV_1)$,结合式(5-12),算法一次"repeat"得到的 R 不是合法解的概率为

$$p(R \text{ 不是合法解}) \leq \sum_i p(e_i \text{ 没有被覆盖}) \leq n e^{-k} \tag{5-15}$$

令 $k=\ln 4n$,则有 $ne^{-k}=\frac{1}{4}$,此时,式(5-15)转化为

$$p(R \text{ 不是合法解}) \leq \frac{1}{4} \Rightarrow p(EV_1) \geq \frac{3}{4} \tag{5-16}$$

由式(5-14)和式(5-16),可得

$$p(EV_1, EV_2) \geq \frac{3}{4} \times \frac{3}{4} > \frac{1}{2}$$

也就是说,一次"repeat",算法可以得出合法解且权重之和小于 $4k\text{OPT}^{\text{LP}}$ 的概率为 $\frac{1}{2}$,即期望算法执行两次"repeat"就能得出权重之和小于 $4k\text{OPT}^{\text{LP}}$ 的合法解,可得如下定理:

定理 5.3.3 当 $k=\ln 4n$ 时,集合覆盖随机近似算法是 $O(\ln n)$ 的近似算法。

5.3.4 最小割

扫码看视频

我们在高级图算法章节中,讨论过最小割问题。不过之前讨论的是有向图的最小割,更确切地说是 $s-t$ 最小割,即最小割将图 $G=(V,E)$ 分割成两部分 S 和 $V-S$ 且 $s \in S$,$t \in V-S$,本节分析无向图的最小割。

定义 5.3.2[割(无向图)] 图 $G=(V,E)$ 为连通的无向图,集合 S(G 的子集)的割将图 G 分割成两个非空和不相交的子集 S 及 $V-S$,所有连接子集 S 和 $V-S$ 的边形成了 S 的割。若图 G 为无权图,则割 S 的大小为连接边的条数;若图 G 为有权图,则割 S 的大小为所有连接边权重总和。

作为无向图和有向图割的比较:图 5-9a 表示无向图,集合 $\{2,3\}$ 的割为 $C(\{2,3\})=$

$\{e_{1,2},e_{1,3},e_{2,4},e_{2,5},e_{3,4},e_{3,5}\}$。图 5-9b 表示有向图，集合 $\{2,3\}$ 的割为 $C(\{2,3\})=\{e_{3,1},e_{2,4},e_{2,5},e_{3,4},e_{3,5}\}$。类似于有向图最小割的定义，带权重（权重为正）无向图的最小割的定义如下：

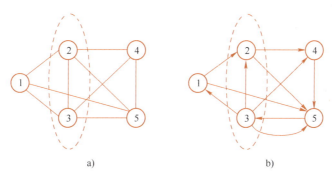

图 5-9　最小割

a）无向图最小割　b）有向图最小割

定义 5.3.3 [最小割（无向图）] 图 $G=(V,E,w)$ 为带权重的无向图，其中 w 为边权重函数，对于所有集合 $S\subset V$，最小割定义为

$$\min \sum_{e_{i,j}\in E, i\in S, j\in V-S} w(e_{i,j}), \quad \forall S\subset V$$

根据最大流最小割定理，s-t 的最大流就是 s-t 最小割，那么求整个图的最小割可通过遍历图中所有节点作为节点 s 和节点 t。以基于最短路径的 Edmonds-Karp 算法为例（其复杂度为 $O(m^2 n)$），节点 s 和节点 t 的选择可以有 $\frac{1}{2}n(n-1)$ 种可能，则总复杂度为 $O(m^2 n^3)$。本节讨论一种蒙特卡洛随机算法来降低算法的复杂度，并能够实现较高的正确性。

最小割的随机算法基于收缩（Contraction）操作。

定义 5.3.4（收缩） 指将两个相邻的顶点 v_i 和 v_j 合并成一个顶点 v_k，合并后，原来连接 v_i 和 v_j 的边都被删除，即所有的 e_{ij} 都被删除，但保留其他所有以 v_i 或者 v_j 为顶点的边，这些边在收缩后的图中以节点 v_k 为顶点（另一个顶点不变），即 $e_{k,w}\leftarrow e_{i,w}$ 或 $e_{j,w}$，$\forall v_w \in V/(v_i, v_j)$。

显然，每做一次收缩操作，节点的个数减 1，对某个图 G 重复收缩操作直到只剩两个节点时，那么连接这两个节点所有的边就是一个割。

算法 23 给出基于收缩的最小割随机算法，算法复杂度为 $O(n^2)$。

算法 23　最小割随机算法

1：**Input**：图 $G=(V,E)$；
2：**Output**：图 G 的割；
3：**while** $|V|>2$ **do**
4：　　在图 G 中随机选择一条边 $e_{u,v}$；
5：　　$E\leftarrow E-\{e_{u,v}\}$；　　　　　／* 删除 u,v 的边 */
6：　　**for** each $w\in V-\{u,v\}$ **do**
7：　　　　**if** 存在 $e_{w,v}$ **then**

8：　　　　　$e_{w,v}$ 替换为 $e_{w,u}$；
9：　　　end if
10：　end for
11：　$V \leftarrow V - \{v\}$；　　／＊ u,v 合并为 u ＊／
12：end while
13：return G 中的边；

上述算法的一个例子如图 5-10 所示，在图 5-10a 中，假设随机选择的边为 e_{25}，对此边进行收缩后，形成如图 5-10b 所示的图，随机选择边 e_{15}，形成如图 5-10c 所示的图，随机选择边 e_{34}，形成如图 5-10d 所示的图，因此时只剩下两个节点，所以连接这两个节点的所有边 $\{e_{24}, e_{13}, e_{23}, e_{35}, e_{45}\}$ 是图 G 的一个割，即 $C(\{v_1, v_2, v_5\})$ 或者 $C(\{v_3, v_4\})$，把这个割在原图上表示，如图 5-10e 所示，图中的虚线就是得出的割。

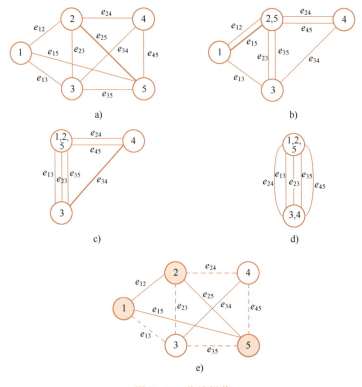

图 5-10　收缩操作

显然，上述例子得出的割不是图的最小割（最小割为集合 $\{v_1\}$、集合 $\{v_4\}$），那么通过此随机算法得出最小割的概率是多少？为了回答这个问题，我们先把目标图限制在无权图，并定义以下引理。

引理　图 $G=(V,E)$ 为无权图，C 是图 G 的最小割且 $|C|=k$，则 $|E| \geq \dfrac{k|V|}{2}$。

证明：由 $|C|=k$ 可以得出，图 G 中任意顶点 v 的度 $d_v \geq k$，否则设某一个顶点 u 的度 $d_u < k$，则割 $\{u\}$ 是构成图 G 一个小于 k 的割，矛盾。因 $2|E| = \sum\limits_{v_i} d_{v_i} \geq k|V|$，可得 $|E| \geq$

$\frac{k|V|}{2}$。

定理 5.3.4 在无权图 $G=(V,E)$ 中，基于收缩的最小割随机算法得出最小割 C 的概率大于等于 $\binom{n}{2}^{-1}$，其中 n 为节点个数。

证明：算法每次在图 $G=(V,E)$ 中选择一条边进行收缩，直到只剩两个节点，为了得出图 G 的最小割，算法每次选择的边必须不能是 C 的边，设 A_i 为第 i 次没有选到 C 边的事件，则第 1 次没有选中 C 边的概率为

$$p(A_1) = 1 - \frac{k}{|E|} \geq 1 - \frac{2}{|V|} = \frac{n-2}{n}$$

上面不等式成立是因为引理。收缩后的图为 $G_1=(V_1,E_1)$，其中 $|V_1|=n-1$，最小割依然为 C。

第 2 次又没有选中 C 边的概率为

$$p(A_2|A_1) = 1 - \frac{k}{|E_1|} \geq 1 - \frac{2}{|V_1|} = \frac{n-3}{n-1}$$

第 i 次又没有选中 C 边的概率为

$$p(A_i|A_1,A_2,\cdots,A_{i-1}) = 1 - \frac{k}{|E_{i-1}|} \geq 1 - \frac{2}{|V_{i-1}|} = \frac{n-i-1}{n-i+1}$$

算法共进行了 $n-2$ 次收缩，最后一次收缩又没有选中 C 边的概率为

$$p(A_{n-2}|A_1,A_2,\cdots,A_{n-3}) \geq \frac{1}{3}$$

最后，经过所有的收缩依然保留最小割（即最小割的边没有被收缩掉）的概率为

$$p(A_1,A_2,\cdots,A_{n-3},A_{n-2}) \geq \left(\frac{n-2}{n}\right)\left(\frac{n-3}{n-1}\right)\cdots\left(\frac{2}{4}\right)\left(\frac{1}{3}\right) = \binom{n}{2}^{-1}$$

根据上面的推导过程，很容易有如下推论：

推理 对图 $G=(V,E)$ 进行收缩，当收缩到还有 k 个节点时，最小割依然保留的概率 $\geq \binom{k}{2}\Big/\binom{n}{2}$。

为了增加算法得出正确解的概率，可以通过多次重复的运行算法。因运行一次算法不能得出最小割的概率 $\leq 1-\frac{2}{n(n-1)}$，则独立重复运行算法 $\frac{n(n-1)}{2}$ 次，不能找到一个最小割的概率为

$$\left(1-\frac{2}{n(n-1)}\right)^{\frac{n(n-1)}{2}} \leq \frac{1}{e}$$

此时算法的复杂度为 $O(n^4)$，尽管要比基于最短路径的 Edmonds-Karp 算法要优，但此复杂度并不比一些确定性的算法要好[⊖]。如何降低复杂度？

思路 5.3.4 为了让随机算法得出最小割的概率大于一个固定值（找到最小割的概率大于 $1-\frac{1}{e}$），需要让算法运行 $\Theta(n^2)$ 次，也就是独立地得出 $\Theta(n^2)$ 个最小割。尽管这种线性

⊖ 通过最大流求最小割的方法，目前可实现 $O(mn\log(n^2/m))$ 的复杂度。

增长对复杂度来说已经是比较理想的，但还可以进一步降低。我们可在得到一个收缩图 G 后，对图 G 应用两次随机收缩算法，并递归地应用以上方法，将显著降低复杂度。

如图 5-11 所示，第一步随机选择边 e_{25} 进行收缩（见图 5-11（1）），对收缩后的图再应用两次随机收缩算法，图 5-11（2）表示随机选择边 e_{45} 收缩，而图 5-11（3）表示随机选择边 e_{35} 收缩。之后，对收缩的图再次应用两次随机收缩算法，对于图 5-11（2）的收缩图，图 5-11（4）表示随机选择了边 e_{34} 收缩，而图 5-11（5）表示随机选择了边 e_{13} 收缩；对于图 5-11（3）的收缩图，图 5-11（6）表示随机选择了边 e_{24} 收缩，而图 5-11（7）表示随机选择了边 e_{12} 收缩，因篇幅的原因，图中没有给出最后的收缩结果。但这种递归的收缩（或者称为基于树的收缩）只需要 7 次，就可以随机得到 4 个割。但如果进行独立收缩，则需要 $4 \times 3 = 12$ 次的收缩，因而递归收缩显著降低了复杂度。

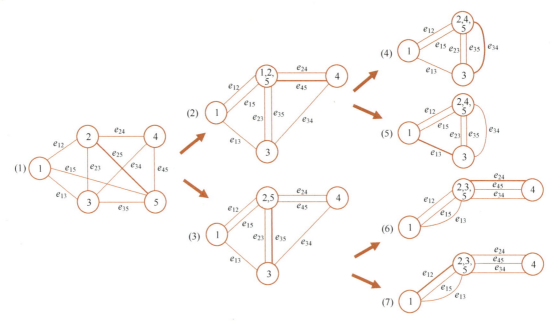

图 5-11 递归收缩

但如果按照上面的例子，每收缩一次，就分裂出两个收缩图的话，对于 n 个节点的图 G，会有 2^{n-2} 个最终的收缩图（可以将图 5-11 看成完全二叉树，最终的收缩图就是叶子节点），显然没有必要生成这么多的割，因割太多会导致高时间复杂度。同样的，我们希望递归收缩后得出最小割的概率大于一个固定值，也就是至少有一个叶子节点能得出最小割的概率大于一个固定值。直觉上，只要完全二叉树的每层至少有一个节点，能大概率保留最小割的边（即没有收缩掉最小割中的边），那么最终得出最小割的概率也会比较大。因完全二叉树每个节点都生成两个子节点，假设某非叶子节点（还没有收缩完毕）保留着最小割且其两个子节点保留最小割的概率都 $\geq 50\%$，那么完全二叉树每一层保留最小割的概率会较大（大于一个固定值）。

对于具有 n 个节点的图 G，当收缩到还有多少个节点时，收缩图依然保留最小割的概率 $\geq 50\%$？由本节前述推理可得，当收缩到还剩 $\left\lceil \dfrac{n}{\sqrt{2}} + 1 \right\rceil$ 个节点时，保留最小割的概率 $\geq 50\%$。

因而，得出递归收缩的算法如算法 24 所示。此算法的复杂度为

$$T(n) = 2T\left(\frac{n}{\sqrt{2}}\right) + O(n^2)$$

由主方法可得 $T(n) = O(n^2 \log n)$。

算法 24 RecursiveContract($G(V,E), n$)

1: **if** $|V| \leq 6$ **then**
2:   $G \leftarrow$ Contract($G, 2$); /* Contract(G, k)函数表示将图 G 随机收缩到只有 k 个节点 */
3:   return G 最小割；
4: **else**
5:   $k \leftarrow \left\lceil \dfrac{n}{\sqrt{2}} + 1 \right\rceil$；
6:   $T_1 \leftarrow$ Contract(G, k)；
7:   $T_2 \leftarrow$ Contract(G, k)；
8:   $X_1 \leftarrow$ RecursiveContract(T_1, k)；
9:   $X_2 \leftarrow$ RecursiveContract(T_2, k)；
10:   return X_1 和 X_2；
11: **end if**

定理 5.3.5 递归收缩算法得出最小割的概率大于等于 $\dfrac{1}{\log n}$，其中 n 为图中节点的个数。

证明：定义有 n 个节点的图 G_n，通过递归收缩得出最小割的概率为 $p(n)$，根据递归收缩算法可知，图 G_n 会收缩为两个节点数为 $\left\lceil \dfrac{n}{\sqrt{2}} + 1 \right\rceil$ 的图（设为 $G_{\frac{n}{2}}$），按照递归收缩算法，图 G_n 得出最小割由两方面的因素决定。

- 图 G_n 收缩成图 $G_{\frac{n}{2}}$ 时，不会收缩掉最小割。
- 两个图 $G_{\frac{n}{2}}$ 至少有一个通过递归收缩可以得到最小割。

前面已经计算过图 G_n 收缩成图 $G_{\frac{n}{2}}$ 时，不会收缩掉最小割的概率为 $\dfrac{1}{2}$；另外，按照定义，图 $G_{\frac{n}{2}}$ 通过递归收缩得出最小割的概率为 $p\left(\left\lceil \dfrac{n}{\sqrt{2}} + 1 \right\rceil\right)$。我们画出图 G_n 和图 $G_{\frac{n}{2}}$ 的概率关系如图 5-12 所示。左边子节点和右边子节点得出最小割的概率都为 $\dfrac{1}{2} p\left(\left\lceil \dfrac{n}{\sqrt{2}} + 1 \right\rceil\right)$，所以它们不能得出最小割的概率为 $1 - \dfrac{1}{2} p\left(\left\lceil \dfrac{n}{\sqrt{2}} + 1 \right\rceil\right)$，从而，得出 $p(n)$ 的概率为

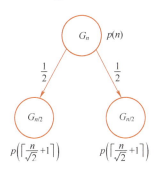

图 5-12 递归收缩最小割概率

$$p(n) \geq 1 - \left(1 - \frac{1}{2}p\left(\left\lceil \frac{n}{\sqrt{2}} + 1 \right\rceil\right)\right)^2$$

递归收缩算法的边界条件为节点数≤6，此时 $p(n) \geq \binom{6}{2}^{-1} = \frac{1}{15}$。我们把递归收缩图（见图 5-12）的叶子层（也就是边界条件，节点数≤6）看成第 0 层，其上一层为第 1 层，以此类推，则第 k 层节点（令根节点为第 k 层节点）得出最小割概率 p_k（p_k 即 $p(n)$）的递归式为

$$p_k \geq \begin{cases} 1 - \left(1 - \frac{1}{2}P_{k-1}\right)^2 = p_{k-1} - \frac{1}{4}p_{k-1}^2, & k \geq 1 \\ \frac{1}{15}, & k = 0 \end{cases}$$

求解以上递归式，可得

$$p_k \geq \frac{2\log 2}{\log n}$$

定理得证。

5.4 随机游走及其应用

随机游走（Random Walk）是指从一个点出发，随机地转移到该点的一个邻节点。如果是一维随机游走，就是在坐标轴上，从点 i 出发，可以随机到达这个点的左边点 $i-1$，也可以到达这个点的右边点 $i+1$。而二维随机游走通常指在图 $G=(V,E)$ 中，从一个节点以一定的概率转移到其邻节点。

一维随机游走如图 5-13 所示，图中共有 n 个点，假设除了点 0 和点 n 外，所有点都是等概率（1/2）地向邻接点转移，而点 0 和点 n 只有一个邻居点，以概率 1 分别向点 1 和点 $n-1$ 转移。

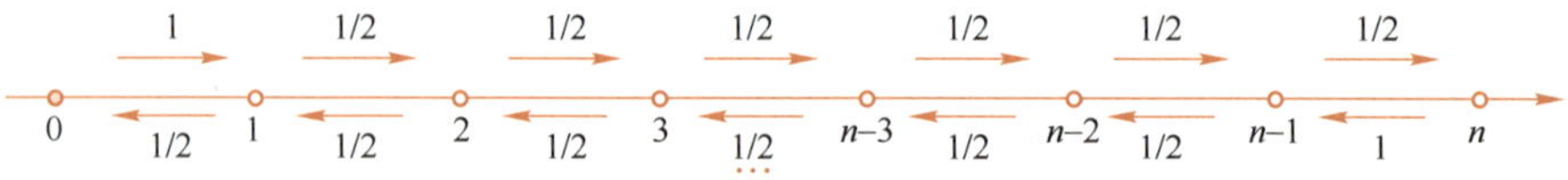

图 5-13 一维随机游走

引理 5.4.1 设节点 n 是终止状态，则从节点 0 出发，随机游走到达 n 的期望步数是 $\mathbb{E}[T] = n^2$。

证明：令 $h_{i,n}$ 为从点 i 出发到达终止点 n 的期望步数，有 $h_{n,n}=0$，$h_{0,n}=h_{1,n}+1$。因为点 $i-1$ 和点 $i+1$ 都可以通过一步到达点 i 且它们转移到点 i 的概率 $p_{i-1,i}$ 和 $p_{i+1,i}$ 都为 $\frac{1}{2}$，则式（5-17）成立。

$$\begin{aligned} h_{i,n} &= p_{i-1,i} \cdot (h_{i-1,n}+1) + p_{i+1,i} \cdot (h_{i+1,n}+1) \Rightarrow \\ & (h_{i,n}-h_{i+1,n}) - (h_{i-1,n}-h_{i,n}) = 2 \end{aligned} \quad (5\text{-}17)$$

令 $\delta_i = h_{i,n} - h_{i+1,n}$，有边界条件 $\delta_0 = 1$ 和递归式 $\delta_i - \delta_{i-1} = 2$，则 $\delta_i = 2i+1, \forall i$，可得

$$h_{0,n} = (h_{0,n} - h_{1,n}) + (h_{1,n} - h_{2,n}) + \cdots + (h_{n-1,n} - h_{n,n}) = \sum_{i=1}^{n-1} \delta_i = 1 + 3 + \cdots + (2n-1) = n^2$$

引理得证。

二维随机游走和图的拓扑结构息息相关，这里讨论无向无权完全图上的随机游走。在完全图 K_n 上，因任意点到其他点都存在一条边，所以从点 i 转移到点 j 的概率为 $p_{ij}=\frac{1}{n-1}$，则从点 i 出发到达点 j 的期望步数为 t 的概率为

$$P_{i,j}(t)=\left(\frac{n-2}{n-1}\right)^t\times\frac{1}{n-1}$$

引理 5.4.2 完全图 K_n 上的随机游走，从任意点 i 到任意点 j 的期望步数为 $n-1$。

证明：

$$h_{i,j}=\sum_{t=1}^{\infty}t\times P_{i,j}(t)=\sum_{t=1}^{\infty}t\times\left(\frac{n-2}{n-1}\right)^{t-1}\times\frac{1}{n-1}=n-1$$

一种更简明的证明是：随机游走可以看成几何分布[⊖]，因一次实验成功的概率为 $p=\frac{1}{n-1}$，所以成功的期望步数为 $h_{ij}=\frac{1}{p}=n-1$。

在二维随机游走上，从一个点出发，经过多少步可以遍历所有的点。假设目前已经遍历了 $k-1$ 个点，设算法还需要经过 X_k 步才能访问新的点（第 k 个点），因为算法每转移一步访问的点是新的点的概率为（可看成伯努利实验中每次实验的成功概率）

$$p_k=1-\frac{k-1}{n}$$

由几何分布期望值的公式，可得

$$\mathbb{E}[X_k]=\frac{1}{p_k}=\frac{n}{n-k+1}$$

引理 5.4.3 完全图 K_n 上的随机游走，覆盖所有点的期望步数为 $n\log n$。

证明：设期望步数为 X，则

$$X=\mathbb{E}\left[\sum_{k=1}^n X_k\right]=\sum_{k=1}^n \mathbb{E}[X_k]=\sum_{k=1}^n\frac{n}{n-k+1}=n\sum_{k=1}^n\frac{1}{k}\approx n\log n$$

引理得证。

5.4.1 2CNF-SAT

我们在 NP 问题章节讨论了 2CNF-SAT 问题，指出这是一个 P 类问题，本节我们通过随机算法对此问题进行求解，算法先随机地对变量进行赋值，之后再对那些为假的子句中的任意一个文字进行翻转，以期找到一组使得 2 合取范式为真的赋值，具体算法如算法 25 所示。问题是，算法 25 做了 $2n^2$ 次循环，那么算法找到一个可行解的概率是多少？

算法 25 2CNF-SAT 随机算法

1： 对所有的变量 X 随机赋值；
2： **If** 2 合取范式为真 **then** return ture；
3： **for** $i=1$ to $2n^2$ **do**
4：   选取一个为假的子句；

⊖ 在伯努利实验中，几何分布为实验 k 次才得到一次成功的概率。

5： 任意选取这个子句中的一个文字；
6： 对 X 中该文字进行翻转；
7： **If** 2 合取范式为真 **then** return true；
8： **end for**

设算法执行 t 次后得出的解为 X_t，令 Y_t 为 X_t 和可行解（设为 X^*）相同元素的个数（所谓元素相同是指赋值相同），显然当 $Y_t = n$ 时（X_t 和 X^* 是一致的），算法得出了一个可行解。每做一次循环，Y_t 是变大了，还是变小了，分两种情况。

- 选取的子句中两个文字的赋值和可行解都不同，此时
$$Y_t = Y_t + 1$$

- 选取的子句中两个文字有一个和可行解不同，如果选取了相同的文字，则 $Y_t = Y_t - 1$，否则 $Y_t = Y_t + 1$，因为选择任一文字是随机的，所以有

$$Y_t = \begin{cases} Y_t - 1 & w.p. \quad \dfrac{1}{2} \\ Y_t + 1 & w.p. \quad \dfrac{1}{2} \end{cases}$$

将上面的两种情况结合一下，可得

$$Y_t = \begin{cases} Y_t - 1 & w.p. \quad \leqslant \dfrac{1}{2} \\ Y_t + 1 & w.p. \quad \geqslant \dfrac{1}{2} \end{cases}$$

这样，这个问题就转化为一个一维随机游走问题，只是不同于上面的等概率一维随机游走，这里从点 i 到点 $i+1$ 的概率要大于 $\dfrac{1}{2}$，而从点 $i+1$ 到点 i 的概率要小于 $\dfrac{1}{2}$，显然从点 0 到点 n 的期望步数要小于等概率的一维随机游走，同时，因 X 的初始值是随机的，所以初始点不一定是点 0，而可能是任意点，此外，算法可能不需要到达点 n 就可以结束（可行解不止一个），依据引理 5.4.1，可得 2CNF-SAT 随机算法最多用 n^2 步（期望）将找到一个可行解。令 Z 为找到可行解的步数，依据马尔可夫不等式，算法执行一次（一次算法共执行 $2n^2$ 次循环，也就是 $2n^2$ 步）不成功的概率为

$$P(Z \geqslant 2n^2) \leqslant \dfrac{E[Z]}{2n^2} \leqslant \dfrac{n^2}{2n^2} = \dfrac{1}{2}$$

所以有定理如下：

定理 2CNF-SAT 随机算法得到可行解的概率大于等于 50%。

如果对算法执行 k 次，则得到可行解的概率大于等于 $\left(1 - \left(\dfrac{1}{2}\right)^k\right)$。

5.4.2 图嵌入和集卡问题

我们首先讨论一个生活中碰到的问题——集卡问题：某商品内会随机地放一张卡片，收集了所有的卡片可以参加兑换活动。比如，在方便面很流行的时候，方便面会放一张卡，集齐所有卡片（如 10 张），会赠送一箱的方便面。假设卡片是等概率放在方便面中的，那么

要搜集 10 张卡片，需要吃多少包方便面？

集卡问题可以建模成完全图 k_{10} 的随机游走问题，图中的每个点表示一张卡，收集一张卡表示访问一个点，那么收集所有的卡就是访问所有的点。依据引理 5.4.3，容易得出需要收集 $10\log10 \approx 33$，所以大约需要吃 33 包方便面，你可以得到额外的一箱方便面。

图嵌入是机器学习领域很火的一个主题，在现实社会活动中，很多现象和问题都可以用图表示，如社交关系、商品推荐、网络异常事件等。用图表示这些问题后，机器学习需要处理这些图形。当然，我们可以用图的传统表示方法来描述图，如邻接矩阵，但是，机器学习（通常是神经网络）并不能很好地处理矩阵，一方面是矩阵的复杂度高，如一百万的点，会形成一百万×一百万的矩阵；二是矩阵不能很好地表示图的特征（虽然，人很容易从矩阵中还原出图，但是神经网络很难从矩阵中学习到图）。神经网络易于处理向量，怎么用一个向量来表示图中的点就是图嵌入问题。

图嵌入主要分为两个步骤：

1）通过随机游走从图中提取大量的游走路径。

2）通过游走路径形成图中点的向量表示。

第2）点是特征工程或者深度学习需要做的事，超出了本书的范围，有兴趣的读者可参考相关书籍，我们主要关注第1）点。图嵌入比较著名的主要有两种算法，deepwalk 算法和 node2vec 算法。deepwalk 算法完全采用随机游走来从图中提取游走路径。node2vec 算法认为通过随机游走获取的节点序列不能同时反映图的同质性（Homophily）和结构对等性（Structural Equivalence），而这两种特性可由深度优先搜索（DFS）和广度优先搜索（BFS）来获得。如图 5-14 所示，实线箭头的采样序列反映了图的同质性，而虚线箭头的采样序列反映了图的结构对等性，而实线箭头的采样就是 DFS，虚线箭头的采样就是 BFS。

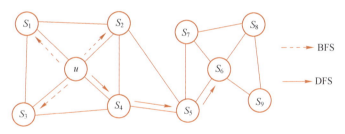

图 5-14　node2vec 游走

为了兼顾两种采样，node2vec 算法引入两个参数 p 和 q 来控制随机游走。如图 5-15 所示，设当前节点为 v，算法区分三种节点如下：

- 节点 t，也就是 v 的前一节点（即算法从节点 t 访问到节点 v），设置重新访问节点 t 的可能性为 $\dfrac{1}{p}$。
- 节点 t 的一跳邻节点，图中节点 x_1，设置访问这些节点的可能性为 1。
- 节点 t 的二跳邻节点，图中节点 x_2, x_3，设置访问这些节点的可能性为 $\dfrac{1}{q}$。

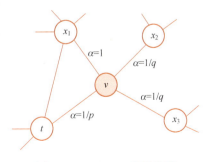

图 5-15　node2vec 变量设置

p 称为返回参数，q 称为进出参数。
- 当 p 取较小值时，算法就会在节点 t 附近游走，表现出 BFS 的行为。
- 当 q 取较小值时，算法就会远离节点 t，表现出 DFS 的行为。

算法 26 给出了采用 node2vec 的随机游走采样算法，每执行一次算法，生成一条节点的采样路径。

算法 26　node2vecWalk

1：输入：图 G，初始节点 v；
2：walk[1] ← v；
3：**for** i = 1 to l **do**
4：　　node ← walk[i]；　　　　/* 取当前节点 */
5：　Neigbors ← node 的邻节点；
6：　walk[i+1] ← 按照设定的 p 和 q 值进行随机取样；
7：**end for**

5.5　本章小结

随机算法传统上分成两类：拉斯维加斯算法和蒙特卡洛算法，拉斯维加斯算法（如惰性选择）不一定能够得出解，但如果能够得出解，则一定是正确解，多次运行拉斯维加斯算法可以提高得出正确解的概率（或者说只要一直运行下去，就一定可以得出正确解）。而蒙特卡洛算法是一定可以得出解的，但得出的解不一定是正确解，如果蒙特卡洛算法是一种近似算法，如最小割随机算法，多次运行该算法可以提高解的正确性（多次运行该算法，如果得出的解比目前最优解还要好，就提高了解的正确性）；如果蒙特卡洛算法是一种判断性的算法，如判断矩阵是否相等的弗里瓦德算法，则通过多次运行该算法可以提高得出正确解的概率。所以不管是拉斯维加斯算法还是蒙特卡洛算法，都可以通过多次运行算法来提高解的正确性，但多次运行显然增加了算法的复杂度，所以对随机算法，算法复杂度和解的正确性间存在一个折中。随机算法的一个重要作用是降低复杂度，当其用于 NPC 问题求解时，得出的是一个近似解，而用于 P 类问题求解时，就以一定的概率得出正确解。

第 6 章 在线算法

在前面讨论的算法中，问题实例的所有数据在计算时都是已知的，这种算法称为离线算法。在实际中，我们会碰到另一种问题，问题的数据是逐渐依次到来的且必须对已经到来的数据立即进行处理，也就是说算法必须在输入数据不是完全可知的情况下，完成相应的处理并给出结果，这种算法称为在线算法。在线算法在实际中有着广泛的应用，如物流中的装车问题，工人需要将依次到达的箱子（包裹）摆放在货车的车厢中，算法需要给出每个到达的箱子在车厢中的摆放位置，使得箱子能够尽量将车厢填满，也就是最大化车厢的装载率。还有实时任务调度问题，一些依次到达的计算任务需要被实时调度到云计算中心处理，算法需要对到达的任务分配服务器，使云计算能够处理最多任务或者最小化总处理延时。

目前比较火热的人工智能机器学习，就有专门针对在线问题的算法，这些机器学习算法试图从以往的数据中寻找规律，并根据目前的分配状态（如车厢的装载情况、云计算中心各服务器的负载情况）来智能地分配目前到达的任务，有兴趣的读者可以参考相关机器学习的书籍。本章讲解的在线算法并不基于已有数据的分析来设计算法，而是在数据完全未知的情况下设计算法，甚至，我们会假设存在一个对手（Adversary）[⊖]，这个对手对设计的算法了如指掌，所以能够针对算法给出最坏数据到达实例（称为最坏实例），来使得算法的效率最低，所以设计在线算法时，通常需要分析在最坏实例下算法的性能。

我们把在线算法分成两类，一类是确定性的在线算法，也就是对在线到达的数据做出一些确定性的决策；另一类是做出随机性的决策，形成随机在线算法，随机在线算法的好处是假设的对手无法猜测算法的策略。本章首先通过股票买卖来介绍在线算法的一些基本概念。之后，通过在线最小生成树、在线装箱、时间序列搜索等问题来讨论确定性的在线算法。接着，通过租买问题、在线二分图最大匹配问题讨论随机在线算法。最后，通过物流中的装车问题讲解在线算法的应用。

6.1 基本概念

日常生活中，很多人对股票买卖比较熟悉，股票买卖时，我们会依据每天的股价（开盘价做决策）来确定是买、卖或者持有。下面通过股票买卖来说明在线算法的流程。

- n 天的股价形成了规模为 n 的一个实例，通常用 I 表示。
- 我们只会在第 i 天到来的时候，才会知道第 i 天的股票，之后基于当天的股票开盘价以及仓位，做出买、卖或者持有的决策。
- 在线算法通常解决最优化问题，也就是做出的决策是为了最大化或者最小化一个目标

[⊖] 在线算法实际上和博弈息息相关，有兴趣的读者可以在这方面深入研究。

函数,这里是最大化股票收益。

在近似算法中,用近似因子 ρ 来衡量算法的性能,也就是通过和最优算法的比值来衡量算法的好坏。相似的,对于在线算法,也和最优算法进行比较来评估算法的性能。注意,这里的最优算法是指离线最优算法,也就是实例已知下的最优算法。这种和最优算法的比较称为竞争度,也用 ρ 表示。

定义 6.1.1(竞争度 ρ) 对于所有实例 I,用 ALG(I) 表示在线算法 ALG 在实例 I 的代价,并用 OPT(I) 表示最优算法 OPT 在实例 I 的代价,如果 ALG(I)$\leq\rho$OPT(I)$+c$,其中 c 为常数,则称算法 ALG 是 ρ-竞争算法($\rho\geq 1$)。

不等式 ALG(I)$\leq\rho$OPT(I)$+c$ 通常在 I 是最差实例时,等号成立。在此不等式中,如果 $c=0$,称在线算法 ALG 的竞争度严格等于 ρ。此时,我们直接用 ALG(I) 和 OPT(I) 的比值来表示 ρ(此时实例为最差实例 I')。

$$\rho = \frac{\text{ALG}(I')}{\text{OPT}(I')} \tag{6-1}$$

此竞争度的定义是基于最小化问题。针对最大化问题,依然可以用不等式 ALG(I)$\leq\rho$OPT(I)$+c$ 表述在线算法和最优算法的关系,但是这样表述,会使竞争度 $\rho\leq 1$,所以通常采用不等式 ρALG(I)$+c\geq$OPT(I) 来表示最大化问题中在线算法和最优算法的关系,此时,$\rho = \frac{\text{OPT}(I')}{\text{ALG}(I')}$($\rho\geq 1$),这样保持了 ρ 表述一致性,本书对最大化问题采用这种表述。

在最小化问题中(没有明确指出,本节默认都是最小化问题),竞争度的不等式是 ALG(I)$\leq\rho$OPT(I)$+c$,所以竞争度表达了**某个在线算法**代价的上界。为了更全面地分析算法的性能,我们也对在线算法的下界感兴趣,下界描述的是**任意一个(或者说所有的)在线算法**与最优算法存在的一个大于等于关系(在某些情况下,直接大于等于一个值),如

$$\text{ALG}(I') \geq \alpha \text{OPT}(I') + b \tag{6-2}$$

注意:定义 6.1.1 竞争度的定义是针对所有的实例⊖,不同于该定义,下界通常是用最差实例的表述。竞争度用小于等于来表述,当实例是最差实例 I' 时,等号成立。下界表达式给出了在最差实例下,任意在线算法 ALG 和 OPT 存在大于等于的关系,如果某算法 ALG′的 $\rho=\alpha$ 且 $c=0,b=0$,说明在线算法 ALG 的性能已经最优,因为所有在线算法在最坏实例下都是大于等于竞争度 ρ 的,当某在线算法 ALG 的竞争度小于等于 ρ,显然 ALG 已经最优。

在线算法通常要分析最差实例,是因为如前面提到的,我们会假设存在一个对手,因他对在线算法了如指掌,所以会设计针对算法的实例,使算法性能最差。在股票买卖中,假设需要选择一天卖出所有的股票,无论算法选择在哪一天卖出,对手总可以设计一个最坏实例(设置卖出股票那天的价格最低),使收益最小。

这种确定在某天卖出股票的算法称为确定性的在线算法,因对手的存在,总能设计一个最坏实例来制约确定性算法的性能。那有没有可能,即使对手了解算法,但也无法猜测算法做出的决策?这就是随机在线算法。也就是在算法中,加入随机性的因素,使得算法做出的决策并不是确定的。如在股票买卖中,一个简单的随机在线算法,就是通过投掷硬币来决定卖还是不卖。显然,通过随机因素,使得对手无法猜测算法的决策。随机在线算法的竞争度

⊖ 衡量算法的性能是针对所有的实例的,但竞争度可针对某个实例。

需要计算算法代价的一个期望值。

定义 6.1.2（随机在线算法的竞争度） 一个随机性在线算法被称为 ρ-竞争算法，则对于任意的实例 I，存在如下的不等式：

$$\mathbb{E}[\text{ALG}(I)] \leqslant \rho \text{OPT}(I) + c \tag{6-3}$$

本章从确定性在线算法和随机在线算法来介绍和分析在线算法。

6.2 确定性在线算法

6.2.1 在线最小生成树

本节讨论最小生成树的在线算法，此问题中，图中的顶点不是一开始就已知，而是逐个到达，并要求一旦一个顶点到达就需要加入树中且让生成的树的总代价尽量小。一个比较简单的在线算法是让到达的顶点通过离树内最近的顶点加入到树中。如在第 k 个顶点到达时，选取前面 $k-1$ 个顶点中和第 k 个顶点距离最近的顶点，通过此顶点将第 k 个顶点加入到树中。我们把这种算法称为最小生成树的贪心在线算法。

图 6-1a 中 6 个顶点按照标号的顺序依次到达，按照贪心在线算法，生成图 6-1b 的生成树，而图 6-1c 表示离线算法的最小生成树。设算法生成的树为 T_{on}，其总代价为 $w(T_{\text{on}})$，最小生成树为 T^*，其总代价为 $w(T^*)$，为计算在线算法的竞争度，先证明以下引理。

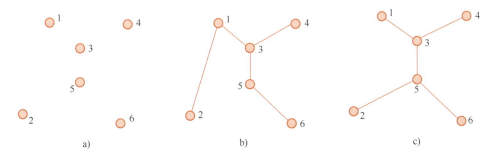

图 6-1 在线算法最小生成树

a）顶点按照标号依次到达 b）在线最小生成树 c）离线最小生成树

引理 6.2.1 对于 n 个顶点的在线生成树 T_{on}，设 $1 \leqslant k \leqslant n$，则在线生成树中第 k 长的边（不是第 k 条边）长度 $l_k \leqslant 2w(T^*)/k$。

证明：选择在线生成树中所有边长大于 $2w(T^*)/k$ 的边，在线生成树中的每个顶点都是通过一条边加入到树中的，所以一条边对应一个顶点，将这些选出边所对应的顶点加入到集合 V_k 中，即

$$V_k = \{v_i : v_i \text{ 在树中的边长大于 } 2w(T^*)/k, \quad 1 \leqslant i \leqslant n\}$$

如果能够证得 V_k 中顶点的个数 $<k$（$|V_k|<k$），可得大于 $2w(T^*)/k$ 的边的数目 $<k$，也就是第 k 长边的长度必然小于等于 $2w(T^*)/k$。

思路 6.2.1 实际上，现在有两个图，一个是基于 V_k 顶点的图，另一个是基于所有顶点的图，前面图是后面图的一部分，这让我们想起了在第 4 章证明斯坦纳最小树的近似因子（定理 4.6.2）有过类似的情形，所以采用和斯坦纳最小树的近似因子计算过程类似的方法。

V_k 顶点形成完全图 G_k，则 G_k 中任意两个顶点的距离大于 $2T^*/k$。用反证法可以得出这

个结论：设 v_i, v_j 为图 G_k 中距离小于等于 $2w(T^*)/k$ 的两个顶点，假设 v_i 先加入到树中，则当 v_j 到达时，v_j 可选择 v_i 加入到树中，使得在树上的边 e_{ij} 小于 $2w(T^*)/k$，这与 V_k 中所有顶点在树中的边大于 $2w(T^*)/k$ 矛盾。

因为 G_k 中任意一条边的距离大于 $2w(T^*)/k$，很容易得出 G_k 上旅行商回路（最短哈密顿回路）的代价 $H^*(G_k)$ 有

$$H^*(G_k) > 2|V_k|\frac{w(T^*)}{k} \tag{6-4}$$

所有顶点形成的完全图 G_n 上，根据旅行商回路的代价小于等于最小生成树代价的 2 倍，得

$$2w(T^*) \geq H^*(G_n) \tag{6-5}$$

式中，$H^*(G_n)$ 为图 G_n 上旅行商回路的权重。同时，图 G_k 的顶点包含于图 G_n 的顶点且两者都是完全图，则图 G_n 旅行商回路的权重要大于等于图 G_k 旅行商回路的权重，即

$$H^*(G_n) \geq H^*(G_k) \tag{6-6}$$

结合式（6-4）~式（6-6），可得

$$2w(T^*) > 2|V_k|\frac{w(T^*)}{k} \Rightarrow |V_k| < k$$

引理得证，即 $l_k \leq 2w(T^*)/k$。

定理 6.2.1 最小生成树在线算法的竞争度为 $2\log n$。

证明：根据引理 6.2.1，得出

$$w(T_{\text{on}}) = \sum_{k=1}^{n-1} l_k \leq \sum_{k=1}^{n-1} \frac{2w(T^*)}{k} \leq 2w(T^*)\log n$$

定理得证。

6.2.2 在线装箱问题*

装箱问题也是算法中的一个经典问题，此问题和背包问题有点类似，在背包问题中，我们需要往一个背包中尽量多放物品。而装箱问题是，我们有一些物品和很多箱子，需要把所有物品都装到箱子中，使得箱子的数目最小化。如同背包问题，装箱问题也是一个 NPC 问题，我们可以通过子集和问题归约到装箱问题。装箱问题在实际中也有广泛的应用，典型的应用是物流中的装货，将 n 个打包好的物品装到货车上，为了节省成本，需要用最少的货车来装这些物品。下面给出装箱问题的正式定义。

定义 6.2.1（装箱问题） 在基本的装箱问题中，设有 n 个物品，每个物品的体积（或者重量）分别为 $(w_1, w_2, \cdots, w_n)$，$w_i > 0$，$\forall i$，现有容积（承重）为 C（$w_i \leq C, \forall i$）的箱子，其数量不限，需要将这些物品装到箱子里且使得箱子的数目最少。

通常为了计算方便，会将 w_i 的取值限制在 $0 \leq w_i \leq 1$，$\forall i$，而令 $C=1$，这种限制并不会改变装箱问题（本节默认这种取值）。**在线装箱问题**中，物品是依次到达的，一旦物品到达了，就需要确定该物品应放入哪个箱子。设目前到达的物品是第 i 个物品且目前已经使用了 j 个箱子，我们可以通过以下几种算法来放置物品。

- NextFit 算法：如果第 i 个物品能够被放入第 j 个箱子，则将物品放入，否则打开一个新的箱子 $j+1$，将物品放入第 $j+1$ 个箱子。此算法中，一旦使用了新的箱子 $j+1$，则第 j 个箱子再也不会被使用。

- **FirstFit 算法**：依次考察第 1 个到第 j 个箱子，将第 i 个物品装入第 1 个能够装入的箱子，如果没有找到可以装入的箱子，则打开一个新的箱子 $j+1$，将物品放入第 $j+1$ 个箱子。
- **BestFit 算法**：依次考察第 1 个到第 j 个箱子，找出所有能够放第 i 个物品的箱子，并在这些找出的箱子中选择剩余容量最小的箱子，将第 i 个物品放入此箱子，如果找不到任何可以放入的箱子，则打开一个新的箱子 $j+1$，将物品放入第 $j+1$ 个箱子。

FirstFit 算法和 BestFit 算法都是贪心算法，但它们的贪心方式不一样，FirstFit 算法放入第一个可以放的箱子，而 BestFit 算法放入一个"最好"的箱子。而 NextFit 算法并不是一个贪心算法，它只考虑了最后一个打开的箱子。

定理 6.2.2 NextFit 算法的竞争度为 2。

证明：依据 NextFit 算法，n 个物品被放入了 m 个箱子，令 $B[j]$ 为第 j 个箱子被占用的容量，由 NextFit 算法可知，$B[1]+B[2]>C$，这是因为第 2 个箱子中放入的物品不能被放入第 1 个箱子。同理，对于任意的 j，$j \in [1, m/2]$（不失一般性，令 m 为偶数），$B[2j-1]+B[2j]>C$。将不等式进行累加，可得

$$\sum_{j=1}^{m/2} B[2j-1] + B[2j] > \frac{m}{2}C \tag{6-7}$$

式中，不等式的左边 $= \sum_i w_i$，设最优算法得出的箱子的个数为 m^*，则

$$m^* C \geq \sum_i w_i \tag{6-8}$$

由式（6-7）、式（6-8）可得

$$m^* C > \frac{m}{2} C \Rightarrow m < 2 \times m^* \tag{6-9}$$

定理得证。

引理 6.2.2 对于 NextFit 算法，总存在一个实例 I，当 $n \to \infty$ 时，NextFit$(I) \geq 2$OPT(I)。

证明：任意选取一个自然数 $k \in \mathbb{N}$，并令 $n=3k$ 和 $\epsilon = \frac{1}{k}$。构造 $I[1,2,\cdots,2k] = \{1-\epsilon, 2\epsilon, 1-\epsilon, 2\epsilon, \cdots, 1-\epsilon, 2\epsilon\}$，$I[2k+1, \cdots, 3k] = \{\epsilon, \epsilon, \cdots, \epsilon\}$，也就是说，实例 I 的前 $2k$ 个物品的体积以 $1-\epsilon, 2\epsilon$ 交替出现，而后 k 个物品的体积都设置为 ϵ。按照 NextFit 算法，至少需要 $2k$ 个箱子，这是因为 $1-\epsilon+2\epsilon>1$，即相邻两个物品需要被放入两个不同的箱子，所以按照 NextFit 算法，实例 I 的前 $2k$ 个物品就需要 $2k$ 个箱子，NextFit$(I) \geq 2k$。而在最优算法中，可以将体积为 $1-\epsilon$ 的物品和体积为 ϵ 的物品放入一个箱子，需要 k 个箱子，而剩余的 k 个体积为 2ϵ 的物品可放入 $k \times 2\epsilon = k \times 2\frac{1}{k} = 2$ 个箱子，OPT$(I) = k+2$。所以，NextFit$(I) \geq \frac{2k}{k+2}$OPT(I)，当 $n \to \infty$ 时，NextFit$(I) \geq 2$OPT(I)。引理得证。由此引理可知，竞争度 2 是 NextFit 算法的一个下界。

FirstFit 算法和 BestFit 算法 这两个算法竞争度 ρ 的计算采用了一种称为权重技术（Weighting Technique）的方法。在此方法中，关键是寻找一个权重函数 $f:[0,1] \to \mathbb{R}$，此函数的作用是将物品的重量 w_i（其取值范围为 $[0,1]$）映射到一个实数集上，以便于得出算法的竞争度。这个权重函数应该满足什么样的条件？在回答这个问题之前，先给出几个假设和定义。

- 设 ALG 为需要分析的算法，OPT 为最优算法。
- 设某个实例为 $I = \{w_1, w_2, \cdots, w_n\}$，针对此实例，ALG 使用了 m 个箱子，OPT 使用了

高级算法

m^* 个箱子。
- 第 j 个箱子的装载量用 $B[j]$ 表示，剩余容量用 $R[j]$ 表示，即 $B[j]=1-R[j]$。
- 通过 ALG，第 j 个箱子装入物品的集合为 S_j；通过 OPT 算法，第 j 个箱子装入物品的集合为 Q_j。
- 将权重函数 f 扩展到集合 S_j 和 Q_j，$f(S_j)=\sum_{k\in S_j}f(w_k)$，$f(Q_j)=\sum_{k\in Q_j}f(w_k)$。

为了得到 ALG 的竞争度，需要定义什么样的权重函数？

思路 6.2.2 竞争度的计算就是求 m 和 m^* 的关系，所以定义权重函数的目的就是来寻找这种关系。如果通过 ALG 能够得出 $m\leqslant g(\cdot)$，而通过 OPT 能够得出 $m^*\geqslant g'(\cdot)$，那么就容易计算 $\rho(\text{ALG})=\dfrac{m}{m^*}\leqslant\dfrac{g(\cdot)}{g'(\cdot)}$。因此，我们需要通过定义权重函数 f 来关联 $g(\cdot)$ 和 $g'(\cdot)$。一种比较容易的关联方法是让 ALG 和 OPT 都计算 $f(I)$，也就是得出 $f(I)$ 和 m 的关系，以及 $f(I)$ 和 m^* 的关系。

ALG 的 $f(I)$ 函数有

$$f(I)=\sum_{i=1}^n f(w_i)=\sum_{j=1}^m f(S_j) \tag{6-10}$$

如果能够找到一个权重函数 f 使得 $f(S_j)$ 大于等于某个值 x，则 $f(I)\geqslant xm$，建立了 $f(I)$ 和 m 的关系。同理，OPT 的函数 $f(I)$ 有

$$f(I)=\sum_{i=1}^n f(w_i)=\sum_{j=1}^{m^*} f(Q_j) \tag{6-11}$$

如果能够找到一个权重函数 f 使得 $f(Q_j)$ 小于等于某个值 x'，则 $f(I)\leqslant x'm^*$，建立了 $f(I)$ 和 m^* 的关系。根据以上分析，得出**权重函数的 3 个条件**如下：

1) 前提条件：$f(w)\geqslant w$。

2) 式（6-10）条件：为了使 $f(S_j)$ 大于等于某个值，令 $k_0\in\mathbb{R}$ 和 $\beta_j\geqslant 0$，寻找一个权重函数 f，使得对于所有的箱子 $j(j\in[1,m])$，有 $f(S_j)\geqslant 1-\beta_j$ 且 $\sum_{j=1}^m\beta_j\leqslant k_0$（$\sum_{j=1}^m\beta_j\leqslant k_0$ 说明 β_j 是收敛，其目的是对 $f(S_j)$ 求和时，不等式依然成立）。

3) 式（6-11）条件：为了使 $f(Q_j)$ 小于等于某个值，令 k_j 为箱子 j 包含的物品数，则对所有的 $k_j(j\in[1,m^*])$，如 $\sum_{i=1}^{k_j}w_i\leqslant 1$（箱子的容量小于等于 1），则找到的权重函数 f 使得 $f(Q_j)=\sum_{i=1}^{k_j}f(w_i)\leqslant\gamma$ 成立，其中 $\gamma\geqslant 1$。

定理 6.2.3 如对于某个算法 ALG，能够找到一个权重函数 f 满足上述条件，则可以得出 ALG 的竞争度为 γ。

证明：依据条件 2)，式（6-10）可写成

$$f(I)=\sum_{j=1}^m f(S_j)\geqslant\sum_{i=j}^m(1-\beta_i)=m-\sum_{i=1}^m\beta_i\geqslant m-k_0 \tag{6-12}$$

依据条件 3)，式（6-11）可写成

$$f(I)=\sum_{i=1}^{m^*} f(Q_i)\leqslant\gamma m^* \tag{6-13}$$

结合式（6-12）和式（6-13），可得

$$\gamma m^* \geq m - k_0 \Rightarrow \text{ALG} \leq \gamma \text{OPT} + k_0 \tag{6-14}$$

也就是 ALG 的竞争度为 γ。下面,通过构造权重函数 f,来证明定理 6.2.4。

定理 6.2.4 FirstFit 算法和 BestFit 算法的竞争度:$\rho(\text{FirstFit}) \leq \dfrac{17}{10}$ 和 $\rho(\text{BestFit}) \leq \dfrac{17}{10}$。

我们可以为 FirstFit 算法和 BestFit 算法构造权重函数:

$$f(w) = \begin{cases} \dfrac{6}{5}w, & 0 \leq w \leq \dfrac{1}{6} \\ \dfrac{9}{5}w - \dfrac{1}{10}, & \dfrac{1}{6} < w \leq \dfrac{1}{3} \\ \dfrac{6}{5}w + \dfrac{1}{10}, & \dfrac{1}{3} < w \leq \dfrac{1}{2} \\ 1, & \dfrac{1}{2} < w \leq 1 \end{cases} \tag{6-15}$$

依次说明此权重函数满足的 3 个条件。

1. 条件 1

显然此权重函数满足前提条件 $f(w) \geq w$。

2. 条件 2

需要找出参数 k_0 和 $\beta_j \geq 0$,使得权重函数满足条件 2。

分析可知,通过 First Fit 算法或 Best Fit 算法进行装箱后,最多有一个箱子的装载量 $B \leq \dfrac{1}{2}$ (即最多只有一个箱子的剩余容量 $R \geq \dfrac{1}{2}$)。如存在两个箱子的装载量都 $\leq \dfrac{1}{2}$,显然两个算法都会将第二个箱子的物品放入第一个箱子。假设存在一个装载量 $\leq \dfrac{1}{2}$ 的箱子(设为箱子 S_l),令 $\beta_l = 1$,必然可以满足 $f(S_l) \geq 1 - \beta_l = 0$,而确定 k_0 时,只需要将 β 的求和公式 $\sum_{j=1}^{m} \beta_j$ 加 1 即可。下面,我们只考虑那些装载量 $\geq \dfrac{1}{2}$ 的箱子。

为了便于证明,对每个箱子 j,定义一个新的变量 α_j,α_j 表示箱子 j 之前的所有箱子的最大剩余容量,如在 $\{1, 2, \cdots, j-1\}$ 所有箱子中,第 i 个箱子的剩余容量 $R[i]$ 是最大的,则 $\alpha_j = R[i]$。容易得出 $0 = \alpha_1 \leq \alpha_2 \leq \cdots \leq \alpha_m < \dfrac{1}{2}$。依据以上定义,有以下引理。

引理 6.2.3 第 j 个箱子的剩余容量有两种情况:

1) $R[j] \leq \alpha_j$,此时,有 $f(S_j) \geq 1$,可令 $\beta_j = 0$,使得权重函数满足条件 2。

2) $R[j] > \alpha_j$,此时,有 $f(S_j) \geq 1 - \dfrac{9}{5}(R[j] - \alpha_j)$,此时,可令 $\beta_j = \dfrac{9}{5}(R[j] - \alpha_j)$,同样使得权重函数满足条件 2。

证明:设第 j 个箱子共装入了 k 个物品,分别为 $\{w_{j_1}, w_{j_2}, \cdots, w_{j_k}\}$,可得 $B[j] = \sum_{i=1}^{k} w_{j_i}$。不失一般性,令 $w_{j_1} \geq w_{j_2} \geq \cdots \geq w_{j_k} \geq \alpha_j$ ($w_{j_k} \geq \alpha_j$ 成立,是因为 w_{j_k} 不能放入前面的箱子)。

第 1)点证明:

当 $k = 1$ 时,因 $w_{j_1} > \dfrac{1}{2}$,而按照构造的权重函数 f,可得 $f(S_j) \geq 1$。

当 $k \geq 2$ 时,对不同的 α_j 值进行分析。

- $\alpha_j \leq \dfrac{1}{6}$：此时，$B[j] = 1 - R[j] \geq 1 - \alpha_j \geq \dfrac{5}{6}$。假设 k 个物品中有一个物品（设为 w_u）$w_u > \dfrac{1}{2}$，则按照权重函数的定义，必然有

$$f(S_j) = \sum_{i=1}^{k} f(w_i) = \sum_{i \neq u} f(w_i) + f(w_u) \geq f(w_u) = 1 \tag{6-16}$$

如果所有的物品 $w \leq \dfrac{1}{2}$，因权重函数 f 在区间 $\left[0, \dfrac{1}{2}\right)$ 的斜率至少为 $\dfrac{6}{5}$，可得 $\dfrac{f(w_{j_1})}{w_{j_1}} \geq \dfrac{6}{5}, \dfrac{f(w_{j_2})}{w_{j_2}} \geq \dfrac{6}{5}, \cdots, \dfrac{f(w_{j_k})}{w_{j_k}} \geq \dfrac{6}{5}$，即 $f(w_{j_1}) \geq \dfrac{6}{5} w_{j_1}, f(w_{j_2}) \geq \dfrac{6}{5} w_{j_2}, \cdots, f(w_{j_k}) \geq \dfrac{6}{5} w_{j_k}$。将以上所有不等式相加，可得

$$f(S_j) = \sum_{i=1}^{k} f(w_{j_k}) \geq \dfrac{6}{5} \sum_{i=1}^{k} w_{j_k} = \dfrac{6}{5} B[j] \geq \dfrac{6}{5} \times \dfrac{5}{6} = 1 \tag{6-17}$$

- $\dfrac{1}{3} < \alpha_j \leq \dfrac{1}{2}$：由于 $w_{j_1} \geq w_{j_2} \geq \cdots \geq w_{j_k} \geq \alpha_j$，则 $w_{j_1}, w_{j_2}, \cdots, w_{j_k} > \dfrac{1}{3}$，得出

$$f(S_j) = \sum_{i=1}^{k} f(w_{j_k}) \geq k f\left(\dfrac{1}{3}\right) \geq 2 f\left(\dfrac{1}{3}\right) = 2\left(\dfrac{9}{5} \times \dfrac{1}{3} - \dfrac{1}{10}\right) = 1 \tag{6-18}$$

- $\dfrac{1}{6} < \alpha_j \leq \dfrac{1}{3}$：当 $k = 2$ 时，当 $w_{j_1}, w_{j_2} \geq \dfrac{1}{3}$，则等同于上面的情况。否则，因 w_{j_1}, w_{j_2} 不能同时小于 $\dfrac{1}{3}$（否则，不等式 $B[j] \geq 1 - \alpha_j$ 不成立），令 $w_{j_1} \geq \dfrac{1}{3} \geq w_{j_2} \geq \alpha_j$，可得

$$f(S_j) = f(w_{j_1}) + f(w_{j_2}) = \dfrac{6}{5} w_{j_1} + \dfrac{1}{10} + \dfrac{9}{5} w_{j_2} - \dfrac{1}{10} = \dfrac{6}{5}(w_{j_1} + w_{j_2}) + \dfrac{3}{5} w_{j_2} \tag{6-19}$$

由于 $w_{j_1} + w_{j_2} \geq 1 - \alpha_j$ 和 $w_{j_2} \geq \alpha_j$，式（6-19）转化为

$$f(S_j) \geq \dfrac{6}{5}(1 - \alpha_j) + \dfrac{3}{5} \alpha_j = 1 + \dfrac{1}{5} - \dfrac{3}{5} \alpha_j \geq 1 \tag{6-20}$$

当 $k > 2$ 时，有：

当 $w_{j_1}, w_{j_2} \geq \dfrac{1}{3}$ 时（其他 w 可取任意合法值），已证。

当 $w_{j_1} \geq \dfrac{1}{3} \geq w_{j_2} \geq \cdots \geq w_{j_k} \geq \alpha_j$ 时，

$$\begin{aligned} f(S_j) &= f(w_{j_1}) + \sum_{i=2}^{k} f(w_{j_i}) = \dfrac{6}{5} w_{j_1} + \dfrac{1}{10} + \sum_{i=2}^{k} \left(\dfrac{9}{5} w_{j_i} - \dfrac{1}{10}\right) \\ &= \dfrac{6}{5} \left(\sum_{i=1}^{k} w_{j_i}\right) + \dfrac{3}{5} w_{j_2} + \sum_{i=3}^{k} \left(\dfrac{3}{5} w_{j_i} - \dfrac{1}{10}\right) \\ &\geq \dfrac{6}{5}(1 - \alpha_j) + \dfrac{3}{5} \alpha_j + \sum_{i=3}^{k} \left(\dfrac{3}{5} \times \dfrac{1}{6} - \dfrac{1}{10}\right) \\ &= 1 + \dfrac{1}{5} - \dfrac{3}{5} \alpha_j \\ &\geq 1 \end{aligned} \tag{6-21}$$

当 $\frac{1}{3} \geqslant w_{j_1} \geqslant w_{j_2} \geqslant \cdots \geqslant w_{j_k} \geqslant \alpha_j$ 时，

$$f(S_j) = \sum_{i=1}^{k} f(w_{j_i}) = \sum_{i=1}^{k} \left(\frac{9}{5} w_{j_i} - \frac{1}{10} \right)$$

$$\geqslant \frac{6}{5} \sum_{i=1}^{k} w_{j_i} + \frac{3}{5}(w_{j_1} + w_{j_2}) - \frac{1}{5} + \sum_{i=3}^{k} \left(\frac{3}{5} w_{j_i} - \frac{1}{10} \right)$$

$$\geqslant \frac{6}{5} \sum_{i=1}^{k} w_{j_i} + \frac{3}{5}(w_{j_1} + w_{j_2}) - \frac{1}{5} + \sum_{i=3}^{k} \left(\frac{3}{5} \times \frac{1}{6} - \frac{1}{10} \right) \quad (6\text{-}22)$$

$$= \frac{6}{5}(1 - \alpha_j) + \frac{3}{5}(2\alpha_j) - \frac{1}{5}$$

$$= 1$$

第2）点证明：

因 $B[j] = \sum_{i=1}^{k} w_{j_i} = 1 - R[j]$，有

$$\sum_{i=1}^{k} w_{j_i} = 1 - \alpha_j - (R[j] - \alpha_j) \Rightarrow$$

$$\sum_{i=1}^{k} w_{j_i} + (R[j] - \alpha_j) = 1 - \alpha_j \Rightarrow$$

$$w_{j_1} + \frac{1}{2}(R[j] - \alpha_j) + w_{j_2} + \frac{1}{2}(R[j] - \alpha_j) + \sum_{i=3}^{k} w_{j_i} = 1 - \alpha_j \Rightarrow$$

$$z_1 + z_2 + \sum_{i=3}^{k} w_{j_i} = 1 - \alpha_j, \quad \text{令} \, z_1 = w_{j_1} + \frac{1}{2}(R[j] - \alpha_j), z_2 = w_{j_2} + \frac{1}{2}(R[j] - \alpha_j)$$
$$\tag{6-23}$$

我们得出式（6-23）的原因是希望获得和第1）点证明相同的条件（注：第1）点的条件是 $B[j] \geqslant 1 - \alpha_j$），之后，参考第1）点的证明，也就是通过分析 α_j 的不同取值，可得出

$$f(z_1) + f(z_2) + \sum_{i=3}^{k} f(w_{j_i}) \geqslant 1 \tag{6-24}$$

同时，可得

$$f(z_1) + f(z_2) = f(w_{j_1}) + f(w_{j_2}) + f(R[j] - \alpha_j) \leqslant f(w_{j_1}) + f(w_{j_2}) + \frac{9}{5}(R[j] - \alpha_j) \tag{6-25}$$

式（6-25）中小于等于成立是因为权重函数的任意分段，对于变量 $R[j] - \alpha_j$ 都不可能超过 $\frac{9}{5}(R[j] - \alpha_j)$。结合式（6-24）和式（6-25），可得

$$f(w_{j_1}) + f(w_{j_2}) + \frac{9}{5}(R[j] - \alpha_j) \geqslant 1 - \sum_{i=3}^{k} f(w_{j_i}) \Rightarrow$$
$$f(S_j) = \sum_{i=1}^{k} f(w_{j_i}) \geqslant 1 - \frac{9}{5}(R[j] - \alpha_j) \tag{6-26}$$

上面，我们证明了引理6.2.3第1）点和第2）点中 $f(S_j) \geqslant 1 - \beta_j$ 部分，但为了使得权重函数的第二个条件成立，还必须证明 $\sum_{j} \beta_j$ 是收敛的 $\left(\sum_{j} \beta_j \leqslant k_0 \right)$。因第1）点中的 $\beta_j = 0$，

所以 $\sum_{j}\beta_j = 0$ 收敛。现只需要证明 $\beta_j = \frac{9}{5}(R[j]-\alpha_j)$ 时收敛。因为 α_j 表示 j 之前所有箱子中最小的剩余容量,所以

$$\alpha_j \geq R[j-1] = \alpha_{j-1}+(R[j-1]-\alpha_{j-1}) = \alpha_{j-1}+\frac{5}{9}\beta_{j-1} \tag{6-27}$$

得出

$$\beta_{j-1} \leq \frac{9}{5}(\alpha_j - \alpha_{j-1}) \tag{6-28}$$

将 β 从 1 到 $m-1$ 进行相加,可得

$$\sum_{j=1}^{m-1}\beta_j = \frac{9}{5}\sum_{j=2}^{m}(\alpha_j - \alpha_{j-1}) = \frac{9}{5}(\alpha_m - \alpha_0) < \frac{9}{5}\times\frac{1}{2} < 1 \tag{6-29}$$

另外,$\beta_m \leq 1$(所有的 β 都小于等于 1),加上之前至多有一个装载量小于等于 $\frac{1}{2}$ 的箱子,其 $\beta = 1$,将所有的 β 相加,可得

$$\sum_{j=1}^{m}\beta_j \leq 3 \tag{6-30}$$

所以第 2)点的 β 也收敛。目前为止,我们证完了引理 6.2.3,也就是证完了 3 个条件中第二个条件。最后还剩余第三个条件。

3. 条件 3

引理 6.2.4 权重函数 (6-15) 对于任意 k 和所有的 $w_1, w_2, \cdots, w_k \in [0,1]$,当 $\sum_{j=1}^{k}w_j \leq 1$ 时,FirstFit 算法和 BestFit 算法有

$$\sum_{j=1}^{k}f(w_j) \leq 1.7 \tag{6-31}$$

证明:为了证明引理 6.2.4,需要罗列 w_j 的所有可能。

① $0 \leq w_j \leq \frac{1}{6}$:$\sum_{j=1}^{k}f(w_j) = \frac{6}{5}\sum_{j=1}^{k}w_j \leq 1.2$。

② $\frac{1}{6} < w_j \leq \frac{1}{3}$:$\sum_{j=1}^{k}f(w_j) = \sum_{j=1}^{k}\left(\frac{9}{5}w_j - \frac{1}{10}\right) = \frac{9}{5}\sum_{j=1}^{k}w_j - \sum_{j=1}^{k}\frac{1}{10} \leq \frac{9}{5} - \frac{1}{10} = 1.7$。

③ $\frac{1}{3} < w_j \leq \frac{1}{2}$:$\sum_{j=1}^{k}f(w_j) = \sum_{j=1}^{k}\left(\frac{6}{5}w_j + \frac{1}{10}\right) = \frac{6}{5}\sum_{j=1}^{k}w_j + \sum_{j=1}^{k}\frac{1}{10}$。因在此范围内,最多有 3 个物品($k=3$),所以 $\sum_{j=1}^{k}f(w_j) \leq \frac{6}{5} + 3\times\frac{1}{10} \leq 1.5$。

由以上分析可知,当物品都落于范围 $\frac{1}{6} < w_j \leq \frac{1}{3}$ 时,$\sum_{j=1}^{k}f(w_j)$ 取得最大值。

④ 最后一种可能是,一个物品落于范围 $\frac{1}{2} < w_j \leq 1$,此范围只允许一个物品且剩余容量 $< \frac{1}{2}$,按照上面的分析,剩余容量 $\frac{1}{6} < w_j \leq \frac{1}{3}$ 的物品可获得最大值,则取两个物品 $w = \frac{1}{4}$ 可填满剩余容量,所以 $\sum_{j=1}^{k}f(w_j) \leq 1 + 2f\left(\frac{1}{4}\right) = 1.7$。

引理 6.2.4 得证。

综上所述，构造的权重函数式（6-15）满足权重函数的三个条件且 $\gamma=1.7$，所以 FirstFit 算法和 BestFit 算法的竞争度为 1.7。

6.2.3 时间序列搜索

1. 外汇兑换问题

前面的在线问题都是最小化问题，本节通过时间序列搜索来分析最大化问题，这里通过外汇兑换例子来说明时间序列搜索。我们需要将手中所有的美元在接下来的 n 天中兑换成人民币，为了简化问题，只能选择 n 天中某一天兑换全部的美元，我们无法预测每天的汇率 p_i，但知道最低汇率 L 和最高汇率 U，即 $L \leq p_i \leq U$。如果没有在前面的 $n-1$ 天中兑换美元，则必须在第 n 天进行兑换，n 的具体值未知，但会在第 n 天到来时被告知。兑换问题正式描述如下：

定义 6.2.2（外汇兑换问题） 设未来 n 天的汇率为 $\{p_1, p_2, \cdots, p_n\}$，其中 p_i 代表第 i 天的汇率，表示一外汇可以兑换 p_i 人民币，$L \leq p_i \leq U$，$\forall i \in \{1, 2, \cdots, n\}$，其中 $U, L \in \mathbb{R}^+$。要求确定某一天 j，$j \in \{1, 2, \cdots, n\}$，使得 p_j 最大化。

令 $\phi = \dfrac{U}{L}$，可知，任意在线算法的竞争度都会小于等于 ϕ。如何优化算法的竞争度？一个简单的确定性在线算法称为保守价格策略（Reservation Price Policy），如算法 27 所示，策略设定阈值 $\hat{p} = \sqrt{UL}$，一旦发现某天的汇率大于 $\hat{p}$，则立马兑换掉全部外汇，如果 $n-1$ 天的汇率都小于 $\hat{p}$，则在最后一天兑换掉。

算法 27 保守价格策略算法

1：$\hat{p} \leftarrow \sqrt{UL}$；
2：flag $\leftarrow 0$；
3：$i \leftarrow 1$
4：**while** $i \leq n$ and flag $= 0$ **do**
5：　**if** $i < n$ and $p_i \geq \hat{p}$ **then**
6：　　兑换所有的外汇；
7：　　flag $\leftarrow 1$；
8：　**else if** $j = n$ **then**
9：　　兑换所有的外汇；
10：　**end if**
11：**end while**

定理 6.2.5 保守价格策略的竞争度为 $\sqrt{\phi}$，其中 $\phi = \dfrac{U}{L}$。

证明：存在两种情况的汇率：

- n 天的汇率都小于 $\hat{p}$，策略在第 n 天兑换，兑换汇率大于等于 L，而最优汇率小于 $\hat{p}$，所以竞争度 $\rho \geq \dfrac{\hat{p}}{L} = \dfrac{\sqrt{UL}}{L} = \sqrt{\phi}$。

- n 天中存在至少一天的汇率大于等于 $\hat{p}$，则兑换汇率大于等于 $\hat{p}$，而最优汇率等于 U（假设兑换后某天的汇率达到最大 U），竞争度 $\rho \geqslant \dfrac{U}{\hat{p}} = \dfrac{U}{\sqrt{UL}} = \sqrt{\phi}$。

事实上，竞争度 $\sqrt{\phi}$ 已经是确定性算法的最优竞争度。

定理 6.2.6 在给出 U 和 L 的条件下，确定性的时间序列搜索算法能够实现最优竞争度为 $\sqrt{\phi}$。

证明：现在，这是一个求上界的问题⊖，为此，对于任意算法，构造实例：从第 1 天到第 $n-1$ 天的汇率为 $\hat{p}=\sqrt{UL}$，如果算法在第 1 天到第 $n-1$ 天的某天兑换，则设置第 n 天的汇率为 U，所以算法的竞争度为 $\rho = \dfrac{U}{\sqrt{UL}} = \sqrt{\phi}$。如算法在第 n 天兑换，则设置第 n 天的汇率为 L，所以算法的竞争度为 $\rho = \dfrac{\sqrt{UL}}{L} = \sqrt{\phi}$。所以，总能构造一个实例，对应任一算法使得其最优竞争度为 $\sqrt{\phi}$。

在时间序列搜索中，一个确定性算法能够达到 $\sqrt{\phi}$ 竞争度，其前提条件是 U 和 L 已知。如果 U 和 L 未知，有以下定理。

定理 6.2.7 在 U 和 L 未知，而只给出 U 和 L 的比值 ϕ 的条件下，任意确定性的时间序列搜索算法能够实现最优竞争度为 ϕ。

证明：对于任意算法，构造实例：从第 1 天到第 $n-1$ 天的汇率为 1，如果算法在第 1 天到第 $n-1$ 天的某天兑换，则设置第 n 天的汇率为 ϕ，所以算法的竞争度为 $\rho = \dfrac{\phi}{1} = \phi$。如算法在第 n 天兑换，则设置第 n 天的汇率为 $\dfrac{1}{\phi}$，所以算法的竞争度为 $\rho = \dfrac{1}{\frac{1}{\phi}} = \phi$。所以，总能构造一个实例，对应任一算法使得其最优竞争度为 ϕ。

2. 小数外汇兑换问题

我们将外汇兑换问题进行扩展，允许一天只兑换部分的外汇，也就是在 n 天中选择某些天或者全部天数进行部分外汇的兑换，同样，在第 n 天必须将所有的外汇都兑换完毕。在小数外汇兑换问题中，依然假设最大汇率 U 和最小汇率 L 已知，其正式的定义如下：

定义 6.2.3（小数外汇兑换） 设未来 n 天的汇率为 $\{p_1, p_2, \cdots, p_n\}$，其中 p_i 代表第 i 天的汇率，$L \leqslant p_i \leqslant U$，$\forall i \in \{1, 2, \cdots, n\}$，其中 $U, L \in \mathbb{R}^+$。要求确定每天的兑换比例 $r_1, r_2, \cdots, r_n \in [0, 1]$ 且 $\sum_{i=1}^{n} r_i = 1$，使得兑换收益最大化，即 $\max \sum_i r_i p_i$。

在普通的外汇兑换中，我们通过设置一个阈值来进行兑换，在小数外汇兑换问题中可以继续采用这个思路，也就是说只要某天汇率高于某个阈值，就进行部分外汇兑换。但设置一个固定的阈值显然无法达到算法性能的优化。比如，针对固定阈值 α，很容易构造一个实例，每天的汇率都小于此阈值，只能在最后一天兑换所有的外汇，而最后一天可以设置最低的汇率。那么该如何设置阈值呢？

⊖ 最小化问题求下界，最大化问题求上界。

思路 6.2.3 在股票买卖中，一种简单的操作是：在股票下降阶段买入，而在上升阶段卖出。因外汇只有卖出，所以我们在汇率的上升阶段卖出。也就是，第一天卖出部分外汇，以后只要汇率上升就继续卖出。

为了描述方便，令 $\phi = \dfrac{U}{L} = 2^k$（这里设 k 为整数），因 $L = L2^0$，$U = L2^k$，所以可以用表达式 $L2^j$ 中的变量 $j(j \in \{0, 1, \cdots, k\})$ 来衡量汇率 p。也就是，对于某个汇率 p，取最大的 j 满足 $L2^j \leq p$，即 $\max\{j : L2^j \leq p\}$ 来衡量汇率 p。之后，用 j^* 来记录当前最大的 j，只有当前汇率 p_i 所对应的参数 $j > j^*$ 时，算法才进行兑换〇，兑换的大小为 $\dfrac{j - j^*}{k}$。兑换后，将 j^* 进行更新。在第 n 天，算法兑换剩余的所有外汇。把这种算法称为小数保守价格策略，如算法 28 所示。

算法 28 小数保守价格策略算法

1：$\phi \leftarrow \dfrac{U}{L}, k \leftarrow \log\phi, j^* \leftarrow -1$；

2：**for** $i = 1$ to n **do**

3：　　$j \leftarrow \max\{j : L2^j \leq p_i\}$

4：　　**if** $j = k$ **then**

5：　　　　$j \leftarrow k - 1$；

6：　　**end if**

7：　　**if** $j > j^*$ **then**

8：　　　　兑换 $\dfrac{j - j^*}{k}$ 的外汇；

9：　　　　$j^* \leftarrow j$；

10：　　**end if**

11：**end for**

12：兑换所有剩余的外汇；

定理 6.2.8 小数保守价格策略的竞争度为 $c(\phi)\log\phi$，其中，当 $\phi \to \infty$ 时，函数 $c(\phi) \to 1$。

证明： 设未来 n 天的汇率为 $\{p_1, p_2, \cdots, p_n\}$，对应的 j 参数为 $\{j_1, j_2, \cdots, j_n\}$，即 j_i 是满足 $L2^{j_i} \leq p_i$ 的最大整数。并设第 l 天的汇率最大，即 $p_l = \max\limits_i p_i$，p_l 对应的参数为 j_l，我们有 OPT $= p_l \leq L2^{j_l+1}$。同时，用 $\{j_0^*, j_1^*, \cdots, j_m^*\}$ 来存储 j^* 的历史记录。显然，有 $j_0^* < j_1^* < \cdots < j_m^*$。由于 $j_0^* = 0$，$j_m^* = j_l$，算法的总收益为

$$\text{ALG} \geq \sum_{i=1}^{m} \dfrac{j_i^* - j_{i-1}^*}{k} L2^{j_i^*} + \dfrac{k - j_l}{k} L \tag{6-32}$$

式中，第一项是从第 1 天到第 l 天的兑换收益；第二项是最后一天的兑换收益。为了计算算法收益的下界，需要构造实例，首先使得第一项最小化，也就是

$$\min \sum_{i=1}^{m} (j_i^* - j_{i-1}^*) 2^{j_i^*} \tag{6-33}$$

〇 相当于股票买卖中的，在上升阶段卖出。

观察可知，不管 $\{j_0^*, j_1^*, \cdots, j_m^*\}$ 如何取值，$(j_i^* - j_{i-1}^*)$ 项经过求和后，都等于 $j_l - j_0$，所以式（6-33）的大小主要取决于 $2^{j_i^*}$ 项。显然，当 j^* 只取 $\{j_0, j_l\}$ 时，$\sum_{i=1}^{m}(j_i^* - j_{i-1}^*)2^{j_i^*}$ 会取得最大值。相反，当 j^* 逐一增加时，即 j^* 取值为 $\{0, 1, 2, \cdots, j_l\}$ 时，式（6-33）取得最小值，此时，$\sum_{i=1}^{m}(j_i^* - j_{i-1}^*)2^{j_i^*} = \sum_{i=0}^{j_l} 2^i = 2^{j_l+1} - 1$。下面证明跳过任意一个整数的 j^* 取值，将使式（6-33）变大。假设 $j_{i-1}^* < t < j_i^*$（j^* 的取值跳过整数 t），则式（6-33）中第 i 项为

$$(j_i^* - j_{i-1}^*)2^{j_i^*} = (j_i^* - t + t - j_{i-1}^*)2^{j_i^*} = (j_i^* - t)2^{j_i^*} + (t - j_{i-1}^*)2^{j_i^*} > (j_i^* - t)2^{j_i^*} + (t - j_{i-1}^*)2^t$$

该式说明，当 j_{i-1}^* 到 j_i^* 的增加大于 1 时，式（6-33）的值变小，所以，当 j^* 逐一增加时，式子最小化。可得

$$\text{ALG} \geq \frac{2^{j_l+1} - 1}{k}L + \frac{k - j_l}{k}L \tag{6-34}$$

算法的竞争度为

$$\rho = \frac{\text{OPT}}{\text{ALG}} \leq \frac{L 2^{j_l+1}}{(2^{j_l+1} - 1)L/k + (k - j_l)k/L} = k\frac{2^{j_l+1}}{2^{j_l+1} + k - j_l - 1} \tag{6-35}$$

对式（6-35）求导并使之等于 0，求得 $j_l = k - 1 + \frac{1}{\ln 2}$。式（6-35）转化为

$$\rho \leq k \frac{2^{j_l+1}}{2^{j_l+1} - \frac{1}{\ln 2}} \tag{6-36}$$

可知，因比值 $\frac{2^{j_l+1}}{2^{j_l+1} - \frac{1}{\ln 2}}$ 接近于 1，算法的竞争度接近于 k，即接近于 $\log \phi$，设置函数 $C(\phi)$，其中当 $\phi \to \infty$ 时，函数 $c(\phi) \to 1$，则算法的竞争度可用 $c(\phi)\log\phi$ 表示，定理得证。

从结果可知，当可以部分兑换外汇时，算法的竞争度从原先的 ϕ 提高到 $\log\phi$，使得兑换接近最优值。最后需要指出的是，当 U 和 L 未知，只知道 ϕ 时，和普通的外汇兑换问题一样，无法得到 $\log\phi$ 的竞争度，而只能得到一个最差的竞争度。

6.3 随机在线算法

扫码看视频

6.3.1 租买问题

租买问题是在线算法的一个经典问题，其需要对一个物品做出是租借还是购买的决策，使得总体费用最小化。以去滑雪场滑雪为例，我们需要决策是租借滑雪用具还是购买。在这个问题中，如果滑雪的天数确定，因租借费用和购买费用是已知的，所以很容易做出租借还是购买的决策。但如果滑雪的天数不能确定（因滑雪受天气情况影响，一旦天气恶劣，滑雪场不得不关闭滑雪），要做出租借还是购买的决策就不那么明显了。为了更明确地说明问题，参考如下滑雪用具租买问题的例子。

例 6.3.1 设滑雪用具的购买费用需要 c 元（$c > 1$），而租借是每天 r 元（为了描述方便，令 $r = 1$），我们无法预知第二天滑雪场是关闭还是开放，而只有在当天的早上才能知道。每天我们需要做一个决策来决定是购买还是租借滑雪用具。一旦决定购买，那么接下来就使

用购买的滑雪用具，无须再做决策。但如果当天是决定租借，那么接下来还需要继续决策，直到购买了滑雪用具或者滑雪场关闭。本问题中，假设滑雪场共开放 n 天（n 未知），算法需要使总费用最低。

假设滑雪场开放 4 天，租借费用是每天 1 元，而购买费用是 10 元，如果在线算法决定第 3 天购买，则总费用是 12，显然，最优决策是全部租借，只需 4 元，在此实例下，在线算法的竞争度为 $\frac{12}{4}=3$。

对于租买问题，最优算法是，如果 $n \leqslant c$，则一直租借用具，否则第 1 天就购买用具，所以最优算法的费用为

$$\text{OPT}(I) = \min\{n, c\} \tag{6-37}$$

我们分析一个简单的在线算法，此算法在第 1 天购买用具。针对此算法，最坏实例是滑雪场只开放一天，所以此在线算法的竞争度为 $\rho = \frac{\text{ALG}(I')}{\text{OPT}(I')} = c$。那么算法应该在哪一天购买可以到达性能最优（竞争度最小）呢？

思路 6.3.1 设算法在第 x 天购买用具，则竞争度为

$$\rho = \begin{cases} \dfrac{(x-1)+c}{n}, & x \leqslant c \\ \dfrac{(x-1)+c}{c}, & x > c \end{cases}$$

当 $x \leqslant c$ 时，增大 x，使得 ρ 变小（此时，$n=x$）；当 $x > c$ 时，增大 x，使得 ρ 变大。所以当 $x = c$ 时，ρ 取得最小值。

定理 6.3.1 对于租买问题，一个在第 c 天购买用具的算法是 2-竞争算法。

证明：当 $n \leqslant c$ 时，$\text{ALG}(I) = n$，$\text{OPT}(I) = n$，有 $\text{ALG}(I) \leqslant 2\text{OPT}(I)$；当 $n > c$ 时，$\text{ALG}(I) = 2c-1$，$\text{OPT}(I) = c$，同样有 $\text{ALG}(I) \leqslant 2\text{OPT}(I)$，得证。接着，计算算法的下界。

定理 6.3.2 对于租买问题，总存在一个实例 I'，使得任意在线算法有以下不等式：

$$\text{ALG}(I') \geqslant 2\text{OPT}(I') - 1$$

证明：对任一在线算法，设其在第 x 天购买，并令实例 I' 让滑雪场在第 $x+1$ 天关闭，即 $n = x$。ALG 的费用为 $\text{ALG}(I') = (x-1)+c$，则有

$$\text{ALG}(I') \geqslant 2\min\{n, c\} - 1 = 2\text{OPT}(I') - 1$$

得证。

考察一个租买问题的实际例子，令 $c=2, n \leqslant 3$，构造 3 个实例 $I_i, i \in \{1, 2, 3\}$（I_i 表示第 i 天是最后一天开放），以及 4 个算法，其中 $\text{ALG}_i, i \in \{1,2,3\}$ 表示第 i 天购买用具，ALG_r 表示只租不购买。对每个实例和算法其竞争度由表 6-1 的前 4 列给出。可知，对此 3 个实例，最好的算法是 ALG_2 和 ALG_r，竞争度都为 $\frac{3}{2}$。有没有可能进一步优化竞争度？

表 6-1 租买问题例子

实例	算法				
	ALG$_1$	ALG$_2$	ALG$_3$	ALG$_r$	ALG
I_1	2	1	1	1	$p+1$
I_2	1	$\frac{3}{2}$	1	1	$\frac{3-p}{2}$
I_3	1	$\frac{3}{2}$	2	$\frac{3}{2}$	$\frac{3-p}{2}$

思路 6.3.2 上述确定性算法的竞争度是由最坏实例决定的，这是因为存在一个对手，他能够根据算法给出最坏的实例，使得算法的性能最差，所以能不能让对手即使知道算法，也没法准确知道决策？答案是采用随机决策。

这就是随机在线算法。这里，给出一个简单的随机算法 ALG：以一定的概率分别选择算法 ALG$_1$ 和 ALG$_2$，设选择 ALG$_1$ 的概率为 p，选择 ALG$_2$ 的概率为 $1-p$，则 ALG 针对每个实例的期望竞争度为

$$\mathbb{E}[\rho(\text{ALG})] = p \cdot \rho(\text{ALG}_1) + (1-p)\rho(\text{ALG}_2)$$

所以对实例 I_1，I_2，I_3，其期望竞争度分别为 $\mathbb{E}[\rho_{I_1}(\text{ALG})] = p+1$，$\mathbb{E}[\rho_{I_2}(\text{ALG})] = \frac{3-p}{2}$，$\mathbb{E}[\rho_{I_3}(\text{ALG})] = \frac{3-p}{2}$，见表 6-1 的第 5 列。接下来的问题是：当 p 取什么值时，ALG 的竞争度最小？显然，令 $p+1 = \frac{3-p}{2}$ 时竞争度最小，得出 $p = \frac{1}{3}$，此时 $\mathbb{E}[\rho(\text{ALG})] = \frac{4}{3}$，也就是比 ALG$_1$ 或者 ALG$_2$ 都要好。

那是不是对任意两个确定性算法进行随机组合都可以实现优化？试一下其他的算法组合，如 ALG$_2$ 和 ALG$_3$、ALG$_2$ 和 ALG$_r$、ALG$_3$ 和 ALG$_r$，并不能得到更好的竞争度，而 ALG$_1$ 和 ALG$_3$ 的随机组合虽然可以得到一个比这两者更优的竞争度 $\rho = \frac{3}{2}$，但依然比 ALG$_1$ 和 ALG$_2$ 的随机组合差。

ALG$_1$ 和 ALG$_2$ 这两个确定性算法都是在第 $\leqslant c$ 天进行购买，所以这个分析告诉我们，只有对那些在第 $\leqslant c$ 天进行购买的确定性算法，进行随机组合形成的随机算法可以到达最优的竞争度。因而，设计一个租买问题的在线随机算法 ALG：该算法在第 $i(i \leqslant c)$ 天购买用具的概率为 p_i，$\sum_i p_i = 1$。

定理 6.3.3 上述租买问题的在线随机算法 ALG 是 $\frac{e}{e-1}$-竞争算法。

为了证明这个定理，讨论两种情况。第一种情况，滑雪场开 t 天（$t \leqslant c$），则随机算法 ALG 的费用为

$$\text{ALG}(I_1) = \sum_{i=1}^{t}(i-1+c)p_i + \sum_{i=t}^{c}tp_i \tag{6-38}$$

在此情况下，最优算法的费用为 t。第二种情况，滑雪场开 t 天（$t > c$），则随机算法 ALG 的费用为

$$\text{ALG}(I_2) = \sum_{i=1}^{c}(i-1)p_i + c \tag{6-39}$$

在此情况下,最优算法的费用为 c。所以,我们需要找到一个最小的 ρ,使得 $\mathrm{ALG}(I_1) \leqslant \rho t$ 和 $\mathrm{ALG}(I_2) \leqslant \rho c$ 同时成立。建立相应的线性规划模型

$$\begin{cases} \min \quad \rho \\ \text{s.t.} \quad \sum_{i=1}^{t}(i-1+c)p_i + \sum_{i=t+1}^{c} t p_i \leqslant \rho t, \quad t \leqslant c \\ \sum_{i=1}^{c}(i-1)p_i + c \leqslant \rho c, \quad t > c \\ \sum_i p_i = 1, \quad i \leqslant c \end{cases}$$

对此线性规划问题求解得 $\rho = \dfrac{1}{1-(1-1/c)^c}$,$p_i = \dfrac{\rho}{c}\left(1-\dfrac{1}{c}\right)^{c-i}$。因 $(1-1/n)^n \to \mathrm{e}^{-1}$,定理得证。

再看一下上面租买问题的例子所得出的随机算法,即以概率 $p_1 = \dfrac{1}{3}$ 选择 ALG_1 和以概率 $p_2 = \dfrac{2}{3}$ 选择 ALG_2,能够达到 $\rho = \dfrac{4}{3}$ 的竞争度,这个竞争度比任意的确定性算法都要好,但这个竞争度是实例 $\{I_1, I_2, I_3\}$ 下的最优竞争度吗?为了回答这个问题,需要引入一个非常重要的定理。

定理 6.3.4(姚极小极大原理) 最坏实例下随机算法的期望竞争度大于等于随机实例下最好确定性算法的期望竞争度。用 ALG 表示随机在线算法,ALG 表示确定性在线算法,OPT 表示最优算法,$\mathcal{I}$ 表示随机实例,I 表示确定实例。有以下不等式

$$\max_{I} \frac{\mathbb{E}[\mathrm{ALG}(I)]}{\mathrm{OPT}(I)} \geqslant \min_{\mathrm{ALG}} \mathbb{E}_{\mathcal{I}}\left[\frac{\mathrm{ALG}(\mathcal{I})}{\mathrm{OPT}(\mathcal{I})}\right] \tag{6-40}$$

在证明这个定理之前,通过一个例子来说明随机实例下确定性算法费用和竞争度的计算。设随机实例 $\mathcal{I}$ 由实例 $I_i(i \in \{1,2,3\})$ 以概率为 q_i 组成,则确定性算法 ALG 的费用和竞争度为

$$\mathrm{ALG}(\mathcal{I}) = q_1 \mathrm{ALG}(I_1) + q_2 \mathrm{ALG}(I_2) + q_3 \mathrm{ALG}(I_3)$$

$$\rho_{\mathcal{I}}(\mathrm{ALG}) = q_1 \frac{\mathrm{ALG}(I_1)}{\mathrm{OPT}(I_1)} + q_2 \frac{\mathrm{ALG}(I_2)}{\mathrm{OPT}(I_2)} + q_3 \frac{\mathrm{ALG}(I_3)}{\mathrm{OPT}(I_3)}$$

定理的证明如下:

令 $\mathbb{ALG}$ 为所有算法的集合,$\mathbb{I}$ 为所有实例的集合。则

$$\mathbb{E}[\mathrm{ALG}(I)] = \sum_{\mathrm{ALG}_i \in \mathbb{ALG}} p_i \mathrm{ALG}_i(I)$$

$$\mathbb{E}_{\mathcal{I}}\left[\frac{\mathrm{ALG}(\mathcal{I})}{\mathrm{OPT}(\mathcal{I})}\right] = \sum_{I_j \in \mathbb{I}} q_j \frac{\mathrm{ALG}(I_j)}{\mathrm{OPT}(I_j)}$$

因最坏实例下的竞争度大于等于期望实例下的竞争度(最大值大于期望值),所以有

$$\max_{I} \frac{\mathbb{E}[\mathrm{ALG}(I)]}{\mathrm{OPT}(I)} = \max_{I} \sum_{\mathrm{ALG}_i \in \mathbb{ALG}} p_i \frac{\mathrm{ALG}_i(I)}{\mathrm{OPT}(I)}$$

$$\geqslant \sum_{I_j \in \mathbb{I}} q_j \sum_{\mathrm{ALG}_i \in \mathbb{ALG}} p_i \frac{\mathrm{ALG}_i(I_j)}{\mathrm{OPT}(I_j)}$$

$$= \sum_{\text{ALG}_i \in \text{ALG}} p_i \sum_{I_j \in \mathbb{I}} q_j \frac{\text{ALG}_i(I_j)}{\text{OPT}(I_j)}$$

同理,期望算法的竞争度大于等于最好算法的竞争度(期望值大于最小值),所以有

$$\sum_{\text{ALG}_i \in \text{ALG}} p_i \sum_{I_j \in \mathbb{I}} q_j \frac{\text{ALG}_i(I_j)}{\text{OPT}(I_j)} \geq \min_{\text{ALG}} \sum_{I_j \in \mathbb{I}} q_j \frac{\text{ALG}_i(I_j)}{\text{OPT}(I_j)}$$

$$= \min_{\text{ALG}} \mathbb{E}_{\mathcal{I}} \left[\frac{\text{ALG}(\mathcal{I})}{\text{OPT}(\mathcal{I})} \right]$$

定理得证。

我们重新回到例子,例子中,$\text{ALG} = \{\text{ALG}_1, \text{ALG}_2, \text{ALG}_3, \text{ALG}_r\}$,$\mathbb{I} = \{I_1, I_2, I_3\}$。如果我们能够找到一个随机实例 $\mathcal{I}$,这个随机实例对于任意一个确定性算法,其竞争度都大于等于 $\frac{4}{3}$,也就是如果对于某个 $\mathcal{I}$,有

$$\min_{\text{ALG}} \mathbb{E}_{\mathcal{I}} \left[\frac{\text{ALG}(\mathcal{I})}{\text{OPT}(\mathcal{I})} \right] = \frac{4}{3}$$

那么,必然可以得出 $\rho = \frac{4}{3}$ 是 ALG 上随机算法的最优竞争度,因为按照姚极小极大原理,任意随机算法的竞争度(由最坏实例决定)必然大于等于任意随机实例(所有的随机实例)下最好的确定性算法。考虑如下的随机实例:

$$\mathcal{I} = \begin{cases} I_1 & w.p. \quad \frac{1}{3} \\ I_3 & w.p. \quad \frac{2}{3} \end{cases}$$

在此随机实例下,各个确定性算法的竞争度见表 6-2。显然,在随机实例 $\mathcal{I}$ 下,确定性算法最好的竞争度为 $\frac{4}{3}$。因为按照姚极小极大原理,任意随机算法的竞争度都大于等于 $\frac{4}{3}$,所以以概率 $p_1 = \frac{1}{3}$ 选择 ALG_1 和以概率 $p_2 = \frac{2}{3}$ 选择 ALG_2 的随机算法$\left(\text{竞争度} \frac{4}{3}\right)$已经是最好的随机算法。

表 6-2 随机实例 $\mathcal{I}$ 下的竞争度

实 例	算 法			
	ALG_1	ALG_2	ALG_3	ALG_r
$\mathcal{I}$	$\frac{4}{3}$	$\frac{4}{3}$	$\frac{5}{3}$	$\frac{4}{3}$

6.3.2 在线二分图最大匹配*

我们在匹配和指派章节[一]讨论了用二分图寻找最大匹配,本节讨论在线二分图最大匹配(Online Bipartite Maximum Matching)问题,首先,定义图的最大匹配问题(离线)。

一 参考《算法设计与应用》教材。

定义 6.3.1（图最大匹配） 设图 $G=(V,E)$，M 是 E 的一个子集，如果 M 不含环且任意两边都不相邻，则称 M 为 G 的一个匹配。G 中边数最多的匹配称为 G 的最大匹配。

对于有权图 $G=(V,E)$，G 中边权重之和最大的匹配称为 G 的最大匹配，本节主要讨论无权图的最大匹配。在匹配和指派章节学习的如何在二分图中通过寻找增广路径的方法来找到最大匹配，以及在高级图算法章节中学习的最大流算法，也可以用于二分图的最大匹配问题。所以，对于离线的图最大匹配问题，只要将图 $G=(V,E)$ 转化为二分图 $G=(A,B,E)$，再应用匈牙利算法或者最大流算法即可。在线二分图最大匹配算法中，B 部分节点已知，A 部分节点依次到达，算法需要将这些依次到达的节点和已知节点 B 进行匹配，以期达到最大匹配。在线二分图最大匹配的正式定义如下：

定义 6.3.2 [（在线）二分图最大匹配] 设二分图为 $G=(A,B,E)$，B 是节点的集合，$|B|=m$ 且 B 中所有节点已知。A 也是节点的集合，$|A|=n$ 且 A 中的节点依次到达，设到达顺序为 $\{a_1,a_2,\cdots,a_n\}$。每个到达的节点匹配 B 中的一个节点或者不做任何匹配，即 $\{<a_1,b_1>,<a_2,b_2>,\cdots,<a_n,b_n>\}$，其中 $b_i\in B$ 或 $b_i=\varnothing$，如果 $b_i\in B$，则 $<a_i,b_i>\in E$。最大匹配需要找到最大数目的 $<a_i,b_i>,b_i\neq\varnothing$。

1. 确定性在线算法

因为最大匹配由匹配的数量决定，所以某个到达的节点 a 是和 b_i 还是 b_j 匹配，对于节点 a 来说没有区别（尽管会影响后面的匹配），如果到达的节点 a 有多个可匹配的节点，那么它应该匹配哪个节点？

思路 6.3.3 简单的确定性算法通常是通过贪心算法实现的，但是在本问题中，一个到达的节点和任何节点匹配都是一样的，所以无法直接采用贪心算法。但我们可以人为地给 B 中的每个节点确定一个优先值，称为秩（Rank），用 $\sigma(b)$ 表示节点 b 的秩。如果到达的节点有多个节点可以匹配，则选择秩最小的节点进行匹配。

算法 29 给出了按秩进行贪心匹配的确定性算法，算法先确定 B 中节点的秩，这里先对节点按编号进行从小到大排序，再按照排序的结果确定秩的方法，也就是第一个节点的秩为 1，第二个节点的秩为 2，以此类推。当然，也可以按照从大到小排序来确定秩，或者其他确定性的方法来确定秩（注意：必须是一种确定性的方法）。

算法 29 二分图最大匹配确定性算法

1: 对 B 中的节点按照编号进行从小到大排序，并按照排序结果赋予每个节点的秩；
2: $M \leftarrow \varnothing$；
3: **for** $i=1$ to n **do**
4:     $N(a_i) \leftarrow$ 找出第 i 个到达节点 a_i 所有的邻节点；
5:     **if** $N(a_i)$ 存在未匹配的节点 **then**
6:         $b_i \leftarrow$ 在未匹配节点中找到秩最小的节点；
7:         $M \leftarrow M \cup <a_i,b_i>$；
8:     **end if**
9: **end for**

定理 6.3.5 在线二分图最大匹配的贪心确定性算法的竞争度小于等于 2。

证明：设算法得出的匹配为 M，用 $v(M)$ 代表 M 包含的所有节点。因算法采用贪心算法，则得出的匹配 M 必然为**极大匹配**（Maximal Matching），也就是不存在边 $e \in E-M$，边 e 的两个顶点都不包含在 $v(M)$ 中，用反证法很容易证明这一点。另外，定理的证明需要用到顶点覆盖[①]，设图 G 的最小顶点覆盖集为 S。因算法得出的是一个极大匹配，所以 $v(M)$ 会覆盖图中所有的边，而 S 是最小顶点覆盖，所以有 $|S| \leq |v(M)|$，又因为 $|v(M)| = 2|M|$，得出

$$|S| \leq 2|M| \tag{6-41}$$

设最大匹配为 M^*，因 M^* 中的边都是独立的，即任意两条边都不存在相同的节点，所以 M^* 中的任意边都需要一个节点来覆盖，可得

$$|M^*| \leq |S| \tag{6-42}$$

由式（6-41）和式（6-42），可得

$$\frac{|M^*|}{|M|} \leq 2 \tag{6-43}$$

定理得证。

例 6.3.2 举一个例子，使二分图最大匹配的贪心确定性算法的竞争度刚好等于 2。

解：设 $B = \{b_1, b_2\}$，按照排序确定秩，则秩 $\sigma(b_1) = 1$，$\sigma(b_2) = 2$，A 包含两个节点，到达顺序为 $\{a_1, a_2\}$，图中的边为 $\{e_{a_1,b_1}, e_{a_1,b_2}, e_{a_2,b_1}\}$。当节点 a_1 到达时，因 $\sigma(b_1) > \sigma(b_2)$，所以算法选择匹配 $<a_1, b_1>$；当节点 a_2 到达时，已经没有节点可以匹配，所以贪心算法得出的最大匹配为 1。而最优匹配是 $\{<a_1, b_2>, <a_2, b_1>\}$，匹配数为 2，所以在此例子中，算法的竞争度等于 2。

在**小数二分图匹配**中，一个到达的顶点 ($a \in A$) 可以和 B 中的顶点（可以有多个）进行部分匹配，如 a 可以和 b_1 进行 0.3 匹配，和 b_2 进行 0.7 匹配。对于图 $G = (A, B, E)$，设小数二分图匹配算法将 A 中的某一顶点 a_i 和 B 中的某一顶点 b_j 进行 x_{ij} 匹配，则小数二分图匹配的线性规划问题为

$$\begin{cases} \max \sum_{a_i \in A} \sum_{b_j \in B} x_{ij} \\ \text{s.t.} \sum_{b_j \in N(a_i)} x_{ij} \leq 1, \quad \forall a_i \in A \\ \sum_{a_i \in N(b_j)} x_{ij} \leq 1, \quad \forall b_j \in B \\ x_{ij} \in [0, 1], \forall a_i \in A, \ b_j \in B \end{cases} \tag{6-44}$$

对于小数二分图匹配问题，一个非常简单的算法是：当一个顶点 a_i 到达时，和所有可匹配的顶点进行均匀匹配。也就是说，如果该顶点有 k 个邻顶点，则和每个邻顶点都进行 $\frac{1}{k}$ 匹配。如果某个邻顶点 b_j 剩余可匹配小于 $\frac{1}{k}$，则剩余多少就匹配多少。a_i 再将剩余部分在剩余的 $k-1$ 个顶点中均匀匹配（如果有多个邻顶点无法匹配 $\frac{1}{k}$，则按相同的方法处理）。我们称此算法为均匀匹配算法，可惜此算法的竞争度并没有明显好于整数匹配中贪心算法的竞

---

① 图的顶点覆盖请参考 NP 问题章节。

争度。

举个例子，设 A 有 $2n$ 个顶点，即 $A=\{a_1,\cdots,a_n,a'_1,\cdots,a'_n\}$。$B$ 也有 $2n$ 个顶点，即 $B=\{b_1,\cdots,b_n,b'_1,\cdots,b'_n\}$。$A$ 中每个顶点 a_i 和 B 中的 b_i 以及 $\{b'_1,\cdots,b'_n\}$ 共 $n+1$ 个顶点相邻；每个顶点 a'_i 只和 b'_i 相匹配。显然，此时最大匹配数是 $2n$，即对于所有的 i，有 a_i 和 b_i 匹配，a'_i 和 b'_i 匹配。但如果 A 中的顶点按照 $\{a_1,\cdots,a_n,a'_1,\cdots,a'_n\}$ 这样的顺序到达，则每个 a_i 都会和其邻顶点进行 $\dfrac{1}{n+1}$ 匹配。之后，当顶点 a'_i 到达时，其只能和 b'_i 中剩余的部分匹配，即每个 a'_i 只能匹配 $\dfrac{1}{n+1}$。总的匹配数为 $n+\dfrac{n}{n+1}$，当 $n\to\infty$ 时，均匀匹配算法的竞争度趋向于 2。在此例子中，算法没有实现好的竞争度，是因为 $\{a'_1,\cdots,a'_n\}$ 顶点的唯一邻顶点 $\{b'_1,\cdots,b'_n\}$ 被 $\{a_1,\cdots,a_n\}$ 占用了（匹配了），这显然是不明智的。怎么改进？

思路 6.3.4 实际上，将一个到达顶点和 B 中不同的顶点进行分布式匹配是一个不错的想法，但均匀匹配的缺点是没有考虑到 B 中顶点的状态（顶点已经被匹配的占比），而是直接进行均匀分配。如果能够依据 B 中顶点的匹配状态来进行分配，即对那些已经匹配很高的顶点，少分配一些，而对匹配还较低的顶点，多分配一些，显然可以提高均匀分配算法的竞争度，这也是水位算法的基本思想。

水位算法（Water Level Algorithm）是一个非常著名的确定性在线算法，当 A 中的一个顶点 a 到达时，算法依据顶点 a 所有邻顶点的匹配状态，将 a 的匹配分配到这些邻顶点中，使得分配后所有的邻顶点的匹配总量相似。如图 6-2 所示，当顶点 a_i 到达时，设其带来一个单位的水量（一个匹配），它将这一个单位的水量分配给它的邻顶点，尽量使得邻顶点的水位相同。在图中最左边和最右边的邻顶点水位已经很高（匹配占比已经很大），就无须给这两个顶点分配匹配了。

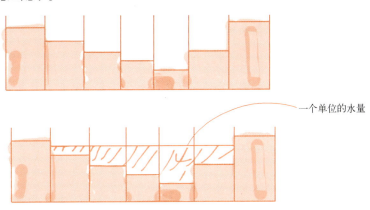

图 6-2 水位算法示意图

定理 6.3.6 水位算法的竞争度 $\rho_{\mathrm{WLA}} \leqslant \dfrac{e}{e-1}$。

这个定理的证明稍显复杂，本书省略证明，有兴趣的读者可以参考相关文献。水位算法是小数二分图匹配问题的确定性在线算法的最优算法，也就是说，小数二分图匹配问题的确定性在线算法的最优竞争度 $\leqslant \dfrac{e}{e-1}$。

2. 随机在线算法

在贪心算法中，B 中顶点的秩是固定的，也就是对手知道各个顶点的秩，之后，依据秩给出最坏实例。为了使对手无法了解 B 中顶点的秩，可以对秩进行随机排列。为此，给每个顶点在 $[0,1]$ 间选择一个随机值，并依照这个值进行秩排序，则形成了随机 Rank 算法，如算法 30 所示。在具体分析随机 Rank 算法前，先分析一下整数二分图匹配的随机在线算法（任意算法），其所能达到的最好竞争度是多少。线性模型（6-44）是对小数二分图的确定性在线算法建立的，实际上，这个模型也是整数二分图的随机在线算法的模型。

算法 30 随机 Rank 算法

1: **for** $i = 1$ to m **do**
2:     在 $[0,1]$ 间随机选一个值，作为 $b_i \in B$ 的秩；
3: **end for**
4: $M \leftarrow \varnothing$；
5: **for** $i = 1$ to n **do**
6:     $N(a_i) \leftarrow$ 找出第 i 个到达的节点 a_i 所有的邻节点；
7:     **if** $N(a_i)$ 存在未匹配的节点 **then**
8:         $b_i \leftarrow$ 在未匹配节点中找到秩最小的节点；
9:         $M \leftarrow M \cup <a_i, b_i>$；
10:    **end if**
11: **end for**

引理 6.3.1 令 R 为整数二分图匹配的一个随机在线算法，D 为小数二分图匹配的一个确定性在线算法，则下面这个等式成立。

$$\sum_{b_j \in N(a_i)} x_{ij}^D = \mathbb{E}\left[\sum_{b_j \in N(a_i)} x_{ij}^R\right] \tag{6-45}$$

式中，x_{ij}^D 表示确定性在线算法 D 对顶点 a_i 和 b_j 的匹配；x_{ij}^R 表示随机在线算法 R 对顶点 a_i 和 b_j 的匹配；$N(a_i)$ 表示顶点 a_i 的邻顶点集合。

证明：只要将 x_{ij}^D 看成随机算法中匹配顶点 a_i 和 b_j 的概率，即 $x_{ij}^D = \Pr(x_{ij}^R = 1)$，可得

$$\sum_{b_j \in N(a_i)} x_{ij}^D = \sum_{b_j \in N(a_i)} \Pr(x_{ij}^R = 1)$$
$$= \sum_{b_j \in N(a_i)} \Pr(x_{ij}^R = 1) x_{ij}^R + \Pr(x_{ij}^R = 0) x_{ij}^R$$
$$= \sum_{b_j \in N(a_i)} \mathbb{E}[x_{ij}^R]$$
$$= \mathbb{E}\left[\sum_{b_j \in N(a_i)} x_{ij}^R\right]$$

引理得证。所以模型式（6-45）目标函数中的 x_{ij}（即 x_{ij}^D）可替换成 x_{ij}^R 的期望，同时，替换后约束函数保持不变。这是因为 $\forall a_i \in R$，有

$$\sum_{b_j \in N(a_i)} x_{ij}^R \leq 1 \Rightarrow \mathbb{E}\left[\sum_{b_j \in N(a_i)} x_{ij}^R\right] \leq 1 \Rightarrow \sum_{b_j \in N(a_i)} x_{ij}^D \leq 1 \Rightarrow \sum_{b_j \in N(a_i)} x_{ij} \leq 1$$

由上面的分析可知，整数二分图的随机算法和小数二分图的确定性算法的线性规划模型是一致的，所以我们很容易得出下面的引理。

引理 6.3.2 令 R 为任意一个（整数）二分图匹配的随机在线算法，则必然存在一个小数二分图匹配的确定性在线算法 D，使得两者的竞争度是一致的，即 $\rho(D)=\rho(R)$。因此，小数二分图的确定性在线算法竞争度的上界也就是二分图的随机在线算法竞争度的上界。

已知小数二分图的确定性在线算法的最优竞争度 $\rho \leqslant \dfrac{e}{e-1}$，依据引理 6.3.2，有以下定理。

定理 6.3.7 （整数）二分图匹配问题任意随机在线算法最优竞争度 $\leqslant \dfrac{e}{e-1}$。

3. 随机 Rank 算法分析

令 $\mathrm{Rank}(G,\pi,\sigma)$ 为图 $G=(A,B,E)$ 上的随机 Rank 算法，其中 A 中的节点按照顺序 π 到达，B 中顶点随机秩排序为 σ，则有如下引理。

引理 6.3.3 设 b 为 B 中任一顶点，并令 σ' 为 $B-\{b\}$ 新的随机秩排序。则对于新图 $H=G-\{b\}$，如果图 H 的匹配 $\mathrm{Rank}(H,\pi',\sigma')$ 和图 G 的匹配 $\mathrm{Rank}(G,\pi,\sigma)$ 不一致，则它们间相差一个以 b 为起点的增广路径。

下面通过一个图来说明这个引理，如图 6-3 所示，图 6-3a 是原始匹配，图 6-3b 是集合 B 中去除了节点 b 后的匹配，这两个匹配的唯一差别是一条以 b 为起点的增广路径。

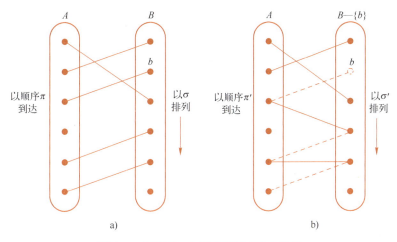

图 6-3　随机 Rank 算法引理 6.3.3 实例

我们用反证法来证明随机 Rank 算法求出的是一个极大匹配。假设随机 Rank 算法求出的不是极大匹配，即存在一条边，这个边的两个顶点 (a,b) 未被匹配，这和随机 Rank 算法相矛盾，因为随机 Rank 算法是贪心算法，当节点 a 到达时，如果存在一个未被匹配的邻节点 b，则必然会和 b 匹配，所以不会存在不匹配的情形。通过极大匹配，容易得出随机 Rank 算法的竞争度 $\rho(\mathrm{Rank}) \leqslant 2$，这是因为，针对最大匹配 M^* 中的任意一个匹配（边），其至少会有一个顶点出现在随机 Rank 算法得出的匹配 M 中，否则 M 就不是极大匹配。但这种方法得出的竞争度并不是随机 Rank 算法的最紧凑上界，随机 Rank 算法的上界实际上要小于 2。

引理 6.3.4 令 $a \in A$，并设此顶点 a 在最大匹配中存在一个匹配顶点 b，即 $b=M^*(a)$。假设，对于随机 Rank 算法 $\mathrm{Rank}(G,\pi,\sigma)$，$b$ 没有被匹配，则算法 $\mathrm{Rank}(G,\pi,\sigma)$ 必然匹配了

a。设匹配顶点为 b',则 b' 的秩一定小于 b 的秩,即 $\sigma(b')<\sigma(b)$。

证明:因为在最大匹配中 a 的匹配点是 b,所以 a 和 b 间存在边。当 a 到达时,随机 Rank 算法没有选择 b(b 没有被匹配掉),而是选择 b',依据随机 Rank 算法是贪心算法,可以得出 $\sigma(b')<\sigma(b)$。

引理 6.3.4 表达了对于 A 中的某个节点 $a \in A$,其在最大匹配中的匹配点 b 和在随机 Rank 算法中的匹配点 b' 间的关系,即 b 的秩大于 b' 的秩(注意:条件是在随机 Rank 算法中,b 没有被匹配掉)。同时我们也感兴趣,对于随机 Rank 算法,如果改变 B 中某个节点的秩,会产生什么样的影响。设 σ 是 B 的秩的排序,现将 B 中的一个节点 b 从 σ 中移除,再重新随机放回到 σ 中,形成新的排序 σ' 后,对其他节点会产生什么影响?

引理 6.3.5 令 $a \in A$,并设此顶点 a 在最大匹配中存在一个匹配顶点 b,即 $b=M^*(a)$。设 σ 是 B 的一个秩排序,σ' 是通过将 b 移除再重新放回后形成新的秩排序。设 b 原来的秩 $i=\sigma(b)$,新的秩 $j=\sigma'(b)$。如果在算法 $\text{Rank}(G,\pi,\sigma)$ 中,b 没有被匹配,那么 a 在算法 $\text{Rank}(G,\pi,\sigma')$ 中匹配点 b'(必然有)的秩必然小于等于 b 在 σ 中的秩,即 $\sigma'(b')\leq\sigma(b)$。

证明:首先,设 $\text{Rank}(G,\pi,\sigma)$ 的匹配为 M,$\text{Rank}(G,\pi,\sigma')$ 的匹配为 M'。这里分两种情况:

- 当秩改变后,节点 a 的匹配对象没有改变(都是 b'),即 $M(a)=M'(a)=b'$。此时,我们很容易得出 $\sigma(b')<\sigma(b)$,因为算法 $\text{Rank}(G,\pi,\sigma)$ 对 a 匹配了 b',而没有匹配 b,依据贪心性质有 $\sigma(b')<\sigma(b)$。另外,因顶点 b 的移动,b' 的秩最多增加 1,即 $\sigma'(b')\leq\sigma(b')+1$,因为秩为整数,得出 $\sigma'(b')\leq\sigma(b)$。

- 节点 a 的匹配对象改变了。此时,设 $M(a)=c$。证明的示意图如图 6-4 所示。因为在图 6-4a 中,顶点 b 没有匹配,可以简单地将 b 删掉,这样,图 6-4b 可看成图 6-4a 添加了顶点 b,依据引理 6.3.3,可得图 6-4a 和图 6-4b 相差一个以 b 为起点的增广路径,且这个增广路径必然会包含边 $e_{b'a}$ 和边 e_{ac}(因为 a 的匹配对象改变了,而所有改变匹配所对应的边都在增广路径上)。同时,B 中点的秩按照从小到大依次排列,所以增广路径上顶点的秩逐渐增大,由此可知

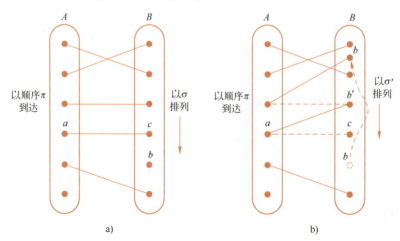

图 6-4 随机 Rank 算法引理 6.3.5 实例

$$\sigma'(b)<\sigma'(c) \tag{6-46}$$

由引理 6.3.4,可得

$$\sigma(c) < \sigma(b) \tag{6-47}$$

同样，因顶点 b 的移动，c 的秩最多增加 1，即

$$\sigma'(c) \leq \sigma(c) + 1 \tag{6-48}$$

由式（6-46）~式（6-48），可得 $\sigma'(b') \leq \sigma(b)$（注意：秩是整数），证明完毕。

我们用比较通俗的语言再解释一下引理 6.3.4 和引理 6.3.5。假设 a 在最大匹配中的匹配点是 b，如果在某一随机 Rank 算法中 b 没有被匹配，引理 6.3.4 说明了 a 在随机 Rank 算法中，必然会和一个比 b 的秩更小的节点匹配；而引理 6.3.5 则说明了对 b 进行移动后，如果 a 依然有匹配点，这个匹配点的秩依然小于 b 的秩。有了这些性质后，那么该如何计算竞争度？

思路 6.3.5 随机 Rank 算法的竞争度是最大匹配数和随机 Rank 算法的匹配数的比值，为了简化，可以假设图 G 有完美匹配，即匹配数为 n。因 Rank 是随机算法，需要求期望匹配数，也就是求 B 中每个顶点的匹配概率，设每个顶点的匹配概率为 $x_i, i \in \{1, 2, \cdots, n\}$，则竞争度 $\rho = \dfrac{n}{\sum_i x_i}$。所以现在关键的问题是求 x_i。

我们依然假设 a（随机选择的一个顶点）在最大匹配中的匹配点是 b，同时设 B 中顶点 $b_i, i \in \{1, 2, \cdots, n\}$ 被匹配的概率为 x_i。设 b 在 σ 中的秩 $t = \sigma(b)$，则 b 没有被在线算法 Rank(G, π, σ) 匹配的概率为 $1 - x_t$。如果将 b 移除后，再回放，得到新的秩 σ'，则按照引理 6.3.5，a 在算法 Rank(G, π, σ') 的匹配点 b'，有 $\sigma'(b') \leq t$。令 $R_t \subset A$ 为：所有 A 中的顶点且和 B 中秩 (b') 小于等于 t 的顶点匹配。因为 $|R_t| = \sum_{1 \leq i \leq t} x_i$，则 a（随机选择的顶点）刚好是 R_t 中顶点的概率为 $\dfrac{|R_t|}{n} = \dfrac{\sum_{1 \leq i \leq t} x_i}{n}$。因为 b 没有被在线算法 Rank(G, π, σ) 匹配（概率为 $1 - x_t$），则 a 在算法 Rank(G, π, σ') 必然有匹配点 b' 的概率为 $\dfrac{1}{n} \sum_{1 \leq i \leq t} x_i$，反之并不必然成立，所以有

$$1 - x_t \leq \frac{1}{n} \sum_{1 \leq i \leq t} x_i \tag{6-49}$$

因为 σ' 的随机性（我们可以认为先随机生成一个秩排序 σ'，然后通过删除 b，得到秩排序 $\sigma^\ominus$），式（6-49）是对任意一个随机 Rank 算法都成立的。基于不等式（6-49），有以下定理。

定理 6.3.8 对任意一个实例 I，随机 Rank 算法的竞争度为

$$\rho(\text{Rank}) = \frac{\text{OPT}(I)}{\text{Rank}(I)} \leq \frac{1}{1 - \left(1 - \dfrac{1}{(n+1)}\right)^n}$$

当 $n \to \infty$ 时，竞争度小于等于 $\dfrac{1}{1 - \dfrac{1}{e}} = \dfrac{e}{e-1}$。

⊖ 因为 b 在 Rank(G, π, σ) 中没有被匹配，等同于被删除。

证明：令 $S_t = \sum_{1 \le i \le t} x_i$，式（6-49）写成

$$S_t\left(1+\frac{1}{n}\right) \ge 1+S_{t-1} \tag{6-50}$$

竞争度的计算需要找到随机 Rank 算法在最坏实例下的期望匹配数。式（6-50）等号成立时，B 中每个节点的匹配概率最小，此时，S_t 为

$$S_t = \sum_{i=1}^{t}\left(1-\frac{1}{n+1}\right)^i, \quad \forall t \tag{6-51}$$

所有节点的匹配概率之和为

$$S_n = \sum_{i=1}^{n}\left(1-\frac{1}{n+1}\right)^i = 1-\left(1-\frac{1}{n+1}\right)^n$$

因为 G 为完美匹配，即 OPT$=n$，所以竞争度为

$$\rho(\text{Rank}) = \frac{\text{OPT}}{\text{Rank}} = \frac{n}{S_n} = \frac{1}{1-\left(1-\frac{1}{(n+1)}\right)^n}$$

当 $n \to \infty$ 时，$\rho(\text{Rank}) \le \frac{e}{e-1}$，定理得证。结合定理 6.3.7，该定理给出了任意算法所能达到的最好竞争度是 $\frac{e}{e-1}$，所以可得，随机 Rank 算法是最优随机在线算法。

6.4 在线算法在物流中的应用：装车问题

物流公司在流通过程中，需要将打包完毕的箱子装入到一个货车的车厢中，为了提高物流效率，需要将车厢尽量填满。在线装车问题中，箱子是依次到达的，而装箱工人需要对到达的箱子在车厢内进行摆放（这里假设摆放后的箱子不能再移动），使得车厢的填充率最大化。在线装车问题是一个复杂的算法问题，为了解决此问题，人们会采用一些复杂的算法，如启发式算法、深度学习等，但这些算法会带来很高的计算复杂度，或者对训练的数据要求很高。实际上，贪心算法依然在装车问题中起着重要的作用，其可以兼顾效率和性能。

在线装车问题首先要解决的是以什么样的方式进行贪心？

思路 6.4.1 装车的目的是尽量多装入箱子，因无法预测未来到达箱子的形状，所以对箱子摆放后，需要留出尽量大的剩余空间，以便可以在车厢中放入较大的箱子，这就是算法主要的贪心策略。

你可能会疑惑，箱子无论怎么摆放，占用的空间都是一样的，那么剩余空间也应该是一样的。从总体上而言，无论如何摆放箱子，剩余空间都是一样的，但是，剩余空间的形状会不一致。因箱子是规则的（如长方体），所以，我们只对那些规则的剩余子空间感兴趣。也就是说，箱子摆放后，算法会对剩余空间进行划分，划分成规则的子空间（即长方体子空间），因为一个即将到达的箱子只能选取一个子空间进行摆放，所以希望子空间越大越好（贪心策略）。

如图 6-5a 所示，当一个箱子被摆放后，将剩余空间划分成 $\{S_1, S_2, S_3\}$ 三个规则的子空间，左边图和右边图代表了两种不同的划分。为了便于算法处理，我们通常将三维的

剩余子空间转化为带高度约束的二维问题，如图 6-5b 所示，三个子空间被投影到平面上，形成了三个长方形的平面区域，其中$\{S_2, S_3\}$的高度相同，用白色表示；$\{S_1\}$的高度较小，用黑色表示。如果对箱子进行纵向摆放，则得出图 6-5c 所示的剩余子空间。最后看一下，按照上述贪心算法，箱子如何摆放且如何分割？因为贪心算法希望剩余子空间最大化，所以应该按照图 6-5c 右边图进行摆放和子空间划分，其得出的子空间 S_3 是所有子空间中最大的。

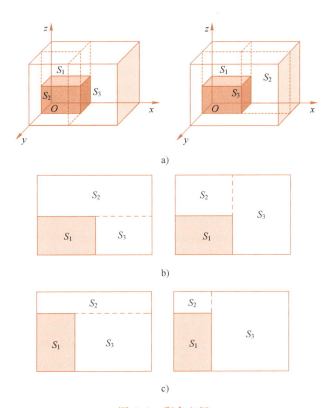

图 6-5 剩余空间

a）剩余空间的纵向和横向划分　b）横向放置与分割　c）纵向放置与分割

上面的分析解决了如何在一个子空间中摆放箱子，以及如何划分剩余子空间。但还有一个问题是：当一个箱子到达时，应该选取哪个子空间用于箱子的放置？

思路 6.4.2　子空间选取的贪心策略还是一样的，也就是让剩余子空间最大化，为此，算法应该选取和到达箱子最匹配的子空间，如此才能实现剩余子空间最大化。

那么，怎么样才是最匹配？显然就是投影面积和箱子的面积差不多。为此，算法定义了评价函数衡量箱子 b_i 和子空间 S_j 的匹配程度。

$$f(b_i, S_j) = -(l(S_j) - l(b_i) + \alpha)(w(S_j) - w(b_i) + \alpha), \quad l(S_j) \geq l(b_i), w(S_j) \geq w(b_i) \tag{6-52}$$

式中，$l(S_j)$，$w(S_j)$ 分别表示子空间的长和宽，$l(b_i)$，$w(b_i)$ 分别表示箱子的长和宽，α 是修正参数，通常被赋值为 0.1，约束条件表明了子空间 S_j 必须能够放得下箱子 b_i。我们需要找到一个子空间 S_j，其 $f(b_i, S_j)$ 越靠近 0 越好，也就是越大越好。在线装车问题的近似算法如算法 31 所示。

算法 31 在线装车问题的近似算法

1： **初始化**：$\mathbb{S} \leftarrow$ 剩余空间集合；
2： **for** $i = 1$ to n **do**
3：　　SF $\leftarrow$ 按照式(6-52)计算所有 $\mathbb{S}$ 中可放置 b_i 子空间的 f 函数；
4：　　**if** SF 不为空 **then**
5：　　　　$S \leftarrow \min\limits_{j \in \mathrm{SF}}\{S_i : f(S_j, b_i)\}$；
6：　　　　按照放置策略将 b_i 放在 S 上，同时按照子空间划分策略来划分子空间；
7：　　　　更新剩余空间 $\mathbb{S}$；
8：　　**end if**
9： **end for**

算法 31 做了很多方面的简化，如忽略子空间高度因素，忽略箱子摆放的 6 种不同放置方式。但这些因素并没有改变算法的流程，只是在选择子空间和计算剩余子空间时，需要考虑更多的情形和约束条件。有兴趣的读者可以完整地考虑这些因素。

6.5 本章小结

在线问题在实际上有着广泛的应用，但因为在线问题中数据未知，这使得设计一个接近最优解的在线算法是非常困难的。贪心算法虽然很难获得最优解，但因其算法简单，运算速度极快，在在线问题中有着重要的应用。本章讨论的在线最小生成树、在线装箱中的 FirstFit 算法和 BestFit 算法，以及最后分析的在线装车算法，都是贪心算法。贪心算法虽然简单，但因为贪心的策略可以多种多样，所以设计一个好的贪心算法并不是一件容易的事。如针对本章讨论的物流中的在线装车问题，也有人定义了角点（角点是箱子合法的放置点），并提出基于角点的贪心算法，也就是当一个箱子到达时，寻找一个最好的角点用来放置箱子。在线算法的另外一种常用的方法是设置一个基线（阈值），通过和基线的比较来做出决策，如外汇兑换问题，当汇率大于设定的阈值时，兑换外汇。显然，这种在线算法的性能取决于基线的设定。本章将在线算法分成确定性在线算法和随机在线算法。之所以在在线算法中加入随机因素，是和在随机算法章节中讨论的采用随机算法的原因是一致的，也就是避免算法落入最坏情形。

第 7 章 启发式算法

启发式算法（Heuristic Algorithm）是指通过对过去经验的归纳推理以及实验分析来解决问题的方法，即借助于某种直观判断或试探，以求得问题的次优解或以一定的概率求其最优解，所以启发式算法是一种基于经验或者实验算法的统称，启发式算法总是依赖于某个特定问题（Problem-Dependent），比如为避免快速排序划分严重失衡（即划分的一部分没有数据，另一部分包含所有数据），选择一个随机的元素作为主元，这可以认为是一种启发式算法。

我们会经常碰到另一个定义——元启发式算法（Metaheuristic），**元启发式算法**大多数从自然界的一些现象取得灵感（如模拟退火、遗传算法），通过这些现象获取的求解方法（元启发式算法）来解决一些实际问题。不同于依赖某个特定问题的启发式算法，元启发式算法通常是一个通用的算法，它们不会随着问题的不同而产生不同的方法，所以可以被应用于不同的问题，称之为问题无关的（Problem-Independent）。可以说启发式算法是基于具体问题的一些信息，利用经验以求得此问题足够好的一个解，而元启发式算法更像一种通用的模式或者方法，其可被应用于不同的问题来求得一个近似最优解。

也有人把元启发式算法看成构造启发式算法的基础方法，而启发式算法就是利用元启发式算法，结合被求解问题的特征，设计出来的面向特定问题的算法，并用公式"启发式算法=元启发式算法+问题特征"描述，但我们认为这种表示方法只是启发式算法的一种，启发式算法还包括构造型方法、局部搜索算法、松弛方法、解空间缩减算法等。不过，由元启发式算法构成的启发式算法显然是最重要和最基本的，本章主要介绍元启发式算法。

本章介绍的启发式算法包括禁忌搜索算法、模拟退火算法、遗传算法、蚁群优化算法。启发式算法通常用于求解最优化问题，在求解最优化问题的过程中，启发式算法都是通过一种搜索策略来寻找最优解，在搜索的过程中，大多数启发式算法需要解决的问题是：尽量避免陷入局部最优解。启发式算法的一大用途就是用来解决 NP 难问题，本章会对上述的启发式算法求解解决旅行商问题进行比较分析。

7.1 基本概念

启发式算法的本质就是通过搜索来寻找最优解的过程和方法，我们先定义启发式算法一些共性的东西。

- 目标函数 f（评价函数）：启发式算法的目标都是寻找一个最优解，所以通常会定义一个函数来评价解的好坏，如用启发式算法求解旅行商问题，则目标函数为回路的总权重（总代价）。
- 当前解 x：在算法搜索解的过程中，当前正在探索的解。

- 扰动（动作）：给当前解 x 一个扰动，会产生新的解 x'，如 $x=010101$，当扰动定义为"翻转一个比特"，则对第 3 个比特的翻转可以产生 $x'=011101$。
- 邻域 $N(x)$：通过扰动，得到所有解的集合，如 $x=010101$，扰动定义为"翻转一个比特"，则 $N(x)=\{110101,000101,011101,010001,010111,010100\}$，邻域中的所有解都被称为当前解 x 的邻近解。

在初始化阶段，启发式算法生成一个随机解，之后不断地通过局部搜索（对当前解的邻域进行探索）来寻找最优解。启发式算法的一个基础框架可以用算法 32 来表示。此基础框架给出了启发式算法探索解的过程，但因框架给出的是一种贪心策略，也就是算法只会探索比当前解更优的解，很容易让算法落入局部最优解。如图 7-1 所示，算法初始化生成的解是 A 点，贪心策略将使算法陷入局部最优解 B，而无法达到全局最优解 D。如何避免落入局部最优解是启发式算法的一个关键问题。

算法 32 启发式算法

1： **初始化**：$x \leftarrow$ 生成一个随机解；
2： **repeat**
3： $x' \leftarrow$ 通过扰动生成 x 的邻近解；
4：   **if** $f(x') < f(x)$ **then**
5： $x \leftarrow x'$；
6：   **end if**
7： **until** 满足终止条件

启发式算法通常解决两个问题：
- 通过局部搜索来优化当前解。
- 采用一种策略避免落入局部最优解，使得算法尽可能朝最优解的方向探索。

为了实现第 2 个目标，在图 7-1 中，当算法陷入局部最优解 B，探索 B 的邻近解 C 时，算法应该以一定的概率允许解 C 成为新的当前最优解（尽管它比当前解 B 要差），这样算法就有概率找到最优解 D。

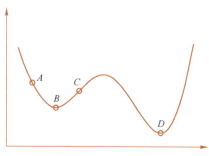

图 7-1 局部最优解

7.2 局部搜索

7.2.1 2-opt 算法

2-opt 算法是一种基于交换的启发式算法。在旅行商问题中，去除某一回路 l 的两条边

e_1 和 e_2，形成了两个子图，对这两个子图重新连接形成新的回路 l'，l' 是通过对 l 的 2-opt 交换形成的，如果 l' 的代价要小于 l，则可认为 l' 对 l 进行了局部优化。在图 7-2 中，对回路 l：1-2-3-4-1，删除了边 $e_{1,2}$ 和 $e_{3,4}$，用另外两条边 $e_{1,3}$ 和 $e_{2,4}$ 连接子图 $G_{1,2}$ 和 $G_{2,3}$，形成了新的回路 l'：1-3-2-4-1。这种基于 2-opt 变换的算法称为 2-opt 算法。

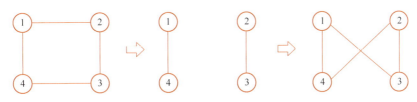

图 7-2 2-opt 变换

定义（2-opt 算法） 对旅行商问题的某一回路 l，通过 2-opt 变换生成所有新的回路 $L=\{l' \mid l' \in l \text{ 的 2-opt 变换}\}$，这些回路（包括 l）中的最优回路为 2-opt 算法得出的解，即
$$l^{2\text{opt}} = \min\ l \cup L$$

显然，$l^{2\text{opt}}$ 是对 l 进行局部最优化的结果。依据定义，2-opt 算法如算法 33 所示。在此算法中，首先找出两条没有相邻节点的边，去除这两条边，将回路 l 分成两个独立的子路径（语句 6）；之后，通过 2-opt 变换形成新的回路 l'（语句 7）；最后，将新形成的回路和目前的最优回路 l^{opt} 比较，如果总开销小，则更新 l^{opt}（语句 8～语句 10）。对于节点数为 n 的图，2-opt 算法的复杂度为 $O(n^2)$。

算法 33 2-opt 算法

1： **Input**：完全图 $G=\{V,E\}$ 的一个回路 l；
2： **Output**：局部优化后的回路 $l^{2\text{opt}}$；
3： $l^{2\text{opt}} \leftarrow l$；
4： **for** $e_{u1,u2} \in l$ **do**
5：   **for** $e_{v1,v2} \in l$ **do**
6：   **if** $e_{u1,u2}$ 和 $e_{v1,v2}$ 在 l 中有相邻的节点 **then** continue；
7： $l' \leftarrow (l-\{e_{u1,u2},e_{v1,v2}\}) \cup \{e_{u1,v1},e_{u2,v2}\}$；
8：   **if** $\text{cost}(l') < \text{cost}(l^{2\text{opt}})$ **then**
9： $l^{2\text{opt}} \leftarrow l'$；
10：   **end if**
11：   **end for**
12： **end for**
13： return $l^{2\text{opt}}$

7.2.2 3-opt 算法

3-opt 算法和 2-opt 算法相似，对回路 l，去除 3 条边，形成 3 个子路径，再通过 3 条边将这 3 个子路径连接起来，重新形成一个回路 l'。对 3 个子路径通过 3 条边连成一个回路，可以有 8 种不同的方式（包括原来的回路），如图 7-3b~i 所示。

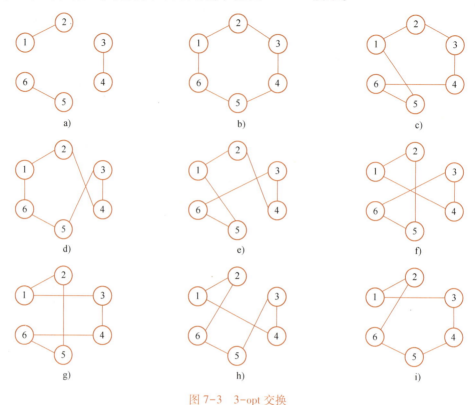

图 7-3 3-opt 交换

7.3 模拟退火

退火（Annealing）现象是指通过升高温度将固体带入液体状态，之后通过缓慢降低温度使粒子处于完美的结晶状态，这种结晶状态代表了某个能量函数的全局最小值。为了正确地进行退火，必须满足以下两个条件。首先，初始温度必须足够高以保证在液体状态时，所有粒子处于随机排列的状态。其次，随后的冷却过程必须足够慢（快速降温过程不是退火，而称为淬火），以保证粒子有时间重新排列，从而在每个温度下达到热平衡。否则，如果初始温度不够高或冷却过程太快，退火过程将导致亚稳态的非晶体而不是完美的晶体，亚稳态的非晶体并不代表能量函数最小化。

模拟退火算法基于上述过程，将最小化问题的目标函数视为退火过程的等效能量函数。通过控制参数 T（也就是"温度"）来控制搜索过程的随机性，使算法朝着最优解的方向进行搜索。当 T 较大时，算法的搜索的随机性较大，避免了算法落入局部最优解；当 T 逐渐变小，随机性减弱，算法朝着固定的方向（最优解方向）搜索。启发式算法通常需要：一是朝着优化的方向搜索，二是避免落入局部最优解。模拟退火正是通过控制 T 来实现这两个目标。

在退火过程中，对每个温度，系统都需要一定的时间来达到热平衡（Thermal Equilibrium）。在热平衡状态，当温度为 T 时，系统的状态处于能量等级 E_i 的概率 p_i 服从玻尔兹曼分布。

$$p_i = \frac{\exp\left(-\frac{E_i}{kT}\right)}{S} \tag{7-1}$$

式中，k 是玻尔兹曼常量；S 表示所有的状态。

$$S = \sum_{i=1}^{N} \exp\left(-\frac{E_i}{kT}\right) \tag{7-2}$$

式中，N 表示 T 温度下状态的个数。

基于以上的概率分布，Metropolis 等人提出了 Metropolis 准则。

定理（Metropolis 准则） 当温度为 T 时，在 t 时刻，系统处于状态 i，其能量为 E_i，在 $t+1$ 时刻，系统将随机产生新的状态 j（能量为 E_j），从状态 i 到状态 j 的转移概率 p 等于状态 j 和状态 i 的概率比值（或者是两个状态的能量之差）。

$$p = \frac{p_j}{p_i} = \exp\left(-\frac{E_j - E_i}{kT}\right) = \exp\left(-\frac{\Delta E}{kT}\right) \tag{7-3}$$

当 $p>1$ 时，即 $\Delta E<0$（状态 j 更稳定），系统恒接受状态 j 作为下一状态；当 $p\leqslant 1$ 时，即 $\Delta E \geqslant 0$，则系统就以概率 p 接受下一状态为 j。

由此可知，当状态 j 比当前状态 i 能量更高时（$\Delta E \geqslant 0$），系统接受状态 j 作为下一状态的概率取决于两方面，一是状态 j 的能量，E_j 越大，则概率 p 越小，也就是说状态越不稳定，越不容易被接受；二是温度 T，当 T 越大，则 p 也越大，也就是说温度越高，状态 j 被接受为下一状态的概率更大，随着 T 变小，接受更高能量状态作为下一状态的概率也变小，当 $T=0$ 时，不再接受更高能量的状态作为下一状态。

模拟退火算法由两个嵌套循环来实现（如算法 34 所示），外循环主要实现温度冷却功能，温度从初始值向 0 下降，直到算法收敛，此循环称为退火循环或者冷却循环；内循环模拟在给定温度下达到热平衡，因此称为热平衡循环。

算法 34 模拟退火算法

1：初始化：生成初始解 $s \leftarrow s_0$ 和初始温度 $T \leftarrow T_0$；
2：**repeat**
3：　　**repeat**
4：　　　　生成当前解 s 的一个邻近解 s'；
5：　　　　$\Delta E \leftarrow f(s') - f(s)$；　　/* f 为目标函数 */
6：　　　　**If** $\Delta E < 0$ **Then** $s \leftarrow s'$；
7：　　　　**Else**
8：　　　　　　$p \leftarrow \exp\left(-\frac{\Delta E}{kT}\right)$；
9：　　　　　　以概率 p 接受 s'
10：　　**until** 达到热平衡
11：　　$T \leftarrow g(T)$；　　　　　　/* $g(T)$ 为温度冷却函数 */
12：**until** 达到终止条件

模拟退火算法包含的主要部分有：初始温度、冷却方法、接受函数、热平衡状态、终止规则。

1. 初始温度

在模拟退火算法中，初始温度直接决定着算法搜索的范围，如果初始温度设置过低，算法的搜索范围就会被限制在一定的区域内，使得算法可能无法找到全局最优解；但如果初始温度设置过高，又会使算法在初始阶段完全处于一种随机游走的状态，显然这段时间算法执行的计算是无效计算。但因温度的选择和具体的问题相关，所以通常不存在一个通用的方法来确定初始温度，一个比较广泛采用的方法是通过多次实验来寻找一个较好的初始温度。此外，可以通过畸变函数把目标函数限制在一个较小的范围，如通过畸变函数将目标函数限制在 0~1 范围内，这样就可以设置一个较低的初始温度，因为目标函数的搜索范围不大，较低的初始温度也可实现对大部分解的探索。

2. 冷却方法

冷却方法是模拟退火算法中最关键的部分之一，前面指出，如果温度冷却得太快，退火就会变成淬炼，系统最终达不到能量最低的结晶态，也就是会落入一个局部最优点，而到不了全局最优点。另一方面，温度冷却太慢也是没有必要的，这样除了增加计算量，并不能带来额外的收益。最简单的冷却为线性冷却。

$$T_i = T_0 - i\alpha \tag{7-4}$$

式中，α 代表了每次冷却的步长。这种冷却的缺点是每次降低的温度是一样的，但显然，当温度为 100℃时，降低 1℃，和当温度为 10℃时，降低 1℃，对系统的影响是不同的。所以我们更希望采用几何递减的方式来冷却温度。

$$T_i = \alpha^k T_0 \tag{7-5}$$

式中，α 代表了每次冷却的系数，其取值小于 1，但接近 1，通常介于 0.8~0.99。在指数冷却的基础上，人们又提出了对数冷却的方法。

$$T_i = \frac{\alpha T_0}{\ln(1+k)} \tag{7-6}$$

对数冷却通常冷却较慢，为了加快冷却速度，可以将 α 设置得较小，如小于等于 1。实际中，也可以采用指数冷却的方式。

$$T_i = \exp(-\alpha k^{1/N}) T_0 \tag{7-7}$$

式中，N 为模型空间的维度。这种冷却方式在开始时较快，但随着温度的降低，冷却会逐渐变慢。几何冷却、对数冷却、指数冷却三种方法温度下降的关系如图 7-4 所示。

3. 接受函数

模拟退火算法对新解（对当前解的扰动产生新解）的接受是完全遵循 Metropolis 准则的。也就是新解比当前解好（目标函数更小），则必然接受新解。否则按照式（7-3）计算接受概率，并以此概率来接受新解。

4. 热平衡状态

内循环需要执行一定的迭代次数来达到热平衡状态。通常，这个次数的设定和邻近解的个数成正比，如当前解为 x，当前解的邻近解个数为 $N(x)$，则迭代次数可以设置成 $\alpha N(x)$。如果对于任意的 x，$N(x)$ 是一个固定的数值，则可以静态设置内循环的次数，否则就需要动态地依据 $N(x)$ 来设置循环次数。此外，在实际中，通常会用一种非常简单的内循环次数设置，即内循环设置成 1 次，也就是说，每做一次新解的选择，温度就下降一次，如此，嵌套

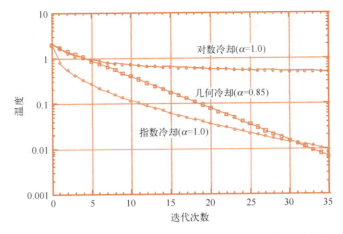

图 7-4 几何冷却、对数冷却、指数冷却三种方法温度下降的关系

循环变成了单循环。此时,需要将温度的下降设置得更缓和。

5. 终止规则

理论上,算法应该执行到 $T=0$ 时,算法终止。但在实际过程中,当温度很低时,算法的执行对结果的优化微乎其微,所以可以提前终止算法,如当前解的目标函数和上一时刻解的目标函数相差小于一个阈值。

例 7.3.1 通过模拟退火算法,求解 $f(x)=x^3-60x^2+900x+100$。提示:用 5 比特二进制来表示 x,通过对解 x 的某个比特进行翻转,实现对 x 的扰动,从而产生新的解。注:此问题的最优解为 $x=10(01010)$,此时 $f(x)=4100$。

解: 测试两种场景:初始温度设置为 500 和初始温度设置为 100。温度冷却采用几何冷却方式 $T=0.9T$。初始 x 随机选择,如选择 $x=19$,此时 $f(x)=2399$。算法运行过程中,保留当前最优解。因是最大化问题,在算法中需要将目标函数设置为 $g(x)=-f(x)$。

在第一种场景中,算法找到了全局最优解,求解过程如图 7-5a 所示,但第二个场景因初始温度设置太低,算法陷入了局部最优解,求解过程如图 7-5b 所示。这个例子也展示了初始温度设置对算法的重要性。

● 第一个场景:$T=500$,初始解为 10011

T	翻转	解	f	Δf	是否接受	新解
500	1	00011	2287	112	Yes	00011
450	3	00111	3803	<0	Yes	00111
405	5	00110	3556	247	Yes	00110
364.5	2	01110	3684	<0	Yes	01110
328	4	01100	3998	<0	Yes	01100
295.2	3	01000	3972	16	Yes	01000
265.7	4	01010	**4100**	<0	Yes	01010
239.1	5	01011	4071	29	Yes	01011
215.2	1	11011	343	3728	No	01011

a)

图 7-5 模拟退火例子

● 第二个场景：T=100，初始解为10011

T	翻转	解	f	Δf	是否接受	新解
100	1	00011	2287	112	No	10011
90	3	10111	1227	1172	No	10011
81	5	10010	2692	<0	Yes	10010
72.9	2	11010	516	2176	No	10010
65.6	4	10000	**3236**	<0	Yes	10000
59	3	10100	2100	1136	Yes	10000

b)

图 7-5　模拟退火例子（续）

例 7.3.2　写出模拟退火算法求解旅行商问题的伪代码。

解：将模拟退火算法的伪代码 34 修改成算法 35。这里，每做一次邻近解的搜索，温度就下降一次（所以只用一个循环），所以 α 需要设置成接近 1（如 0.99）。邻近解的搜索通过随机交换两个城市实现，也可以随机交换多个城市（如 3 个或者 4 个）。算法还设置了一个最低温度 $T_{\min}$ 用来终止循环。

算法 35　旅行商问题模拟退火算法

1：输入：图 G，初始温度 T，最小温度 $T_{\min}$，降温系数 α；
2：输出：图 G 的旅行商回路；
3：初始化：对所有的城市进行随机排序，生成初始解 s；
4：**repeat**
5：　　$s' \leftarrow$ 随机交换 s 中两个城市的顺序；　　/* 产生邻近解 */
6：　　$\Delta E \leftarrow f(s') - f(s)$；　　　　　　　　/* f 为计算回路的总代价函数 */
7：　　**If** $\Delta E < 0$ **Then** $s \leftarrow s'$；
8：　　**Else**
9：　　　　$p \leftarrow \exp\left(-\dfrac{\Delta E}{kT}\right)$；
10：　　以概率 p 接收 $s \leftarrow s'$；
11：　　**If** $f^{\text{opt}} > f(s)$ **Then** $f^{\text{opt}} \leftarrow f(s)$；
12：　　$T \leftarrow \alpha T$；
13：**until** $T \geqslant T_{\min}$

7.4　禁忌搜索（Tabu Search）

扫码看视频

在模拟退火算法中，算法每次探索一个邻近解，如旅行商问题，通过交换两个城市来得出一个新的解，之后再决定接不接受这个解。禁忌搜索采用类似的策略，但禁忌搜索做了优化，算法每次探索时，会计算出一些邻近解，之后从这些邻近解中选取一个最好的解。同样，为了避免落入局部最优解，算法通常需要接受这个选取的最好解，即使这个解还不如当前解。但这样会产生另外一种陷阱，称之为循环陷阱，如当前解 x 为某个局部最优解，x 的邻近解中没有比 x 更优的解，算法选择一个邻近解中的最好解 x' 作为当前解，之后，算法从当前解 x' 的邻近解中重新选取最好解 x，这样，算法落入了 x 和 x' 的循环选择，陷入循环陷阱。为了解决此问题，禁忌搜索采用了一种灵活的"记忆"技术，对已经进行的优化过程进行记录，指导下一步解的探索。具体讲解算法前，先定义几个概念。
- 候选域：因在规模稍大一点的问题中，当前解的邻域空间太大，要在所有的邻域解中选取一个最好解，复杂度太高。所以算法通常只选取部分邻域中的解，组成了候选域，再在候选域中选取一个最好的解。
- 禁忌表："记忆"的具体实现，禁忌表用来存放那些刚刚执行过的操作，那些被放入禁忌表的操作被称为禁忌对象，一旦操作被禁忌，算法通常就不能再执行相应的操作，以避免陷入循环陷阱。禁忌表有固定的长度 t，也就是禁忌表最多能放入 t 个禁忌对象。通常算法每做一次迭代（搜索），就会在禁忌表中放入一个禁忌对象，如果禁忌表满了，就要删除对象，删除操作依照先进先出的原则执行。所以，禁忌对象并不是永远被禁忌，而是最多被禁忌 t 轮，t 轮以后，对象被解禁。
- 特赦规则：在禁忌搜索算法的迭代过程中，会出现候选集中的全部对象都被禁忌，或有一对象被禁，但若解禁则目标函数值会有非常大的提高。此时，为了达到全局最优，让一些禁忌对象重新可选。这种方法称为特赦，相应的规则称为特赦规则。

禁忌搜索算法主要有以下步骤：
1) 初始化：对禁忌表和初始解进行初始化。
2) 生成当前解的一个候选域，并在候选域中选取一个最好的解。
3) 如果此解没有被禁忌表禁忌，则设置为当前解，否则，考察此解是否符合特赦规则，如果是，设置为当前解，如果不是，则在剩余的候选集中选择一个可行的最好解。
4) 重复步骤 2) 和步骤 3)，直到满足终止条件。

依据以上流程，禁忌搜索的伪代码如算法 36 所示。注意，为了避免 go to 语句（语句 11）陷入死循环，当候选集中的全部对象都被禁忌时，特赦规则必须能够特赦其中的一个解。

算法 36 禁忌搜索算法

1：初始化：禁忌表 $H = \emptyset$，并随机生成初始解 x；
2：**repeat**
3：　　$CN(x) \leftarrow$ 在 x 的邻域 $N(x)$ 中选择部分解；　　　　/* 产生候选域 */
4：　　$x' \leftarrow$ 在 $CN(x)$ 中选取一个使目标函数最小的解；　　/* 如果是最大化问题，就选取使目标函数最大的解 */
5：　　**if** x' 不被禁忌 **then**
6：　　　　$x \leftarrow x'$；
7：　　**else**
8：　　　　**if** x' 满足特赦规则 **then**
9：　　　　　　$x \leftarrow x'$；
10：　　　　**else**
11：　　　　　　$CN(x) \leftarrow CN(x) - \{x'\}$，go to 4；
12：　　　　**end if**
13：　　**end if**
14：　　**if** $f^{opt} > f(x)$ **then** $f^{opt} \leftarrow f(x)$；
15：**until** 满足终止条件

例 用禁忌搜索求解图 7-6 的旅行商问题。

解：算法通过随机交换两个城市作为扰动（动作），并将候选域的大小设置为 3，同时将禁忌表的大小也设置为 3。设置特赦规则为：如果候选域中最好解被禁忌表禁忌，但此解优于当前最优解，则可以解除禁忌。

1) 随机选择一个城市序列：2-1-5-4-3-2，路径长度 889。

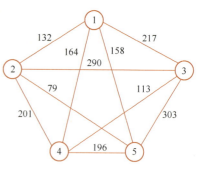

图 7-6 旅行商问题

2) 随机产生 3 个动作，分别是交换 1↔5、1↔5（可以产生相同的扰动）、3↔4，其产生的城市序列和回路长度见表 7-1。此时禁忌表为空，所以选取候选域中的最好解 $x=25143$，其形成的回路长度为 804，更新当前最优解 $x^*=25143$，最优值为 $f^*=804$。因为这个解是通过动作 1↔5 得到，所以将动作 5↔1 作为禁忌对象，加入到禁忌表中，更新后见表 7-2。

表 7-1 候选域表 1

交换城市	城市序列	回路长度
1↔5	25143	804
1↔5	25143	804
3↔4	21534	907

表 7-2 禁忌表 1

编号	禁忌对象
1	5↔1

3) 继续随机产生 3 个动作，分别是交换 5↔4、1↔4、5↔1，其产生的城市序列和回路长度见表 7-3，其中交换 5↔1 产生的城市序列是最优的，但是这个动作是被禁忌的且不符合特赦规则。所以只能取次优的城市序列作为当前解 $x=25413$，其形成的回路长度为 928，当前最优解依然为 $x^*=25143$，最优值为 $f^*=804$。同时将动作 4↔1 作为禁忌对象，加入到禁忌表中，更新后见表 7-4。

表 7-3 候选域表 2

交换城市	城市序列	回路长度
5↔4	24153	1098
1↔4	25413	928
5↔1	21543	889

表 7-4 禁忌表 2

编号	禁忌对象
1	4↔1
2	5↔1

4) 继续随机产生 3 个动作，分别是交换 5↔1、5↔4、5↔3，其产生的城市序列和回路长度见表 7-5，其中交换 5↔3 产生的城市序列是最优的，此动作没有禁忌。选择相应的城市序列作为当前解 $x=23415$，其形成的回路长度为 786，当前最优解更新为 $x^*=23415$，最优值为 $f^*=786$。同时将动作 3↔5 作为禁忌对象，加入到禁忌表中，更新后见表 7-6。

表 7-5 候选域表 3

交换城市	城市序列	回路长度
5↔1	21453	1085
5↔4	24513	1062
5↔3	23415	786

表 7-6 禁忌表 3

编号	禁忌对象
1	3↔5
2	4↔1
3	5↔1

5）继续随机产生 3 个动作，分别是交换 4↔1，3↔4，2↔3，其产生的城市序列和回路长度见表 7-7，其中交换 3↔4 产生的城市序列是最优的，此动作不被禁忌。选择该城市序列作为当前解 $x=24315$，其形成的回路长度为 768，当前最优解更新为 $x^*=24315$，最优值为 $f^*=768$。同时将动作 4↔3 作为禁忌对象，加入到禁忌表中，更新后见表 7-8。

表 7-7　候选域表 4

交换城市	城市序列	回路长度
4↔1	23145	946
3↔4	24315	768
2↔3	32415	1098

表 7-8　禁忌表 4

编号	禁忌对象
1	4↔3
2	3↔5
3	4↔1

6）继续随机产生 3 个动作，分别是交换 4↔5，4↔1，1↔5，其产生的城市序列和回路长度见表 7-9，其中交换 4↔1 产生的城市序列是最优的，此动作被禁忌，但此动作产生的回路要小于当前最优解，也就是满足特赦规则。选择该城市序列作为当前解 $x=21345$，其形成的回路长度为 737，当前最优解更新为 $x^*=21345$，最优值为 $f^*=737$。同时将动作 1↔4 作为禁忌对象，加入到禁忌表中，更新后见表 7-10。

表 7-9　候选域表 5

交换城市	城市序列	回路长度
4↔5	25314	964
4↔1	21345	737
1↔5	24351	907

表 7-10　禁忌表 5

编号	禁忌对象
1	1↔4
2	4↔3
3	3↔5

迭代 5 次，找到问题的最优解为 $x^*=21345$，最优值为 $f^*=737$。

7.5　蚁群算法

蚁群算法是一种用来寻找优化路径的概率型算法。它由 Dorigo 于 1992 年在他的博士论文中提出，其灵感来源于蚂蚁在寻找食物过程中发现路径的行为。蚁群系统（Ant System）是由意大利学者 Dorigo、Maniezzo 等人于 20 世纪 90 年代首先提出的。他们在观察蚂蚁觅食的过程中发现，虽然蚂蚁几乎是没有视力的，但它们却总能够找到一条蚁穴和食物之间的最短路径。这引起了研究人员的极大兴趣：为什么蚂蚁这种"看起来很低等的"动物，在群体上能够表现出这种智能的行为？经过研究发现，在觅食过程中，蚂蚁会在它所经过的路径上留下一种称之为信息素（Pheromone）的物质，而蚂蚁不仅能感知路径上是否存在信息素，且能辨别信息素的浓度。所有的蚂蚁都更加倾向于沿着信息素浓度高的路径上行走，而每只路过的蚂蚁又会在路上留下信息素，这就形成一种类似正反馈的机制：某一路径上走过的蚂蚁越多，后面的蚂蚁选择该路径的概率就越大，所以质量好、距离近的食物源会吸引越来越多的蚂蚁，信息素浓度的增长速度会更快，蚂蚁个体之间正是通过这种信息的交流找到蚁穴和食物之间的最短路径。

下面通过一个例子来说明上面的现象。在图 7-7a 中，路径 D-H、H-B 的长度为 1 个单位，路径 D-C、C-B 的长度为 0.5 个单位，1 个单位的长度需要耗费蚂蚁 1 个单位的时间去

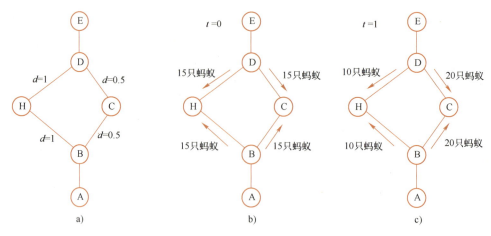

图 7-7 蚁群例子

a) 蚂蚁从 A 出发到 E，以及从 E 出发到 A　b) $t=0$ 时刻蚂蚁分布　c) $t=1$ 时刻蚂蚁分布

爬行。在 $t=0$ 时刻，来自 E 的 30 只蚂蚁位于 D，向 A 方向爬行；来自 A 的 30 只蚂蚁位于 B，向 E 方向爬行。假设在 $t=0$ 时刻（见图 7-7b）所有路径上的信息素为 0，所有的蚂蚁以相同的概率选择路径进行爬行，并留下相同的信息素。则在 $t=1$ 时刻，从 D 出发的 15 只蚂蚁在路径 D-H 留下 15 个单位的信息素（这 15 只蚂蚁在 $t=1$ 时刻到达 H），从 B 出发的 15 只蚂蚁在路径 H-B 留下 15 个单位的信息素（这 15 只蚂蚁在 $t=1$ 时刻也到达 H）；同时路径 D-C 和 C-B 都有 30 个单位的信息素，分别由 15 只来自 D 和 15 只来自 B 的蚂蚁留下。

在 $t=1$ 时刻（见图 7-7c），假设又有 30 只新的蚂蚁分别位于 B 和 D，并分别向 E 和 A 爬行。依据路径上的信息素，位于 B 的 30 只蚂蚁，将以 1/3 的概率选择路径 H-B，而以 2/3 的概率选择路径 C-B，因此，10 只蚂蚁将通过路径 H-B 向 E 爬行，而 20 只蚂蚁将通过路径 C-B 向 E 爬行，而位于 D 的 30 只蚂蚁也做出了相同的选择。假设之前的信息素会在蚂蚁做出选择后消失，那么经过这第二轮的 60 只蚂蚁爬行，路径 D-H、H-B 留下的信息素为 10，而路径 D-C、C-B 留下的信息素为 40。以上流程重复执行，最终所有的蚂蚁都会沿着 D-C-B 这条短路径爬行。

基于以上发现，人们设计了蚁群算法，在蚁群算法中最关键的一点是蚂蚁对路径的选择。假设一只蚂蚁从某一点出发，存在 m 条路径可供选择，为了扩大对解的探索访问（避免落入局部最优解），蚂蚁并不是简单地选择信息素浓度最大的路径，而是以一定的概率选择不同的路径，按照上面的描述，这个概率正比于信息素浓度。同时，算法在路径选择概率中加入路径信息（尽管蚂蚁看不到路径信息，如长度，但算法是可以获取这个信息的）。最终，可以得到路径选择概率为

$$p_i = \frac{\tau_i^\alpha \eta_i^\beta}{\sum_{j=1}^m \tau_j^\alpha \eta_j^\beta} \tag{7-8}$$

式中，τ_i 表示第 i 条路径的信息素浓度；η_i 表示第 i 条路径的路径信息，通常用此路径长度的倒数来描述 $\eta_i = \frac{1}{d_i}$，路径越短，选择此路径的概率越大；α 和 β 这两个参数用于对控制信息素浓度和路径信息在选择概率中的贡献度。

信息素浓度的更新主要来自两方面，一是信息素的挥发，二是新留下的信息素，所以可

得第 i 条路径上的信息素更新公式为

$$\tau_i = (1-\rho)\tau_i + \Delta\tau_i \tag{7-9}$$

式中，ρ 代表信息素的挥发率；$\Delta\tau_i$ 表示新增加的信息素。

基于以上蚁群最短路径思想，人们设计出多种蚁群算法，其中比较重要的有基础蚁群算法（Ant System，AS）、蚁群系统（Ant Colony System，ACS），最大-最小蚁群系统（MAX-MIN Ant System，MMAS）。

7.5.1 基础蚁群算法

基础蚁群算法是针对旅行商问题提出的。设在旅行商问题中共有 n 个城市，m 只蚂蚁开始时被随机放在各个城市，蚂蚁的旅行时间被离散化，即在 t 时刻蚂蚁在某个城市，那么在 $t+1$ 时刻蚂蚁移动到下一个城市。蚂蚁依据路径选择概率（或称状态转移概率）来选择下一个要访问的城市，对式（7-8）稍作修改，就可以得出 t 时刻，位于城市 i 的一只蚂蚁（设为蚂蚁 k）访问下一个城市 j 的概率。

$$p_{ij}^k(t) = \begin{cases} \dfrac{(\tau_{ij}(t))^\alpha (\eta_{ij}(t))^\beta}{\sum\limits_{l \in 未被访问的城市}(\tau_{il}(t))^\alpha (\eta_{il}(t))^\beta}, & j \in 未被访问的城市 \\ 0, & 其他 \end{cases} \tag{7-10}$$

在基础蚁群算法中，对城市间路径上信息素的更新是在蚂蚁访问完所有城市后（完成旅行商回路）执行的，也就是说，如果 t 时刻信息素更新了，下一次更新就是 $t+n$ 时刻，而这期间信息素是不改变的。基于式（7-9），$t+n$ 时刻城市 i 和城市 j 间路径的信息素更新为

$$\tau_{ij}(t+n) = (1-\rho)\tau_{ij}(t) + \Delta\tau_{ij} \tag{7-11}$$

式中，第一项是剩余（没有挥发掉）的信息素；第二项是所有 m 只蚂蚁在城市 i 和城市 j 间新留下的信息素，即

$$\Delta\tau_{ij} = \sum_{k=1}^m \Delta\tau_{ij}^k$$

当蚂蚁完成一次旅行商回路后，其在经过的路径上留下相同的信息素且和经过的回路成反比，则蚂蚁 k 在城市 i 和城市 j 路径上留下的信息素为

$$\Delta\tau_{ij}^k = \begin{cases} \dfrac{Q}{L^k}, & 蚂蚁经过城市 i 和城市 j 的路径 \\ 0, & 其他 \end{cases} \tag{7-12}$$

式中，Q 为常量；L^k 为第 k 只蚂蚁在此次更新中经由的旅行商回路总长。

基础蚁群算法如算法 37 所示，在此算法中，List^k 记录了第 k 只蚂蚁已经访问过的城市，那么下一次要访问的城市就必须从非 List^k 的城市中选取。

1）算法首先（语句 5~语句 6）随机地将蚂蚁放置在不同的城市，并将这些初始城市记录在 List 表中。

2）在 while 语句（语句 7~语句 14）中，变量 s 用于判断蚂蚁是否完成一次旅行商回路，之后整个回路存储在 List 表中。

3）For 循环（语句 15~语句 18），计算每只蚂蚁完成的旅行商回路的长度，并将最短的旅行商回路记录下来。

4）For 循环（语句 19~语句 25），每当完成一次旅行商回路，更新所有路径（所有边）

的信息素。

5）当总体循环次数达到预设次数或者系统收敛（所有蚂蚁选择相同的回路）时，算法结束。

算法 37 基础蚁群算法

1: **Input**：旅行商图 $G=(V,E)$，蚂蚁个数 m，α，β，ρ，Q，$\text{Iter}_{\max}$；
2: **Output**：旅行商回路；
3: 初始化：$\tau_{ij}=0$；$\eta_{ij}=1/e_{ij}$；$s=1$；$\text{List}^k[1,2,\cdots,n]=\text{Null}$，$\forall k$；
4: **repeat**
5:     将 m 只蚂蚁随机地放在不同的城市；
6:     $\text{List}^k[s] \leftarrow$ 第 k 只蚂蚁所在的城市，$\forall k$；
7:     **while** $s \leqslant n$ **do**   /* $n=|V|$ 城市个数 */
8:         **for** $k=1$ **to** m **do**
9:             $i \leftarrow \text{List}^k[s]$；   /* 获取蚂蚁 k 所在当前城市 */
10:            依据式(7-10)获取下一个城市 j；
11:            $\text{List}^k[s+1] \leftarrow j$；   /* 将城市 j 插入蚂蚁 k 的 List */
12:         **end for**
13:         $s \leftarrow s+1$；
14:     **end while**
15:     **for** $k=1$ **to** m **do**
16:         $L^k \leftarrow$ 计算第 k 只蚂蚁的旅行商回路长度；
17:         如果 L^k 小于当前最短回路，则更新当前最短回路；
18:     **end for**
19:     **for** $e_{ij} \in E$ **do**
20:         **for** $k=1$ **to** m **do**
21:             按照式(7-12)更新 $\Delta\tau_{ij}^k$；
22:             $\Delta\tau_{ij} = \Delta\tau_{ij} + \Delta\tau_{ij}^k$；
23:         **end for**
24:         按照式(7-11)更新 e_{ij} 信息素 τ_{ij}；
25:     **end for**
26:     $\text{Iter} \leftarrow \text{Iter}+1$，$s \leftarrow 1$，$\Delta\tau_{ij} \leftarrow 0$，$\forall i,j$；
27: **until** $\text{Iter} \geqslant \text{Iter}_{\max}$ or convergence
28: **return** 当前最短回路；

7.5.2 蚁群系统

蚁群系统是对基础蚁群算法的改进，其改进主要体现在以下两方面：

1) 在路径选择中采用了利用（Exploitation）和探索（Exploration）相结合的方法[⊖]。利用目前最优路径作为蚂蚁的爬行路径，也就是利用了前期的学习成果，以便对已经得出的最优路径进一步优化；探索是基础蚁群算法中采用的方案，即以一定的概率来选择不同的路径，以便跳出局部最优解。

2) 信息素的更新采用了全局更新和局部更新相结合的方案，全局更新是所有的蚂蚁完成一次旅行商回路后进行更新；而局部更新是蚂蚁每移动一次需要做出的更新。

算法 38 给出了蚁群系统算法。其中语句 4 依照路径选择方法选择一条路径，蚁群系统的路径选择结合了利用和探索，即系统设定一个介于$(0,1)$之间的值q_0，在选择路径时，选择一个随机数 rand $\in [0,1]$，当这个随机数 rand $\leqslant q_0$ 时，蚂蚁选择目前的最优路径，如一只蚂蚁目前位于城市 i，选择下一个城市 j，使得两城市间的路径 l_{ij} 为

$$l_{ij} = \underset{j \in \text{还未被访问的城市}}{\arg\max} \{\tau_{ij}(t)(\eta_{ij}(t))^{\beta}\} \tag{7-13}$$

以上方式利用了系统目前得到的最优路径。当 rand$>q_0$ 时，系统采用了探索策略，同基础蚁群算法，按照概率的方式选择路径。算法 39 给出了路径选择方法。

算法 38　蚁群系统算法

1：**repeat**
2：　　将蚂蚁随机地放在不同的城市；
3：　　**while** 蚂蚁还未完成旅行商回路 **do**
4：　　　　按照路径选择方法选择一条路径，并执行一次移动；
5：　　　　执行信息素的局部更新；
6：　　**end while**
7：　　执行信息素的全局更新；
8：**until** 最大迭代次数或者系统收敛

算法 39　蚁群系统算法-路径选择方法

1：**Input**: q_0;
2：rand ← Random(0, 1);
3：**if** rand $\leqslant q_0$ **then**　　　　　　　　　　/* 利用 */
4：　　按照式(7-13)选择路径；
5：**else**　　　　　　　　　　　　　　　　　　　/* 探索 */
6：　　按照式(7-10)选择路径；
7：**end if**

算法 38 的语句 5 进行信息素的局部更新，局部更新是蚂蚁完成一次移动后执行，其基本公式如下：

$$\tau_{ij} = (1-\rho)\tau_{ij} + \rho\Delta\tau_{ij} \tag{7-14}$$

⊖　这也是强化学习中的方法。

式中，$\Delta\tau_{ij}$ 的定义可以有多种方式，如赋予一个固定的值（初始值）$\Delta\tau_{ij}=\tau_0$，或者令 $\Delta\tau_{ij}=\gamma\max_k\tau_{jk}$，此公式中 γ 为系数，$\max_k\tau_{jk}$ 是下一次经过的路径上信息素的最大值，代入式（7-14）可得

$$\tau_{ij}=\tau_{ij}+\rho(\gamma\max_k\tau_{jk}-\tau_{ij}) \tag{7-15}$$

式（7-15）和机器学习中 Q-learning 相似，表明了路径选择不仅仅和当前的路径信息素相关，和后面路径上的信息素也相关。

算法 37 的语句 7 进行信息素的全局更新，类似于基础蚁群算法，全局更新是在所有的蚂蚁完成了旅行商回路后执行，但不同的是，全局更新仅仅对目前的最优回路上的路径（边）进行信息素的添加，而其他路径的信息素只会挥发，没有增加。对连接城市 i 和城市 j 的路径 l_{ij} 上的信息素 τ_{ij} 的更新公式为

$$\tau_{ij}=(1-\alpha)\tau_{ij}+\alpha\Delta\tau_{ij} \tag{7-16}$$

式中，

$$\Delta\tau_{ij}=\begin{cases}1/L^{\text{opt}}, & l_{ij}\in L^{\text{opt}}\\ 0, & \text{其他}\end{cases}$$

L^{opt} 是当前最优回路。

7.5.3 最大-最小蚁群系统

最大-最小蚁群系统也是对基础蚁群系统的改进，其提出的时间要稍早于蚁群系统。最大-最小蚁群系统主要对基础蚁群系统进行了三个方面的改进。

1）同基础蚁群系统，信息素的更新是在完成旅行商回路后才进行更新，但更新采用了类似蚁群系统的方式，即只对最优旅行商回路上的信息素进行添加，将基础蚁群算法信息素更新公式（7-11）的第二项略作调整

$$\tau_{ij}(t+n)=(1-\rho)\tau_{ij}(t)+\Delta\tau_{ij} \tag{7-17}$$

式中，

$$\Delta\tau_{ij}=\begin{cases}1/L^{\text{opt}}, & l_{ij}\in L^{\text{opt}}\\ 0, & \text{其他}\end{cases}$$

最优回路 L^{opt} 在最大-最小蚁群系统中有两种方式，一是当前循环得出的最优旅行商回路，二是目前为止得出的最优旅行商回路。

2）定义了所有路径上信息素的上限（$\tau_{\max}$）和下限（$\tau_{\min}$），当路径 l_{ij} 上的信息素 τ_{ij} 大于 $\tau_{\max}$ 时，$\tau_{ij}\leftarrow\tau_{\max}$；当路径 l_{ij} 上的信息素 τ_{ij} 小于 $\tau_{\min}$ 时，$\tau_{ij}\leftarrow\tau_{\min}$。

3）初始化时，最大-最小蚁群系统将所有路径的信息素都初始化为 $\tau_{\max}$，因每轮迭代只更新最优回路上的信息素，其他路径的信息素都会减少。

最大-最小蚁群系统对基础蚁群系统最大的变化是设定了信息素的上限和下限。将每条路径上的信息素限定在一定的范围内有利于对所有的路径进行探索，避免算法过快地落入局部最优解。上限 $\tau_{\max}$ 的定义可以直接通过式（7-17）获得。令式（7-17）中的 $\tau_{ij}(t+n)$ 和 $\tau_{ij}(t)$ 都取 $\tau_{\max}$（最优回路的信息素通过一轮迭代后依然保持最大信息素），得

$$\tau_{\max}=\frac{1}{\rho}\frac{1}{L^{\text{opt}}} \tag{7-18}$$

因为 L^{opt} 代表本循环的最优回路或者当前最优回路，所以其是可变的。在理想的情况

下，算法收敛时，最优回路路径上的信息素都为 τ_{max}，非最优回路的信息素为 τ_{min}。此时，从某一城市出发，选择最优路径的概率 p^*（只考虑信息素因素，不考虑路径长度因素）。

$$p^* = \frac{\tau_{max}}{\tau_{max} + \sum \tau_{min}} \tag{7-19}$$

设从某一城市出发，期望的可选择城市的个数为 $\bar{n}$，则可得

$$\tau_{min} = \frac{\tau_{max}(1-p^*)}{\bar{n}p^*} \tag{7-20}$$

因为，回路的第 1 个城市可选择 $n-1$ 个城市作为下一城市，第 2 个城市可选择 $n-2$ 个城市，以此类推，所以，可简单地设置 $\bar{n}$ 为 $\frac{n}{2}$。概率 p^* 可由算法收敛时，得出最优回路的概率来确定。假设算法收敛时，算法得出最优回路的概率为 p^{OPT}，则（回路需要进行 $n-1$ 次路径选择）

$$(p^*)^{n-1} = p^{OPT} \Rightarrow p^* = \sqrt[n-1]{p^{OPT}} \tag{7-21}$$

7.6 遗传算法

扫码看视频

在定义什么是遗传算法前，本节先讲解一个有趣的例子，这个例子最早发表于科学松鼠会○的一篇文章"遗传算法：内存中的进化"，有兴趣的读者可以搜索原文，这里只做简单的介绍（为了容易理解，这里稍作改动）。

一群扇贝在海边生活繁衍，但海边的渔民会捕捞扇贝，而这些渔民的家族图腾是火狐（Firefox）的图标（或者其他任意一个图标都行）所以渔民总是选择那些贝壳花纹长得比较不像火狐图标的扇贝，长此以往，扇贝的贝壳花纹都会演化成很像火狐图标。

这个演化过程可以被遗传算法形象地描绘出来。生物演化过程中，染色体上的基因起着关键的作用，同样，扇贝的贝壳花纹是由相应染色体上的基因决定的。为此，需要在遗传算法中定义染色体，因为这是个图案的例子，所以可以简单地把花纹图案的像素值定义为基因，而整个图案的基因就构成了一个染色体，假设图案是由 4×4 的像素组成，如图 7-8a 所示，则可以将染色体定义为图 7-8b，其中每个格子代表一个基因，也就是对应图中的像素。

图 7-8 扇贝染色体

○ 科学松鼠会，一个民间科普组织，但因为各种原因该网站已关闭。

在一代代演化的过程中,父母扇贝的基因组合产生新扇贝,所以遗传算法会选择两个原有的扇贝,然后对这两个扇贝的染色体进行随机交叉形成新的扇贝,如图7-9所示。

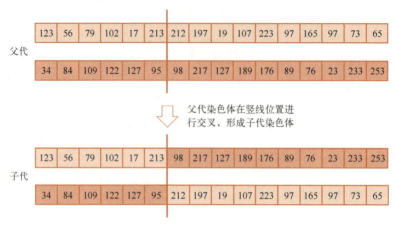

图7-9 扇贝染色体交叉

迭代演化也会造成基因突变,遗传算法让新产生扇贝的基因以较小的概率发生变异。也就是说,染色体的像素值随机改变,如图7-10所示。

图7-10 扇贝染色体变异

为了使扇贝的花纹向火狐图标演化,需要对每代扇贝进行选择,也就是前面提到的渔民的行为:每代中那些不怎么像火狐的扇贝被淘汰了,留下像火狐的扇贝。遗传算法是怎么去判断扇贝像不像火狐?最直接的方法就是对扇贝像素值和火狐图标进行逐一比较,颜色相差得越大表示越不像。这个评价函数叫作"适应度函数",它负责评价扇贝和火狐的相似程度。

遗传算法通常需要保持每代扇贝个数的稳定性,如每代扇贝的个数都保持 n 个,为此,可以通过父代的 n 个扇贝生成 n 个子代的扇贝,再从这 $n+n$ 个扇贝中选择 n 个扇贝(淘汰不怎么像 Firefox 的 n 个扇贝)作为新一代扇贝;也可以直接用父代生成 $2n$ 个子代,再选出 n 个较好的扇贝。

遗传算法应该在什么时候停止?通常设置两个条件,一是迭代演化的次数达到预先设定的值;二是相邻两代间扇贝已没有明显的差异。图7-11按照遗传算法展示了扇贝演化过程,其中每500次演进就保存一次图片。

7.6.1 遗传算法概念和流程

1. 遗传算法概念

定义7.6.1 遗传算法(Genetic Algorithm)是模拟达尔文生物进化论中自然选择和生物

图 7-11 扇贝演化

进化的计算模型,通过模拟自然进化过程来搜索最优解的方法。遗传算法首先依据某种方式(通常是随机)生成一组候选解,之后,候选解中的个体通过交叉和变异产生新的解群,再在这个解群中选取较优个体产生新一代的候选解,重复此过程,直到满足某种收敛指标为止。

下面对遗传算法涉及的相关术语结合扇贝例子,进行详细的定义和解释。

定义 7.6.2[种群(Population)] 候选解的集合,遗传算法正是通过种群的迭代进化,实现最优解或者近似最优解。

定义 7.6.3[个体(Individual)] 一个个体对应一个解,也就是构成种群的基本单元。在遗传算法中,需要把一个解构造成**染色体**(chromosome)的形式,如同在扇贝例子中,通过图 7-8b 的染色体来表示一个扇贝花纹图案,这个过程也被称为**编码**。而当算法结束时,需要把最优的染色体还原成最优解,这个过程称为**解码**。

定义 7.6.4[基因(Gene)] 染色体是由基因组成的,所以把组成遗传算法染色体(个体)的基本部分称为基因。

基因的选择可以多种多样,比如在扇贝例子中,我们用像素作为基因,但实际上扇贝例子的原文是用不同的三角形块作为基因,通过不同三角形块的叠加形成火狐图案。在实际中,遗传算法广泛用到的一种基因是 0、1 比特,0、1 比特基因形成的染色体是一个二进制串。

定义 7.6.5[交叉(Crossover)] 交叉是将两个父代个体的部分基因进行交换,从而形成两个新的个体。

最简单的交叉如扇贝例子,在染色体上寻找一个点,然后进行相互交叉,这种交叉称为单点交叉(One-Point Crossover)。除了单点交叉,交叉操作还包括:

- 多点交叉(Multi-Point Crossover):比较常用的是两点交叉,即在个体编码串中随机设置了两个交叉点,对这两个交叉点包含的部分进行交换;多点交叉则设置多个交叉点,然后依据隔一个交叉点进行编码片段交叉的原则进行交叉。

  无论是单点交叉还是多点交叉,显然交叉点起着关键的作用,不同的交叉点会带来完全不同的交叉结果,因交叉点的选择是按照一定概率分布的,所以这两种交叉都会带来所谓的分布偏见（Distributional Bias）。而均匀交叉和洗牌交叉可以消除这种偏见。
- 均匀交叉（Uniform Crossover）：设置一个概率 p，父代的每个基因以此概率进行交叉[⊖]，显然这里消除了交叉点，也就不存在交叉点选择的概率分布偏见。另外均匀交叉可以通过屏蔽字的方式实现。屏蔽字为随机生成 $\{0,1\}$ 位串，其长度与个体相等，父代个体通过屏蔽字生成子代个体，在屏蔽字"0"比特位上，父代个体 1 和父代个体 2 上的基因分别由子代个体 1 和子代个体 2 继承；在屏蔽字"1"比特位上，父代个体 1 和父代个体 2 上的基因进行交叉，如图 7-12 所示。屏蔽字中"1"比特的生成概率就是均匀交叉中的概率 p。

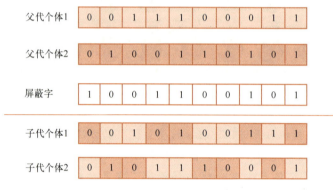

图 7-12　均匀交叉

- 洗牌交叉（Shuffle Crossover）：在交叉之前，先对父代个体进行洗牌运算（随机打乱基因），然后通过单点交叉生成新的个体，新的个体又通过洗牌的逆运行形成子代个体。尽管采用了单点交叉，但因为之前已经有了洗牌运算，所以每个基因的交叉概率不受交叉点的影响。

交叉是遗传算法的一个关键步骤，交叉操作可以带来个体的多样性，但同时又保持一个非常好的特性：好的父代个体通常会产生好的子代个体。

定义 7.6.6 [变异（Mutation）] 按照一定的概率将个体中的基因值用其他基因值来替换，从而形成一个新的个体。

如同自然界中生物的变异概率较小，在遗传算法中基因的变异概率也应该设置为较小。比较常用的变异是随机选择个体中的一个基因，然后让这个基因以一定的概率进行变异；或者遍历所有的基因，每个基因以较小的概率变异。如果基因是 0、1 比特，变异就是将 0 翻转为 1，将 1 翻转为 0；如果是其他基因，如扇贝例子中的像素值，就是变异为其他的像素值。

定义 7.6.7 [选择（Selection）] 在目前的种群中（通常是上一代的种群和新生产的种群的结合）选择一定数量的较优个体，形成新的种群。

选择是通过**适应度函数** $f(x)$ 做出的，其中 x 为个体。通常适应度函数就是目标函数，如在扇贝例子中，目标是使扇贝朝着火狐图案演进，所以适应度函数就是个体 x 和火狐间的相识度（像素之差）。那么是不是在选择操作时，我们只要选取那些函数值高的个体，丢弃函数值低的个体即可？这种确定性的选择方案可行，但它不如随机方案好，因为选择一个次优的个体将来有可能会朝着更优的方向演进，所以遗传算法通常采用一种称为轮盘赌的方式

⊖ 每个基因的交叉是一个伯努利实验，整个染色体的交叉是二项式分布。

（随机方式）进行选择。在轮盘赌中，需要计算每个个体的选择概率 $p(x_i)$

$$p(x_i) = \frac{f(x_i)}{\sum_{i=1}^{n} f(x_i)} \tag{7-22}$$

式中，n 为种群的个数。在某些情况下 $f(x_i)$ 的结果可能为负，此时，需要将结果进行转换为正，为此，需要一个非递减函数 $\phi:\mathbb{R} \to \mathbb{R}^+$ 来对适应度函数的结果进行转换。

$$p(x_i) = \frac{\phi(f(x_i))}{\sum_{i=1}^{n} \phi(f(x_i))} \tag{7-23}$$

轮盘赌算法如算法 40 所示，算法语句 5 计算累积概率，累积概率的作用是将 [0,1] 区间划分成 $[0,q(x_1)],(q(x_1),q(x_2)],\cdots,(q(x_{n-1}),q(x_n)]$，每个区间分别对应个体 $\{x_1, x_2,\cdots,x_n\}$，这样，在算法的 for 循环中（语句 6~语句 13），生成的随机数落在哪个区间，就选择那个区间对应的个体。

除了轮盘赌选择外，常用的选择方式还包括：

- 线性排序选择（Linear-Rank Selection）：采用轮盘赌选择，当个体的适应度值为 0 时，选择概率为 0，也就是此个体不会被选择，为了解决这个问题，人们设计了一种基于排序的选择方式。在线性排序选择中，种群中的个体首先根据适应度的值进行排序，然后依据排序给出选择概率。假设有 n 个个体，按照适应度函数排序，适应度最差的个体序号为 1，最好的为 n。最差的个体选择概率为 $p_{\min}$，最好的为 $p_{\max}$，其他个体依照排序得到的选择概率为

$$p_i = p_{\min} + (p_{\max} - p_{\min}) \frac{i-1}{n-1}, \quad \forall i \in \{2,\cdots,n-1\} \tag{7-24}$$

算法 40 轮盘赌算法

1: **Input**：种群 $\{x_1, x_2, \cdots, x_n\}$；
2: **Output**：选出 m 个个体；
3: 计算每个个体的适应度函数 $f(x_i)$，$\forall i$；
4: 按照式(7-22)或者式(7-23)计算每个个体的选择概率 $p(x_i)$，$\forall i$；
5: 计算累积概率：$q(x_i) = \sum_{j=1}^{i} p(x_j)$，$\forall i$；
6: **for** $k = 1$ to m **do**
7:     $r \leftarrow \text{Random}[0, 1]$；
8:     $i \leftarrow 1$；
9:     **while** $r > q(xi)$ **do**
10:         i ++；
11:     **end while**
12:     选择 x_i；
13: **end for**
14: return 所有选择的个体；

高级算法

通常 $p_{\min} = \dfrac{2}{n(n+1)}$,$p_{\max} = \dfrac{2}{n+1}$,这种赋值使得 $p_{\min} + p_{\max} + \sum_{i=2}^{n-1} p_i = 1$。

- **指数排序选择**(Exponential-Rank Selection):类似线性排序选择,指数排序选择也是通过排序的方式来确定每个个体的选择概率,不同的是指数排序选择在确定选择概率的时候采用了指数形式的表达式,有

$$\begin{aligned} p_i &= \dfrac{c^{n-i}}{\sum_{j=1}^{n} c^{n-j}} \\ &= (1-c)\dfrac{c^{n-i}}{1-c^n} \\ &= (c-1)\dfrac{c^{n-i}}{c^n-1} \end{aligned} \tag{7-25}$$

式中,c 位于区间 $(0,1)$,c 越小,最优个体被选择的概率就越大。当 c 趋向于 0 时,最优个体被选择的概率趋向于 1,而其他个体的选择概率趋向于 0。c 越接近于 1,个体间的选择概率相差越小。

- **锦标赛选择**(Tournament Selection):在种群中随机选择 m 个样本,在这 m 个样本中,选择适应度函数最好的个体作为下一代的个体,之后将样本回放,并重复选择,直到选出一定数目的个体。参数 m 在锦标赛选择中起着关键的作用,当 m 取值较大时,适应度函数差的个体被选中的概率较小,反之,当 m 取值较小时,被选中的概率较大,常见的有二元锦标赛($m=2$)和三元锦标赛($m=3$)。锦标赛选择在实际中也经常被采用,其优点主要有:①一定程度消除随机噪声;②复杂度更小(无须对所有的个体进行排序);③无须考虑适应度函数的正负问题。

交叉和变异是遗传算法进行搜索的关键,变异操作的作用是进行局部搜索,因而改变的基因较少;而交叉操作改变的基因较多,所以它的作用是进行全局搜索,从而使得搜索有可能跳出局部最优解。这也是为什么前面提到的变异的概率要设置为较小,如果设置太大,变异基因的个数等于或者大于因交叉操作而改变的基因个数,就会使得遗传演进不稳定。交叉操作和变异操作的结合使得搜索朝着全局最优解的方向进行。而选择操作因将那些较劣的解丢弃掉,把握了搜索的方向,使得算法的局部搜索(变异)和全局搜索(交叉)总是朝优化的方向进行。

2. 遗传算法流程

结合上面的介绍,算法 41 给出完整的遗传算法流程。遗传算法首先初始化一个种群,之后在这个种群中按照轮盘赌的方式选择 n 个个体(n 如果设置比较大,如 100,则搜索的范围较大,但算法的一次迭代时间较长,相反,n 如果设置比较小,如 10,则搜索的范围较小,但算法的一次迭代时间较短)。第一个 for 循环(语句 8~语句 13)对选出的个体进行交叉操作(采用单点交叉),这里依次对两两的个体进行判断,如果交叉概率大于一个随机值,则进行交叉,否则不交叉;第二个 for 循环(语句 15~语句 21)对新生成的个体进行变异操作,这里的变异对每个个体的所有基因进行遍历,并按照变异概率 p_m 进行变异。需要指出,这里给出的是遗传算法的框架,遗传算法可以有很多变化,可以不采用两两交叉,而随机选择两个个体进行交叉;另外,在选择流程中,可以从父代和子代的联合种群中选出新的个体,即:$\mathcal{X}^{t+1} \leftarrow$ 在 $\mathcal{X}^t \cup \mathcal{X}^{t+1}$ 中按照轮盘赌算法选择 n 个个体。

算法 41　遗传算法

1：**Input**：适应度函数 f，种群个体数目 n，个体编码长度 m，最大迭代次数 $t_{\max}$，种群差异阈值 t_{th}，交叉概率 p_c，变异概率 p_m；
2：**Output**：最优解；
3：初始化：$t \leftarrow 0$，按照编码随机生成 n 的个体 $\mathcal{X}^0 = \{x_1^0, x_2^0, \cdots, x_n^0\}$；
4：**repeat**
5：　　/* 选择流程 */
6：　　$\mathcal{X}^{t+1} \leftarrow$ 在 $\mathcal{X}^t$ 中按照轮盘赌算法选择 n 个个体；
7：　　/* 单点交叉流程 */
8：　　**for** $i = 1$ **to** $n - 1$ **do**
9：　　　　**if** $p_c \geqslant \text{Random}[0,1]$ **then**
10：　　　　　　随机选择一个交叉点：$c = \text{Random}[1, 2, \cdots, m]$；
11：　　　　　　对 x_i^{t+1} 和 x_{i+1}^{t+1} 在 c 点进行单点交叉；
12：　　　　**end if**
13：　　**end for**
14：　　/* 变异流程 */
15：　　**for** $\mathcal{X}^{t+1}$ 中的每一个个体 x_i^{t+1} **do**
16：　　　　**for** $j = 1$ **to** m **do**
17：　　　　　　**if** $p_m \geqslant \text{Random}[0,1]$ **then**
18：　　　　　　　　对基因 $x_i^{t+1}.j$ 进行变异（如果是 0、1 基因，进行翻转即可）；
19：　　　　　　**end if**
20：　　　　**end for**
21：　　**end for**
22：　　t ++；
23：**until** $t = t_{\max}$ 或者 $|\mathcal{X}^t - \mathcal{X}^{t-1}| \leqslant t_{\text{th}}$
24：选择 $\mathcal{X}^t$ 中的最优个体 x^{opt}；
25：**return** 对个体 x^{opt} 进行解码；

7.6.2　求解函数的最大/最小值

1. 单个变量的最大/最小值

例 7.6.1

$$\max \quad x\sin(10\pi x) + 5$$
$$\text{s. t.} \quad 2 \geqslant x \geqslant -2$$

解：首先要定义个体（编码），求解函数最大/最小值通常采用 0，1 编码，那么编码的长度应该是多少？这和求解的精度相关，如果此题要求的精度是小数点后 5 位（即 $-2.00000 \rightarrow 2.00000$），那么就需要将区间 $[-2, 2]$ 划分成 4×10^5 等份，因为 $2^{18} < 4 \times 10^5 < 2^{19}$，所以编码的长度应该设置为 $m = 19$ 比特，如图 7-13 所示。

图 7-13 二进制编码的个体

设种群中个体的个数定义为 n，则首先随机生成 n 个类似于图 7-13 所示的个体。之后，通过单点交叉，产生子代个体，如图 7-14 所示（假设交叉点在基因5），父代个体 1（父1）代表的解为 0.1673，父代个体 2（父2）代表的解为 1.12278，通过单点交叉后生成子代个体 1（子1）代表的解为 0.13974，子代个体 2（子2）代表的解为 1.15034。

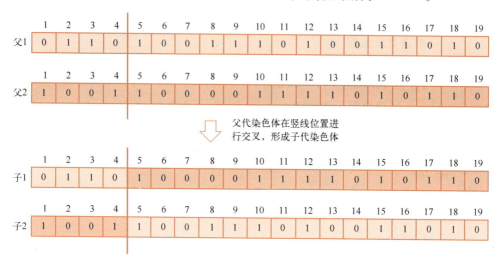

图 7-14 例子二进制交叉

根据算法，交叉之后是变异，因为是 0，1 编码，变异较简单，如某一基因需要变异，将比特进行翻转即可。最后将每个个体所代表的解代入适应度函数（目标函数）求得结果，依据结果计算选择概率，再根据轮盘赌选择新一代个体。

2. 多个变量的最大/最小值

例 7.6.2．

$$\max_{x_1,x_2} \frac{a-\sin^2(x_1^2+x_2^2)}{b+(x_1^2+x_2^2)}$$

s.t. $a \geq x_1 \geq -b$

$a \geq x_2 \geq -b$

$a>0, b>0$ 常数

解：这个问题的关键是染色体（个体）的定义，一个简单的定义方法是用一个二进制串代表 x_1，另外一个二进制串代表 x_2。然后将两个二进制串连接起来作为一个染色体。之后的交叉和变异操作参考例 7.6.1。当然，我们也可以设置两个染色体，一个代表 x_1，另一个代表 x_2，之后，这两个染色体在各自的种群中进行交叉和变异。

7.6.3 旅行商问题

1. 个体

旅行商问题的个体定义是比较直观的，如有 10 个城市，将各城市从 1 到 10 进行编号，每个编号就是个体的基因,所以一个个体就是1到10的一个排序,代表了城市的访问顺序,图7-15给出了两个旅行商问题的个体。

图7-15中的个体1代表了旅行商问题的一个解,其从城市4出发,依次经历城市8、7、2、5、1、10、3、6、9,再重新回到城市4(这个无须标出),旅行商问题是要找出一个回路,可从任一城市出发。

图7-15 旅行商问题的个体定义

2. 交叉

旅行商问题的交叉要比前面的例子稍显复杂,造成这种复杂的原因是两个个体交叉后,可能不再是旅行商问题的一种解。如将图7-15中的两个个体从第4个基因开始交叉,得到图7-16所示新的个体,但显然这两个新的个体并不能代表旅行商问题的解。通常有两种方式可以让交叉后的个体成为旅行商问题的解:一种是设计一种机制使得交叉不会出现非法解;另一种是个体进行交叉后,调整成合法解。针对这个问题,人们已经研究了很多种交叉方案,下面介绍一些较常用的交叉方案。

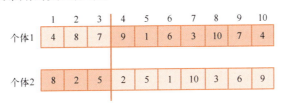

图7-16 简单交叉后的个体

(1)部分匹配交叉(Partially Mapped Crossover) 部分匹配交叉对随机选择的两个交叉点间的片段进行交换,之后再通过调整的方式使子代成为合法解。具体流程如下:

1)以一定的概率随机选择两个交叉点,如在图7-15所示的例子中,选择了两个交叉点分别为$c_1=4$,$c_2=7$。

2)对两个交叉点包含的片段进行交换,交叉后的结构如图7-17a所示,显然此时新生成的个体是非法解。

3)对新生成的个体进行调整,调整主要是通过对原先保留的基因进行修改实现,即依次比较保留的基因和交叉得来的基因,一旦发现有相同的基因,则将该基因修改为交叉基因在另一个个体中所对应的基因,当然,修改后的基因,有可能还是重复的,则上面的流程一直执行下去直到没有重复的基因为止。上述表述稍显简略,下面以7-17a中个体1的调整为例进行说明。调整需要依次遍历原来保留的基因,注意保留的基因包含两个片段。

1)先遍历前一片段,第1个基因是4,和交叉获取的基因片段没有重复的基因,保留。

2)第2个和第3个基因分别是8和7,也没有和交叉获取的基因片段重复,保留。

3)现在遍历后一片段,第8个基因是3,在交叉获取的基因也有基因3,重复,则需要将交叉片段的基因3在另一个个体中所对应的基因(图中箭头所指,即基因10)替换第8

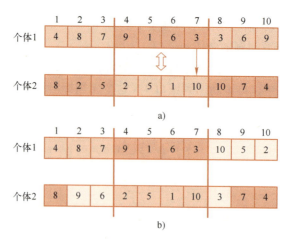

图 7-17 旅行商交叉和调整
a）两个个体交叉后的染色体 b）调整后的染色体

个基因，替换后没有重复。

4）第 9 个基因是 6，也存在重复，替换成交叉片段中基因 6 对应的基因 1，但替换后还是重复，继续替换交叉片段的基因 1 对应的基因 5，没有重复，完毕。

5）第 10 个基因是 9，有重复，替换成基因 2。

6）替换完毕后，个体形成旅行商问题的一个解。

对图 7-17a 中的个体 2 做相同的操作，最终形成图 7-17b 中相应的个体。

（2）顺序交叉（Order Crossover） 类似于部分匹配交叉，顺序交叉也是设置两个随机交叉点，并对这两个随机交叉点包含部分做交换，对未交换部分，顺序交叉先确定那些没有重复的基因，再按顺序填充。具体流程如下：

1）随机选择两个交叉点，这里是让两个交叉点分别为 $c_1=4$，$c_2=7$。

2）对两个交叉点包含的片段进行交换，其他基因待定，形成图 7-18 所示子代形式。

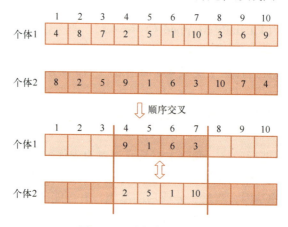

图 7-18 旅行商顺序交叉

3）因子代个体 1 的剩余基因来自父代个体 1，对父代个体 1 的基因重新排列，即以第二个交叉点后的基因为第一个基因，按顺序排列（循环），得到排列后的基因序列
$\{3,6,9,4,8,7,2,5,1,10\}$

在此基因序列中剔除掉已经获取的基因{9,1,6,3}，得到
$$\{4,8,7,2,5,10\}$$
将此基因序列填入子代个体 1，依然以第二个交叉点后的基因为起点，依次填入，填入后的子代个体如图 7-19 中的个体 1 所示。

4）相同的方法生成图 7-19 所示的个体 2。

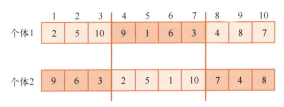

图 7-19　顺序交叉生成的子代

（3）循环交叉（Cycle Crossover）　在部分匹配交叉和顺序交叉中，因为调整的原因，子代的某些基因可能既不来自父代 1 也不来自父代 2。如图 7-19 的个体 1 中的第一个基因是 "2"，但不管是父代 1 还是父代 2，它们的第一个基因都不是 2。循环交叉的设计出发点就是让子代的基因尽可能多地来自父代，其流程如下：

1）随机选择个体 1 的一个基因，如第 3 个基因 "7"，然后找到父代 2 相应位置上的基因 "5"；回到父代 1 找到基因 "5" 所在的位置，再找到父代 2 中的基因 "1"；回到父代 1 找到基因 "1" 所在的位置，再找到父代 2 中的基因 "6"；回到父代 1 找到基因 "6" 所在的位置，再找到父代 2 中的基因 "7"。这时候，发现这个基因是和第一个基因相同的，也就是形成一个基因环 7-5-1-6-7，我们让环中所有基因直接从相应的父代继承，如图 7-20 所示（中间的两个个体）。

2）之后让剩余的基因进行交叉，即父代 1 中剩余的基因全部填入子代 2 中相应的位置，父代 2 中剩余的基因全部填入子代 1 中相应的位置，最终形成图 7-20 中最下面两个个体。

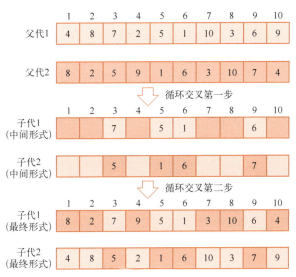

图 7-20　循环交叉

3. 变异

交叉操作后是变异操作。变异操作可通过随机选取少数基因，再随机改变选取的基因来实现，但在旅行商问题中，如果对一个基因进行随机改变的话，可能造成个体成为非法解。为此，这里的变异不能对单个基因进行改变，目前比较常用的是两种方法，这两种方法都是先对个体随机选取两个点（设为 m_1 和 m_2）。方法一直接交换这两个点，方法二将这两个点所包含的基因片段进行翻转。如图 7-21 所示，设随机选取的两个点为 $m_1=3$ 和 $m_2=7$，方法一将第 3 个基因（基因 7）和第 7 个基因（基因 3）进行交换；方法二将第 3 个基因和第 7 个基因包含的基因片段{9,1,6}进行翻转，变为{6,1,9}。

图 7-21 旅行商的变异操作

4. 选择

选择操作主要根据适应度函数选取新一代的个体，旅行商问题的适应度函数为环路的总长度。算法依据适应度函数的值，采用轮盘赌的方式选取个体。

7.6.4 遗传算法变体*

1. 混乱遗传算法（Messy Genetic Algorithms）

通过前面的学习，我们知道传统的遗传算法非常"有序（Neat）"：长度固定的染色体、统一的编码方式、按照规则的交叉方式等。混乱遗传算法认为这种"有序"并不有利于对解的探索，相反，"混乱"可以提高遗传算法的效率。混乱遗传算法的"混乱"主要体现在：和位置无关的编码方式、无固定长度的染色体、相对随意的交叉方式。

（1）编码方式

混乱遗传算法的编码除了要给出基因的值，还需要指出基因的位置，如一个传统的染色体编码为

$$\{4,8,7,2,5,1,10,3,6,9\}$$

用混乱遗传算法编码为

$$\{(1,4),(2,8),(3,7),(4,2),(5,5),(6,1),(7,10),(8,3),(9,6),(10,9)\}$$

式中，元素 (x,y)，x 代表位置，y 代表基因值。虽然这种方法使得编码看上去更加复杂，但优点是无论这些元素怎么排列，都能唯一地确定染色体，也就是说将上面染色体中的元素顺序打乱，始终表示同一个染色体，如下面这个染色体和上面的完全一致。

$$\{(5,5),(9,6),(2,8),(3,7),(6,1),(1,4),(4,2),(7,10),(8,3),(10,9)\}$$

混乱遗传算法还将元素的缺失以及元素的重复都认为是合法的（显然这些会造成染色体的长度不一致），如下面两个染色体都是合法的。

$\{(5,5),(9,6),(2,8),(3,7),(6,1),(1,4),(4,2),(7,10),(8,3),(10,9),(5,9)\}$
$\{(5,5),(9,6),(2,8),(3,7),(6,1),(4,2),(7,10),(8,3),(10,9)\}$

第一个染色体有重复的元素(5,5)和(5,9)，第二个染色体缺失第一个位置的基因。显然这两个染色体都不是正常的染色体，但混乱遗传算法认为它们是合法的。问题是，如何从这两个不正常的染色体中解码出正常的染色体？

对于重复的情况，比较简单，可以采用次序优先的解决方案，也就是第一次出现代表相应的基因，上面的例子中，(5,5)比(5,9)先出现，所以此染色体的第五个基因为5。但对于缺失的情况就复杂很多，比较暴力的方法是将缺失元素所有可能的赋值都试一遍，然后选取最优值作为缺失的基因值，但这种方法使得复杂度急剧上升。一种可行的方法是在计算适应度函数时，直接忽略缺失染色体的值。比如，假设染色体 X 的适应度函数是由部分片段 x_i ($X = \sum_i x_i$) 的适应度函数组成的。

$$f(X) = \sum_i f(x_i)$$

这样，如果片段的基因是完整的，则返回相应的函数值 $f(x_i)$，如果片段的基因缺失，则返回 0，即 $f(x_i) = 0$。

(2) 交叉

混乱遗传算法将交叉改为**切割**（Cut）和**拼接**（Splice）。在切割操作中，一个染色体被切割成两部分，不同于交叉操作中两个父代染色体选择相同的交叉点，切割操作中两个父代染色体的切割位置可以不同，甚至是一个染色体切割，另外一个不切割（或者两个都不切割）。混乱遗传算法定义了一个切割概率 $p_c(p_c \leq 1)$。

$$p_c = p_k(\lambda - 1)$$

式中，p_k 是预先给的一个值；λ 是染色体的长度。如 $p_k = 0.1$，则染色体

$\{(1,4),(2,8),(3,7),(4,2),(5,5),(6,1),(7,10),(8,3),(9,6),(10,9)\}$

有90%的概率被切割，假设在第4个元素进行切割，则染色体被切割成两部分。

$\{(1,4),(2,8),(3,7)\}$
$\{(4,2),(5,5),(6,1),(7,10),(8,3),(9,6),(10,9)\}$

在拼接操作中，假设父代染色体1被切割成片段1和片段2，父代染色体2被切割成片段3和片段4，则对这4个片段进行拼接一共有12种可能，虽然其中有些拼接在混乱遗传算法中是同一个染色体，如{片段1,片段3}和{片段3,片段1}。传统遗传算法中，两个父代染色体产生两个子代染色体，但混乱遗传算法并没有这种规定，上面例子可以产生的子代染色体个数可以为4个、3个、2个，如

子染色体1：{片段1,片段3}，**子染色体2：**{片段2,片段4}

或者

子染色体1：{片段1,片段3}，**子染色体2：**{片段2}，**子染色体3：**{片段4}

显然，切割和拼接操作会造成染色体的长度不一致。

对于变异和选择操作，混乱遗传算法采取了和传统算法相同的方法。如按照一定的变异概率对基因值进行变异，按照轮盘赌的方法选择下一代个体。

2. 自适应遗传算法（Adaptive Genetic Algorithms）

自适应遗传算法并不是一个特定算法的名称，而是对一些遗传算法的归类，这类算法在传统遗传算法的基础上，通过自适应调整算法参数来提高算法的性能。调整的参数主要包括：

- 交叉概率(p_c):当交叉概率较大时,遗传算法会生成更多的新个体,因而可以探索更多的解,但会使得算法难以收敛。
- 变异概率(p_m):当变异概率较大时,遗传算法会成为一个随机算法,当变异概率较小时,探索范围小,算法难以收敛到最优解。
- 种群大小(n):当种群个数较大时,算法复杂度高且难以收敛,当种群个数较小时,收敛快,但易收敛于非最优解(或者非近似最优解)。

(1) 自适应的交叉概率和变异概率

为了自适应的调整交叉和变异参数,我们将算法分成初始阶段(Initial Stage)、探索阶段(Search Stage)、收敛阶段(Refinement Stage)。在初始阶段,算法按照初始设置的参数(输入的参数)运行即可;在探索阶段,调整参数使得算法的探索范围尽量大,避免落入局部最优解;在收敛阶段,调整参数使得算法能够尽快向最优值收敛。

如同所有的启发式算法,遗传算法的一个关键是避免算法落入局部最优解,自适应调整交叉和变异参数就是为了实现此目标。为此,当算法在探索阶段趋向于收敛时,应该将交叉概率和变异概率调整得更大,以便算法可以跳出局部最优解。如何判断算法趋向于收敛?

思路 7.6.1 当算法处于探索新解时,种群里个体的适应度函数值相差较大,而当算法开始收敛时,种群里所有的个体有着相近的适应度函数值,所以可以通过个体的最大适应度函数值和个体的平均适应度函数值的差值($\hat{f}_t - \bar{f}_t$)($\hat{f}_t$ 和 $\bar{f}_t$ 分别表示第 t 代种群中个体最大和平均的适应度函数值)来判断算法是否趋向于收敛,即差值($\hat{f}_t - \bar{f}_t$)变小时,算法开始收敛。

按照以上分析,当差值($\hat{f}_t - \bar{f}_t$)变小时,需要将交叉概率和变异概率调整得更大,避免算法收敛,得出以下交叉和变异参数的调整公式为

$$p_c = \alpha \frac{1}{\hat{f}_t - \bar{f}_t}$$
$$p_m = \beta \frac{1}{\hat{f}_t - \bar{f}_t}$$

(7-26)

式中,α 和 β 分别为交叉和变异参数的调整系数。

上面的自适应调整方法是针对算法的探索阶段的,但是,当算法进入收敛阶段时,显然上面的方法不再适合,此时不应该去增大交叉概率和变异概率,而应降低这些参数。那么如何去判断算法已经进入收敛阶段呢?

思路 7.6.2 当算法进入收敛阶段时(收敛于全局最优点或者近似全局最优点),相邻两次迭代(种群)有着相似的适应度,所以一种方法是通过判断相邻两次迭代的适应度函数的平均值的差值 $|\bar{f}_{t+1} - \bar{f}_t|$($\bar{f}_t$ 表示第 t 代种群所有个体的适应度函数的平均值),当这个差值较大时,说明算法处于探索阶段,当这个差值变小时,说明算法开始收敛⊖。

为此,我们可以设定一个阈值 γ,当差值 $|\bar{f}_{t+1} - \bar{f}_t|$ 大于这个阈值时(探索阶段),采用式(7-26)来调整交叉概率和变异概率,当小于这个阈值时(收敛阶段),需要降低交叉概率和变异概率,如让交叉概率和变异概率正比于差值 $|\bar{f}_{t+1} - \bar{f}_t|$。

上面交叉概率和变异概率的调整是针对整个种群的,还可以针对个体进行交叉概率和变异

⊖ 对连续相邻的迭代进行判断,可以提高准确性。

概率的调整，例如，我们希望能够保留那些好的个体，所以这些个体的变异概率应该设置地相对小一些。在进行变异概率调整时，当被调整的个体的适应度函数值f'_t大于平均值$\bar{f_t}$时，有

$$p_m = \beta \frac{\hat{f_t} - f'_t}{\hat{f_t} - \bar{f_t}} + \delta_m \tag{7-27}$$

式中，$\hat{f_t} - f'_t$表示当个体越接近种群中的最大适应度函数时，变异概率越小（越应该被保留）。当被调整的个体的适应度函数值f'_t小于平均值$\bar{f_t}$时，有

$$p_m = \beta \frac{\bar{f_t} - f'_t}{\bar{f_t} - \check{f_t}} + \delta_m \tag{7-28}$$

其中，$\check{f_t}$表示第t代种群中最小适应度函数值。

在进行交叉概率调整时，如果父代1个体的适应度函数值f_t^1大于平均值$\bar{f_t}$时，有

$$p_c = \alpha \frac{f_t^1 - \bar{f_t}}{\hat{f_t} - \bar{f_t}} + \delta_c \tag{7-29}$$

式中，$f_t^1 - \bar{f_t}$表示当父代个体比均值越好，交叉概率越大（越应该被交叉）。当父代1个体的适应度函数值f_t^1小于平均值$\bar{f_t}$时，有

$$p_c = \alpha \frac{f_t^1 - \check{f_t}}{\bar{f_t} - \check{f_t}} + \delta_c \tag{7-30}$$

（2）自适应的种群大小

模糊逻辑目前是种群大小控制的一个比较常用的方法。模糊逻辑指模仿人脑的不确定性概念判断、推理思维方式，对于模型未知或不能确定的描述系统，以及强非线性、大滞后的控制对象，应用模糊集合和模糊规则进行推理，表达过渡性界限或定性知识经验，模拟人脑方式，实行模糊综合判断，推理解决常规方法难于对付的规则型模糊信息问题[①]。通过如下模糊逻辑规则来调整种群的大小。

- $\dfrac{\bar{f_t}}{\hat{f_t}}$的比值较大→增大种群大小$n$值。
- $\dfrac{\check{f_t}}{\bar{f_t}}$的比值较小→减少种群大小$n$值。
- 变异概率p_m较小且种群大小n也较小→增大种群大小n值。

7.7 遗传算法在多目标优化中的应用

在多目标优化问题中，因需要优化的目标不止一个，这给问题的解决带来了极大的困难。当然，一个简单的优化方法是将多个要优化的目标通过系数（权重）合并成一个目标再进行优化，但显然，这种方法的优化性能取决于系数的选择。

多目标优化问题通常并不存在一个绝对的最优解，而是存在一些解，它们所有的目标函数都比其他解好，但这些解之间，有些解在某些（某个）目标函数好一些，另外的解在其他目标函数更好，这些解称为**帕累托最优解**（Pareto-Optimal Solutions）或者称**非支配解**

---

① 百度百科。

(Nondominated Solutions)。

定义 7.7.1（支配） 设多目标最小化问题的两个解 x 和 y，它们对应的目标函数为 $\{f_x^{(1)}, f_x^{(2)}, \cdots f_x^{(m)}\}$ 和 $\{f_y^{(1)}, f_y^{(2)}, \cdots, f_y^{(m)}\}$，如果以下两个条件同时满足，则称解 x 支配解 y。

- $\forall i \in \{1, 2, \cdots, m\}$，有 $f_x^{(i)} \leq f_y^{(i)}$。
- $\exists i \in \{1, 2, \cdots, m\}$，使得 $f_x^{(i)} < f_y^{(i)}$。

定义 7.7.2（帕累托最优解） 一个解 x 被称为帕累托最优解，指不存在另外一个解 y 能够支配 x。

我们希望在帕累托最优解中搜索一个适合问题的解，本节讨论 NSGA（Nondominated Sorting Genetic Algorithm）算法和其优化算法 NSGA-II。

在单目标优化问题中，我们很容易确定一个个体（解）是否优于另外一个个体，多目标问题中该如何判断个体的优劣性？这是最关键的问题。

思路 因为帕累托最优解不被任何解支配，所以肯定优于其他解，我们在除去帕累托最优解的剩余解中，再找出那些不被其他解支配的解，通过这种递归的方式，将多目标问题的个体划分成不同的层。

首次得出的个体（帕累托最优解）为第 1 层，之后，在去除第 1 层解的剩余解中，得出不被其他解支配的解（可以认为是剩余解中的帕累托解）为第 2 层的解，依次类推⊖。显然，第 1 层的个体优于第 2 层，第 2 层的个体优于第 3 层，……但到目前为止，我们还没法去确定各层中不同个体的优劣，所以 NSGA 算法给每层初始化一个适应度函数，如第 1 层所有个体的适应度函数为 ft_1，第 2 层所有个体的适应度函数为 ft_2，依次类推且 $ft_1 > ft_2 > \cdots$（注意：这里的适应度函数和目标函数无关，所以不管是最大化问题还是最小化问题，都可以这样设置）。

现在关键的问题是确定同一层中个体的优劣。如果将这些个体在空间上画出来，算法认为那些密度较低的个体对应的解应该比密度较高的个体对应的解更好一些，为此，NSGA 设定一个参数，称为**聚集度**（Niche Count）来表示个体（解）的密度。算法是通过邻居解的个数和距离相关系数来计算聚集度，其中距离相关系数被称为**共享函数值**（Sharing Function Value）。当一个个体（解）有较少的邻居个体，或者和邻居个体的距离较远，则密度较小，即聚集度较小。

为计算共享函数值，NSGA 定义了一个距离阈值 σ，只有那些和个体 i 的距离小于 σ 的个体才被看作个体 i 的邻居个体，个体 i 和个体 j 的共享函数值 v_{ij} 计算如下：

$$v_{ij} = \begin{cases} 1 - \left(\dfrac{d_{ij}}{\sigma}\right)^2, & d_{ij} < \sigma \\ 0, & \text{其他} \end{cases} \tag{7-31}$$

式中，d_{ij} 表示个体 i 和个体 j 间的距离。注意：共享函数值的计算只针对同一层中的解。第 i 个解的聚集度 nc_i 就是个体 i 所有的共享函数值之和。

$$nc_i = \sum_j v_{ij} \tag{7-32}$$

显然，nc_i 随着邻居个体的数量成正比，但和邻居个体的距离成反比。之后，用这个聚集度调整解的适应度函数，则第 i 个解调整后的适应度函数 $ft^{(i)}$ 为（设第 i 个解属于第 k 层）

⊖ 因为英文原文是 front，所以也翻译成前沿，即第 1 前沿、第 2 前沿等。

$$ft^{(i)} = \frac{ft_k}{nc_i} \tag{7-33}$$

当 nc_i 较大时,调整后的适应度函数较小,也就是,如果解的密度较高,则调整后适应度函数较小。NSGA 算法正是通过对解进行分层,之后对层内各个解的适应度函数,通过聚集度进行调整[式(7-33)],来区分每个解的优劣。一旦得出了每个解的适应度函数,就可以对生成的解进行选择形成下一代的种群,而交叉、变异等操作同单目标优化问题。

在 NSGA 算法中,设种群的大小为 n,目标函数的个数为 m,则将一个个体和其他所有的个体比较的复杂度为 $O(mn)$,而通过对所有个体进行比较,找到第 1 层解的复杂度为 $O(mn^2)$。同样,找到第 2 层解的复杂度也为 $O(mn^2)$,在最差的情况下,总共有 n 层,所以算法复杂度为 $O(mn^3)$。NSGA 算法除了复杂度较高外,还有一个缺点是,需要确定参数 σ 以及每层的适应度函数 ft_k。实际上,可以不对每个个体计算适应度函数,我们只要对个体进行排序即可,那些排序在前面的个体保留到下一代的种群,而淘汰排名靠后的个体。那么如何进行排序?NSGA-II 依然采用了非支配方法对个体进行分层,显然,第 k 层的个体排在所有第 $k+1$ 层个体之前。现在的问题是对层内个体的排序,NSGA-II 也是基于密度排序,不过采用了一种称为**拥挤距离**(Crowding Distance)的方法。我们通过图 7-22 介绍此方法,图 7-22 表示有两个目标函数 f_1 和 f_2,其中所有的实心点表示属于同一层的个体(解),当计算个体 i 的拥挤距离时,需要计算此个体在每个目标函数下的拥挤距离,

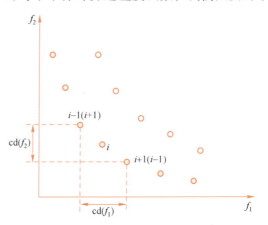

图 7-22 NSGA-II 中拥挤距离的计算

之后对所有的距离进行累加(归一化后)。为了计算 f_1 的拥挤距离,先对此层中的所有个体按照 f_1 的值进行排序,个体 i 的 f_1 拥挤距离为个体 $i+1$ 的 f_1 值减去个体 $i-1$ 的 f_1 值(并做归一化)。

$$\mathrm{cd}_i(f_1) = \frac{f_1^{(i+1)} - f_1^{(i-1)}}{f_1^{\max} - f_1^{\min}} \tag{7-34}$$

式中,$f_1^{\max}$ 和 $f_1^{\min}$ 分别是该层中个体的最大和最小 f_1 值。同样的,计算 f_2 的拥挤距离,对此层中的所有个体按照 f_2 的值进行排序,个体 i 的 f_2 拥挤距离为个体 $i+1$ 的 f_2 值减去个体 $i-1$ 的 f_2 值。

$$\mathrm{cd}_i(f_2) = \frac{f_2^{(i+1)} - f_2^{(i-1)}}{f_2^{\max} - f_2^{\min}} \tag{7-35}$$

最终,个体 i 的拥挤距离为目标函数上拥挤距离的总和。

$$\mathrm{cd}_i = \sum_k \mathrm{cd}_i(f_k) \tag{7-36}$$

NSGA-II 如算法 42 所示,个体进行交叉和变异后,生成新的种群(语句 3),和原有的种群形成了第 t 代的种群(语句 4),对该种群进行分层(语句 5)。之后,依次按层将个体加入新一代的种群(语句 7~语句 10),当加入第 i 层的个体,个体的数量超过种群数量时,只能加入部分个体。为此,需要将第 i 层按拥挤距离进行排序(语句 11),并将排在前面的

个体加入种群（语句12）。

算法 42 NSGA-II 算法

1: **初始化**：$t \leftarrow 0$，按照编码随机生成 n 个个体 $\mathcal{X}^0 = \{x_1^0, x_2^0, \cdots, x_n^0\}$；
2: **repeat**
3:     $\mathcal{Y}^t \leftarrow \mathcal{X}^t$ 进行交叉、变异；
4:     $\mathcal{X}^t \leftarrow \mathcal{X}^t \cup \mathcal{Y}^t$；
5:     $\{\mathcal{F}_1, \cdots, \mathcal{F}_l\} \leftarrow$ fast-non-dominated-sort$(\mathcal{X}^t)$；/* 将个体按照支配分成 l 层 */
6:     $\mathcal{X}^{t+1} \leftarrow \varnothing, i \leftarrow 1$；
7:     **while** $|\mathcal{X}^{t+1}| + |\mathcal{F}_i| < n$ **do**
8:         $\mathcal{X}^{t+1} \leftarrow \mathcal{X}^{t+1} \cup \mathcal{F}_i$；
9:         $i \leftarrow i + 1$；
10:    **end while**
11:    按照拥挤距离对 $\mathcal{F}_i$ 的个体进行排序；
12:    $\mathcal{X}^{t+1} \leftarrow \mathcal{X}^{t+1} \cup \mathcal{F}_i[1:(n - |\mathcal{X}^{t+1}|)]$；
13:    $t \leftarrow t + 1$；
14: **until** 收敛或者达到最大迭代次数
15: 选择 $\mathcal{X}^t$ 中的最优个体 x^{opt}；
16: **return** 对个体 x^{opt} 进行解码；

为了降低个体分层的复杂度（NSGA 是 $O(mn^3)$），NSGA-II 在分层时，对每个个体，计算两个参数 dn_i 和 S_i，其中 dn_i 表示支配个体 i 的其他个体的个数，而 S_i 表示个体 i 能支配的个体的集合。那些 $dn = 0$ 的个体显然是第一层的个体，之后通过遍历第一层的个体，并依次对其所能支配的个体的 dn 进行减一操作，一旦某个个体的 dn 值归 0，其为第二层的个体。继续此流程，得出所有个体所属层，具体算法如算法 43 所示。For 循环（语句2～语句9）计算所有个体的参数 dn_i 和 S_i，复杂度为 $O(mn^2)$（if 语句的复杂度为 $O(m)$）；while 语句（语句10）和 For 循环（语句11）共同的复杂度为 $O(n)$，因为这两个语句合在一起遍历所有的个体；For 循环（语句12）的复杂度为 $O(n)$，所以嵌套循环（语句10～语句18）的复杂度为 $O(n^2)$。可得，分层算法复杂度降到了 $O(mn^2)$，也就是 NSGA-II 种群计算复杂度为 $O(mn^2)$。

算法 43 NSGA-II 的分层算法

1: $i \leftarrow 1$；
2: **for** $x \in \mathcal{X}^t$ **do**
3:     $dn_x \leftarrow 0, S_x \leftarrow \varnothing$；
4:     **for** $y \in \mathcal{X}^t$ **do**
5:         **If** x 支配 y **then** $S_x \leftarrow S_x \cup \{y\}$；

6:　　　　　Else $n_x \leftarrow n_x+1$;
7:　　　end for
8:　　　If $n_p = 0$ then $\mathcal{F}_i \leftarrow \mathcal{F}_i \cup \{x\}$;
9:　end for
10: while $\mathcal{F}_i \neq \varnothing$ **do**
11:　　for $x \in \mathcal{F}_i$ **do**
12:　　　　for $y \in S_x$ **do**
13:　　　　　　$dn_y \leftarrow dn_y - 1$;
14:　　　　　　If $dn_y = 0$ then $\mathcal{F}_{i+1} \leftarrow \mathcal{F}_{i+1} \cup \{x\}$;
15:　　　　end for
16:　　end for
17:　　$i \leftarrow i+1$;
18: end while

7.8 本章小结

启发式算法的基本原则是：
1）总体上，沿着解优化的方向去探索解。
2）为了避免落入局部最优解，在探索的过程中允许接受更差的解。

模拟退火算法通过温度的设置来实现这个过程，算法开始阶段设置较高的温度，实现以较大的概率接受一个更差的解，达到对解进行充分探索的目的，避免落入局部最优解；之后，温度逐渐降低，算法接受更差解的概率逐渐变小，直至算法收敛。而禁忌搜索为了避免落入局部最优解，允许新的解比当前解差，实现从另外一个方向对解空间进行探索，但探索还是朝最优化演进。在蚁群算法中，尽管当前最短路径（可能是局部最优解）的选取概率是最大的，但算法依然以一定的概率探索非当前最优解，避免算法落入局部最优解。遗传算法从两方面来避免落入局部最优解，一是设计了交叉和变异两种方法来探索解空间，变异可看成局部搜索，而交叉可看成通过大范围搜索来避免落入局部最优解；二是遗传算法并不仅保留一个当前最优解，而是保留了一些当前最优解（种群），并且保留操作不是简单地选取最优解，而是通过一种轮盘赌的方式来选取解，也就是较差解也有一定的概率被选取。

启发式算法还包括粒子群算法、人工鱼群算法等。启发式算法是目前解决困难问题普遍采用的一种方法，特别是针对多目标优化问题，启发式算法占据着重要的地位。启发式算法通常被归类于人工智能方面的算法，人工智能目前在深度学习方面取得了长足的发展，但深度学习主要是通过梯度下降来寻求最优解，其容易落入局部最优解，所以结合启发式算法的深度学习可能会带来更好的效果，这也是目前深度学习研究的一个热点。

参 考 文 献

［1］ CORMEN T H, LEISERSON C E, RIVEST R L, et al. 算法导论：原书第3版［M］. 殷建平，徐云，王刚，等译. 北京：机械工业出版社，2012.

［2］ ALSUWAIYEL M H. 算法设计技巧与分析［M］. 曹霑懋，译. 北京：电子工业出版社，2023.

［3］ NEEDHAM M, HODLER A E. Graph Algorithms［M］. Sevastopol：Oreilly, 2019.

［4］ VAZIRANI V V. Approximation algorithms［M］. Berlin：Springer, 2001.

［5］ MOTWANI R, RAGHAVAN P. Randomized Algorithms［M］. Cambridge：Cambridge university press, 1995.

［6］ SINHA S M. Duality in Linear Programming［J］. Mathematical Programming, 2006, 97（3）：177-198.

［7］ MEGHANATHAN N. Centrality Measures［Z/OL］.［2024-03-22］. https://www.jsums.edu/nmeghanathan/files/2015/08/CSC641-Fall2015-Module-2-Centrality-Measures.pdf?x61976.

［8］ GOLOVIN S D. Primal-Dual Algorithms［Z/OL］.［2024-03-22］. https://www.cs.cmu.edu/afs/cs/academic/class/15854-f05/www/scribe/lec21.pdf.

［9］ Wikipedia. Closeness centrality［OL］. https://en.wikipedia.org/wiki/Closeness_centrality.

［10］ COPESTAKE A, TEUFEL S. Betweenness Centrality of Machine Learning and Real-world Data［Z/OL］.［2024-03-22］. https://www.cl.cam.ac.uk/teaching//1617/MLRD/slides/slides13.pdf.

［11］ BRANDES U. A Faster Algorithm for Betweenness Centrality［J］. Journal of Machemat-ical Sociology, 2001, 25（2）：163-177.

［12］ PALLA G, DERÉNYI I, FARKAS I, et al. Uncovering the overlapping community structure of complex networks in nature and society［J］. Nature, 2005, 435（7043）：814-818.

［13］ XIE J R, SZYMANSKI B K, LIU X M. Slpa：Uncovering overlapping communities in social networks via a speaker-listener interaction dynamic process［C］//2011 IEEE 11th international conference on data mining workshops. New York：IEEE, 2011：344-349.

［14］ NEWMAN M E J, GIRVAN M. Finding and evaluating community structure in networks［J］. Physical review E, 2004, 69（2）：026113.

［15］ NEWMAN M E J. Fast algorithm for detecting community structure in networks［J］. Physical review E, 2004, 69（6）：066133.

［16］ BLONDEL V D, GUILLAUME J L, LAMBIOTTE R, et al. Fast unfolding of communities in large networks［J］. Journal of statistical mechanics：theory and experiment, 2008, 10：P10008.

［17］ RAGHAVAN U N, ALBERT R, KUMARA S. Near linear time algorithm to detect community structures in large-scale networks［J］. Physical review E, 2007, 76（3）：036106.

［18］ GARZA S E, SCHAEFFER S E. Community detection with the label propagation algorithm：a survey［J］. Physica A：Statistical Mechanics and its Applications, 2019, 534：122058.

［19］ GREGORY S. Finding overlapping communities in networks by label propagation［J］. New journal of Physics, 2010, 12（10）：103018.

［20］ COOK S A. The complexity of theorem-proving procedures［C］//Proceedings of the third annual ACM symposium on theory of computing. New York：ACM, 1971：151-158.

［21］ SHOBHIT C, HARSHIL L, HITESH A. Prove that 2SAT is in P［Z/OL］. https://www.iitg.ac.in/deepkesh/CS301/assignment-2/2sat.pdf.

[22] SERGE P. CS261-Optimization Paradigms Lecture Notes for 2009-2010 Academic Year [Z/OL]. https://cs. stanford. edu/people/trevisan/cs261/all-notes-2010. pdf.

[23] GRÖPL C, HOUGARDY S, NIERHOFF T, et al. Approximation algorithms for the Steiner tree problem in graphs [J]. Steiner trees in industry, 2001, 11: 235-279.

[24] VAN K. Computational Geometry: Smallest enclosing circles and more [Z/OL]. [2024-03-22] https://www. cise. ufl. edu/~sitharam/COURSES/CG/kreveldnbhd. pdf.

[25] SOUZA A, COURSE G, SCHEDULING M [OL]. https://ac. informatik. uni-freiburg. de/lak_teaching/ws11_12/combopt/notes/makespan_scheduling. pdf.

[26] SUBRAMANI K. The Randomized Quicksort Algorithm [Z/OL]. [2024-03-22] https://community. wvu. edu/~krsubramani/courses/sp12/rand/lecnotes/Quicksort. pdf.

[27] SUBRAMANI K. The Lazy Select Algorithm [Z/OL]. [2024-03-22]. https://community. wvu. edu/~krsubramani/ courses/sp12/rand/lecnotes/LazySelect. pdf.

[28] MCGREGOR A. Really Advanced Algorithms: Lazy Select and Chernoff Bounds [Z/OL]. [2024-03-22]. https://people. cs. umass. edu/~mcgregor/711S09/lec04. pdf.

[29] NANDY S C. Introduction to Randomized Algorithms [Z/OL]. [2024-03-22] https://cs. rkmvu. ac. in/~sghosh/public_html/nitrkl_igga/randomized-lecture. pdf.

[30] SIMIC M. Complexity Analysis of QuickSelect [Z/OL]. [2024-03-22] https://www. baeldung. com/ cs/quickselect.

[31] MOLINARO M. Lecture 1: An Introduction to Online Algorithms [Z/OL]. [2024-03-22]. https://www-di. inf. puc-rio. br/~mmolinaro/algInc17-1/lec1. pdf.

[32] PLOTKIN S. CS369-Online Algorithms Lecture Notes for 2012—2013 Academic Year [Z/OL]. [2024-03-22] https://web. stanford. edu/class/cs369/files/cs369-notes.

[33] ALBERS S. Online algorithms: a survey [J]. Mathematical Programming, 2003, 97: 3-26.

[34] DÓSA G, SGALL J. Optimal analysis of best fit bin packing [C]//International Colloquium on Automata, Languages, and Programming. Berlin, Heidelberg: Springer Berlin Heidelberg, 2014: 429-441.

[35] BORODIN A, PANKRATOV D. Online Algorithms [Z/OL]. [2024-03-22]. http://www. cs. toronto. edu/~bor/2420s19/our-online-text/chapters1-3. pdf.

[36] RÖGLIN H, SCHMIDT M. Randomized Algorithms and Probabilistic Analysis [R]. Technical Report, University of Bonn, 2018.

[37] Cornell University. Lecture notes: Matchings [Z/OL]. [2024-03-22] https://www. cs. cornell. edu/courses/cs6820/2021fa/handouts/matchings. pdf.

[38] BIRNBAUM B, MATHIEU C. On-line bipartite matching made simple [J]. Acm Sigact News, 2008, 39 (1): 80-87.

[39] 尚正阳，顾寄南，唐仕喜，等. 高效求解三维装箱问题的剩余空间最优化算法 [J]. 计算机工程与应用, 2019, 55 (5): 44-50.

[40] BERTSIMAS D, TSITSIKLIS J. Simulated annealing [J]. Statistical science, 1993, 8 (1): 10-15.

[41] BANCHS R E. Simulated annealing [C]//Research progress report, on Time Harmonic Field Electric Logging Austin, University of Texas at Austin. [S. l.:s. n.], 1997.

[42] GLOVER F, LAGUNA M. Tabu search [M]. Boston: Springer, 1998.

[43] GLOVER F. Tabu search: A tutorial [J]. Interfaces, 1990, 20 (4): 74-94.

[44] BLUM C. Ant colony optimization: Introduction and recent trends [J]. Physics of Life reviews, 2005, 2 (4): 353-373.

[45] HLAING Z C S S, KHINE M A. An ant colony optimization algorithm for solving traveling salesman problem [D]. [S. l.] MERAL Portal, 2011.

[46] DORIGO M, MANIEZZO V, COLORNI A. Ant system: optimization by a colony of cooperating agents [J]. IEEE Transactions on Systems, Man, and Cybernetics, Part B (Cybernetics), 1996, 26 (1): 29-41.

[47] DORIGO M, GAMBARDELLA L M. Ant colony system: a cooperative learning approach to the traveling salesman problem [J]. IEEE Transactions on evolutionary computation, 1997, 1 (1): 53-66.

[48] STUTZLE T, HOOS H. MAX-MIN ant system and local search for the traveling salesman problem [C]//Proceedings of 1997 IEEE international conference on evolutionary compu-tation (ICEC'97). New York: IEEE, 1997: 309-314.

[49] MCCALL J. Genetic algorithms for modelling and optimisation [J]. Journal of computational and Applied Mathematics, 2005, 184 (1): 205-222.

[50] MITCHELL M. An introduction to genetic algorithms [M]. Cambridge: MIT press, 1998.

[51] Bodenhofer U. Genetic algorithms: theory and applications [J]. Lecture notes, Fuzzy Logic Laboratorium Linz-Hagenberg, Winter. [S. l. :s. n.], 2004.

[52] WHITLEY D. A genetic algorithm tutorial [J]. Statistics and computing, 1994, 4 (2): 65-85.